高等职业院校精品教材系列

计算机数据恢复技术

王平均 覃 桢 主编

李维涛 主审

电子工业出版社

Publishing House of Electronics Industry

北京·BEIJING

内 容 简 介

随着计算机技术的普及与应用，人们对计算机的依赖程度越来越高。当计算机出现故障时，计算机中存储的数据通常会受损，从而给人们带来不可估量的损失，因此掌握数据恢复技术非常重要。本书主要介绍数据恢复技术必备的理论知识、硬盘基础知识及常见物理故障的处理方法。本书内容主要包括 MBR 磁盘分区、手工修复硬盘 MBR 和硬盘分区表方法，Windows 平台的 FAT 文件系统、NTFS 和 exFAT 文件系统的数据修复技术，Linux 平台的 Ext 文件系统恢复技术，Mac 平台的 HFS+数据修复技术，以及硬盘故障的修复方法、开盘技术等。本书在各章后配有思考与练习，注重对学生应用技能的培养。

本书为高等职业本专科院校计算机数据恢复技术课程的教材，也可作为开放大学、成人教育、自学考试、中职学校及培训班的教材，以及计算机爱好者的参考书。

本书配有免费的电子教学课件、练习题参考答案等，详见前言。

图书在版编目（CIP）数据

计算机数据恢复技术 / 王平均，覃桢主编. —北京：电子工业出版社，2022.6
高等职业院校精品教材系列
ISBN 978-7-121-43669-7

Ⅰ．①计…　Ⅱ．①王…　②覃…　Ⅲ．①数据管理－文件恢复－高等职业教育－教材　Ⅳ．①TP309.3

中国版本图书馆 CIP 数据核字（2022）第 093419 号

责任编辑：陈健德（E-mail:chenjd@phei.com.cn）
印　　刷：天津画中画印刷有限公司
装　　订：天津画中画印刷有限公司
出版发行：电子工业出版社
　　　　　北京市海淀区万寿路 173 信箱　邮编：100036
开　　本：787×1 092　1/16　印张：12.75　字数：327 千字
版　　次：2022 年 6 月第 1 版
印　　次：2022 年 6 月第 1 次印刷
定　　价：49.00 元

凡所购买电子工业出版社图书有缺损问题，请向购买书店调换。若书店售缺，请与本社发行部联系，联系及邮购电话：（010）88254888，88258888。
质量投诉请发邮件至 zlts@phei.com.cn，盗版侵权举报请发邮件至 dbqq@phei.com.cn。
本书咨询联系方式：chenjd@phei.com.cn。

前　言

随着计算机技术的普及与应用，人们对计算机的依赖程度越来越高。当手机丢失或损坏的时候，人们就会有一种与世隔绝的感觉。同样，当计算机出现故障时，计算机中存储的数据通常会受损，从而给人们带来不可估量的损失。

据有关数据统计，每年有70%以上的用户在使用U盘、移动硬盘等存储设备时因为误操作、病毒破坏、物理损坏、硬件故障等问题而丢失数据。人们在享受数据带来便利的同时，也不得不面对数据丢失带来的巨大损失，因此数据恢复技术应运而生。随着大数据时代的来临，数据恢复技术变得越来越重要，其发展前景也会越来越好。本书涉及逻辑运算的变量均采用正体表示。

本书主要介绍数据恢复技术必备的理论知识、硬盘基础知识及常见物理故障的处理方法。本书内容主要包括MBR磁盘分区、手工修复硬盘MBR和硬盘分区表方法，Windows平台的FAT文件系统、NTFS和exFAT文件系统的数据修复技术，Linux平台的Ext文件系统恢复技术，Mac平台的HFS+数据修复技术，以及硬盘故障的修复方法、开盘技术等。

本书由海南软件职业技术学院王平均、覃桢担任主编，并负责全书的框架构建、统稿和定稿，以及设计各章节的知识点和习题；由王伟、王宝泰担任副主编；由李维涛教授担任主审。本书编写工作的具体分工如下：第1章、第2章由王平均编写；第3章、第4章由王平均、覃桢共同编写；第5章由王平均、王宝泰共同编写；第6章由王伟编写。

本书在编写过程中得到了海南软件职业技术学院领导的大力支持，深圳市中亚成教育科技有限公司工程师团队对数据恢复技术实践案例教学的鼎力支持和帮助，电子工业出版社陈健德主任的详细指导和帮助，在此表示衷心的感谢！

为了方便教师教学，本书配有免费的电子教学课件、习题答案等教学资源，请有需要的教师登录华信教育资源网（http://www.hxedu.com.cn）免费注册后进行下载。当读者有问题时，请在网站留言或与电子工业出版社联系（E-mail:chenjd@phei.com.cn）。

由于编者水平有限，书中难免存在疏漏和不足之处，恳请广大读者批评指正！

编　者

目　　录

第 1 章

计算机数据恢复基础

1.1 数据的表示方法

1.1.1 计算机数据的含义

计算机数据是指所有能输入计算机并被计算机程序处理的符号的介质的总称，是输入计算机后进行处理并具有一定意义的数字、字母和模拟量等的通称。计算机存储和处理对象的范围变得越来越广泛，表示这些对象的数据也变得越来越复杂。数据（Data）需要解释才能成为信息，要将数据转换为信息，必须考虑几个已知因素。所涉及的因素由数据的创建者和所需信息决定。元数据是用于引用有关数据的数据。元数据可以间接或直接地被指定或给定。计算机数据简单来说就是能被计算机识别、处理且存储在计算机设备中的数据。计算机数据涉及的领域有数据维护和恢复、数据安全等。

1. 进位计数制

人类用文字、图表和数字表达和记录着世界上各种各样的信息，人们可以把这些信息都输入计算机，由计算机来保存和处理。我们所使用的计算机均为冯·诺依曼型计算机，且其内部使用二进制来表示数据。数制也称计数制，是指用一组固定的符号和统一的规则来表示数值的方法。按进位的方法进行计数的方式被称为进位计数制。进位计数制一般在日常生活和计算机中被采用。在日常生活中，人们最常用的进位计数制是十进制，即按照"逢十进一"的原则进行计数。但在实际应用中，常会用到其他的进位计数制，如二进制、八进制、十六进制、六十进制等。进位计数制的特点是通过一组规定的数字来表示任意的数。例如，一个二进制数只能用 0 和 1 来表示，一个十进制数只能用 0~9 来表示，一个十六进制数只能用 0~9 和 A~F 这 16 个数码来表示。

一种进位计数制包含一组数码和 3 个基本因素（基数、数位、权）。

（1）数码。）数码是指一组用来表示某种进位计数制的符号。例如，十进制的数码是 0、1、2、3、4、5、6、7、8、9；二进制的数码是 0、1。

（2）基数。基数是指某进位计数制可以使用的数码个数。例如，十进制的基数是 10，二进制的基数是 2。

（3）数位。数位是指数码在一个数中所处的位置。

（4）权。权是指基数的幂，表示数码在不同位置上的数值。

在基数为 J 的进位计数制中，包含 J 个不同的数码，每个数位计满 J 就向高位进 1，即"逢 J 进一"。例如，在最常用的十进制中，每一位允许选用 0～9 这 10 个数码中的一个，则十进制的基数为 10，每个数位在计满 10 时向高位进 1。

一个数码处在不同数位时，所表示的数值是不同的。每个数码所表示的数值等于该数码乘以一个与数码所在数位有关的常数，这个常数称为位权，简称权。权的大小是以基数为底，以数码所在位置的序号为指数的整数次幂。例如，十进制数的百分位、十分位、个位、十位、百位、千位的权依次是 10^{-2}、10^{-1}、10^{0}、10^{1}、10^{2}、10^{3}。

J 进制数每一位的值等于该位的权与该位数码的乘积。一个 J 进制数可以写成按权展开的多项式和的形式。一个 J 进制数 $(S)_J$ 按权展开的多项式和的一般表达式为

$$(S)_J = k_n J^n + k_{n-1} J^{n-1} + \cdots + k_1 J^1 + k_0 J^0 + k_{-1} J^{-1} + \cdots + k_{-m} J^{-m} = \sum_{i=n}^{m} k_i J^i \qquad (1-1)$$

在式（1-1）中，n 是 J 进制数整数部分的位数；m 是 J 进制数小数部分的位数；k_i 是第 i 位上的数码，也称系数；J^i 是第 i 位上的权。在整数部分中，i 是正数；在小数部分中，i 应是负数。

可以看出，J 进制数相邻两个数的权相差 J 倍。如果将 J 进制数的小数点向左移一位，J 进制数就缩小 J 倍；反之，将 J 进制数的小数点向右移一位，J 进制数就扩大 J 倍。

2. 二进制

二进制是在计算机技术中被广泛采用的一种数制。二进制数是用 0 和 1 两个数码来表示的。它的基数为 2，进位规则是"逢二进一"，借位规则是"借一当二"。当前的计算机系统使用的数制基本为二进制。

计算机内部采用二进制的原因主要有以下几点。

（1）技术实现简单。计算机由逻辑电路组成。逻辑电路通常只有开关接通状态与开关断开状态两种状态。这两种状态正好可以用"1"和"0"表示。二进制运算电路的实现比较简单，且数据的存储和传送也可以用简单而可靠的方式进行。而要制造有 10 种稳定状态的电子器件分别代表十进制的 10 个数码是十分困难的。

（2）运算规则简单。两个十进制数的和与积的运算组合各有 55 种，而两个二进制数的和与积的运算组合各有 3 种，且运算规则简单。所以，二进制数在编码、计数和算术运算方面规则简单，容易用开关电路实现，这为提高计算机的运算速度和降低实现的成本奠定了基础。

（3）适合逻辑运算。逻辑代数是逻辑运算的理论依据。二进制只有两个数码，正好与逻辑代数中的"真"和"假"相吻合，也为计算机中的逻辑运算和程序中的逻辑判断提供

了便利条件。

（4）易于进行转换。二进制数与十进制数易于互相转换。

（5）具有抗干扰能力强，可靠性高等优点。因为每位数据只有两种状态，所以即使受到一定程度的干扰，仍能可靠地分辨出它的状态。

二进制的基数为 2，只有"0"和"1"两个数码。二进制在计数时"逢二进一"，第 i 位的权是 2 的 i 次幂。一个二进制数展开成多项式和的表达式为

$$(S)_2=k_n2^n+k_{n-1}2^{n-1}+\cdots+k_12^1+k_02^0+k_{-1}2^{-1}+\cdots+k_{-m}2^{-m}=\sum_{i=n}^{m} k_i 2^i \qquad (1-2)$$

例如，$(1101.011)_2=1\times2^3+1\times2^2+0\times2^1+1\times2^0+0\times2^{-1}+1\times2^{-2}+1\times2^{-3}$。

十六进制的基数为 16，有 0、1、2、3、4、5、6、7、8、9 及大写英文字母 A、B、C、D、E、F（数码 A~F 对应十进制数分别是 10~15）共 16 个数码。十六进制在计数时"逢十六进一"，第 i 位上的权是 16 的 i 次幂。一个十六进制数展开成多项式和的表达式为

$$(S)_{16}=k_n16^n+k_{n-1}16^{n-1}+\cdots+k_116^1+k_016^0+k_{-1}16^{-1}+\cdots+k_{-m}16^{-m}=\sum_{i=n}^{m} k_i 16^i \qquad (1-3)$$

十进制数、十六进制数和二进制数之间有着非常简单的对应关系。3 种常用进位计数制数的对照表如表 1-1 所示。

表 1-1　3 种常用进位计数制数的对照表

十进制数	二进制数	十六进制数	十进制数	二进制数	十六进制数
0	0	0	8	1000	8
1	1	1	9	1001	9
2	10	2	10	1010	A
3	11	3	11	1011	B
4	100	4	12	1100	C
5	101	5	13	1101	D
6	110	6	14	1110	E
7	111	7	15	1111	F

3．进位计数制数的相互转换

为了使进位计数制数表述清晰、方便，常在其后面加上大写字母加以区别：加字母 B（Blnary）表示二进制数；加字母 O（Octal）表示八进制数；加字母 H（Hexadecimal）表示十六进制数；加字母 D（Decimal）或不加字母表示十进制数。

1）二进制数转换成十进制数

若想将二进制数转换成十进制数，只需要把二进制数写成按权展开多项式和的形式，再计算此表达式的和即可。

例如，$1101B=1\times2^3+1\times2^2+0\times2^1+1\times2^0=2^3+2^2+2^0=13D$。

2）十进制整数转换成二进制整数

如果十进制整数转换成二进制整数，则采用"除 2 取余"法。其规则：除 2 取余，直

至商为 0，再进行倒排，即将十进制整数除以 2，得到一个商和一个余数，再将商除以 2，又得到一个商和一个余数，以此类推，直至商为 0，再将每次得到的余数倒序排列，就是对应的二进制整数。

例如，将十进制整数 86 转换成二进制整数：

十进制数	余数	系数
2 ⌞86		
2 ⌞43	……0	……k_0
2 ⌞21	……1	……k_1
2 ⌞10	……1	……k_2
2 ⌞5	……0	……k_3
2 ⌞2	……1	……k_4
2 ⌞1	……0	……k_5
0	……1	……k_6

即 86D =($k_6\,k_5\,k_4\,k_3\,k_2\,k_1\,k_0$) =1010110B。

3）十进制小数转换成二进制小数

如果十进制小数转换成二进制小数，则采用"乘 2 取整"法。其规则：乘 2 取整，直至小数部分为 0 或给定的精度，再进行顺排，即用 2 逐次去乘十进制小数，将每次得到的积的整数部分按各自出现的先后顺序依次排列，即可得到对应的二进制小数。

例如，将十进制小数 0.875 转换成二进制小数：

十进制小数	整数	系数
0.875		
×　　2		
(1).75	……1	……k_{-1}
×　　2		
(1).5	……1	……k_{-2}
×　　2		
1	……1	……k_{-3}

即 0.875D =($k_{-1}\,k_{-2}\,k_{-3}$) = 0.111B。

如果一个十进制小数既有整数部分又有小数部分，可将整数部分和小数部分分别进行 J 进制的等值转换，然后将其合并即可得到转换后的 J 进制小数。

4）十六进制数转换成二进制数

十六进制数转换成二进制数的规则：将每一位十六进制数改写成等值的 4 位二进制数，次序不变。

例如，将十六进制数 1CA.BH 转换成二进制数：

1	C	A .	B
0 0 0 1	1 1 0 0	1 0 1 0 .	1 0 1 1

即 1CA.BH =000111001010.1011B=111001010.1011B。

5）二进制数转换成十六进制数

将二进制数转换成十六进制数的规则：

（1）整数部分从最低有效位开始，以 4 位为一组，含最高有效位的一组不足 4 位时以 0 补齐，每一组二进制数均可转换成一个十六进制数，各组转换完毕后即可得到转换后的十六进制整数。

（2）小数部分从最高有效位开始，以 4 位为一组，含最低有效位的一组不足 4 位时以 0 补齐，每一组二进制数均可转换成一个十六进制数，各组转换完毕后即可得到转换后的十六进制小数。

例如，将二进制数 11001111.01111B 转换成十六进制数：

```
   8 4 2 1       8 4 2 1 . 8 4 2 1   8 4 2 1
   1 1 0 0       1 1 1 1 . 0 1 1 1   1
     C             F     .   7         8
```

即 11001111.01111B=CF.78H。

1.1.2　数值数据在计算机中的表示方法

计算机只能识别二进制数，而要求计算机处理的数却种类繁多，这该怎么办呢？在计算机中，各种形式的编码很好地解决了数及字符等信息的表示问题。

数据可分为两大类：数值数据和非数值数据。前者表示数量的多少；后者表示字符、汉字、图形、图像、声音等数据，又称符号数据。在计算机中，无论哪一种数据，都以二进制的形式来表示。

1. 数据的单位

数据的常用单位有位、字节和字。

1）位（Bit）

在计算机中，最小的数据单位是二进制的一个数位，简称位（英文名称为 Bit，读音为"比特"）。一位二进制数只具有"0"和"1"两个状态。在计算机中，最直接和最基本的操作就是对二进制位的操作。

2）字节（Byte）

字节（Byte，B）是计算机信息技术用于计量存储量的一种计量单位。字节这一名词专门用来表示 8 位二进制数。

作为一个 8 位二进制数，一个字节可以从 00000000 取值到 11111111，可以表示 0~255 的正数，也可以表示-128～127 的正、负数。总之，一个特定的字节可以代表 2^8（256 种）不同事物中的一种。

字节是计算机中用来表示存储空间大小的基本容量单位。

与字节有关的常用换算单位如下：

1 KB=1024 B；

1 MB=1024 KB=1024×1024 B；

1 B（Byte，字节）=2^3（8）bit；

1 KB（Kilobyte，千字节）=1024 B=2^{10} B；

1 MB（Megabyte，百万字节，兆字节）=1024 KB= 2^{20} B；

1 GB（Gigabyte，十亿字节，吉字节）=1024 MB= 2^{30} B；

1 TB（Terabyte，万亿字节，太字节）=1024 GB= 2^{40} B；

1 PB（Petabyte，千万亿字节，拍字节）=1024 TB= 2^{50} B；

1 EB（Exabyte，百亿亿字节，艾字节）=1024 PB= 2^{60} B。

位与字节的区别：位是在计算机中的最小数据单位，而字节是在计算机中的基本信息单位。

3）字（Word）

在计算机中，作为一个整体被存取、传送、处理的二进制数串称为一个"字"或"单元"。字通常可分为若干个字节。在存储器中，通常情况下每个单元存储一个字。因此，每个字都是可以寻址的。字的长度用位数来表示。

2. 字长

在字中，二进制位数的长度称为字长。根据计算机的不同，字长有固定的和可变的两种。固定字长，即字的长度无论在什么情况下都是固定不变的；可变字长，即其长度在一定范围内是可变的。

计算机的字长是指计算机一次可处理的二进制数的长度。计算机处理数据的速率和它一次处理的信息位数以及其进行运算的快慢有关。如果一台计算机的字长是另一台计算机的两倍，两台计算机的运算速度相同，在相同的时间内，前者能做的工作是后者的两倍。

在微型计算机中，通常用字节来表示存储器的存储容量。在计算机的运算器和控制器中，数据通常是以字为单位进行传送的。另外，字在不同的地址中出现其含义是不相同的。例如，送往控制器的字是指令，而送往运算器的字就仅是一个数。

一个字由若干个字节组成。不同计算机系统的字长也是不同的，常见的有 8 位、16 位、32 位、64 位等。字长越长，计算机一次处理的信息位就越多，精度就越高。字长是计算机性能的一个重要指标。在一般情况下，大型计算机的字长为 32～64 位，小型计算机的字长为 12～32 位，而微型计算机的字长为 4～16 位。字长是衡量计算机性能的一个重要因素。

1.1.3　字符数据在计算机中的表示方法

在计算机领域中，数据的概念是广义的。计算机除了处理各种数值之外，还要处理大量的符号，如英文字母和汉字等非数值信息。例如，当要用计算机编写文章时，就需要将文章中的各种符号、英文字母和汉字等字符输入计算机，然后由计算机进行编辑和排版。

在 1.1.2 节中介绍过，计算机中的数据可以分为数值数据与非数值数据两种。其中，数值数据就是常说的"数"（如整数、实数等），且在计算机中是以二进制数的形式存放的；而非数值数据与一般的"数"不同，通常不表示数值大小，只表示字符或图形等信息，但这些信息在计算机中也是以二进制数的形式存放的。本节具体讲解字符数据在计算机中的表示方法。

美国信息交换标准代码（American Standard Code for Information Interchange，ASCII）是基于拉丁字母的一套计算机编码系统，也是国际通用的信息交换标准。ASCII 使用指定的7 位或 8 位二进制数的组合来表示 128 种或 256 种可能的字符。

　　标准 ASCII 又称基础 ASCII，一般使用 7 位二进制数（剩下的 1 位二进制数为 0）来表示所有的大写和小写字母、数字 0～9、标点符号，以及在美式英语中使用的特殊字符。

　　ASCII 值为 0～31 及 127（共 33 个），代表控制字符或通信专用字符（其余为可显示字符）。其中，控制字符如 LF（换行）、CR（回车）、FF（换页）、DEL（删除）、BS（退格）、BEL（响铃）等；通信专用字符如 SOH（文头）、EOT（文尾）、ACK（确认）等。

　　ASCII 值为 8、9、10 和 13 分别代表退格、制表、换行和回车字符。它们并没有特定的图形显示，但会根据应用程序的不同，对文本的显示产生影响。

　　ASCII 值为 32～126（共 95 个），代表字符（32 是空格）。其中，48～57 代表 0～9 的阿拉伯数字。

　　ASCII 值为 65～90，代表 26 个大写英文字母；ASCII 值为 97～122，代表 26 个小写英文字母；其余 ASCII 值代表一些标点符号和运算符号等。

　　目前，国际上通用且使用最广泛的字符有十进制数码 0～9、大/小写英文字母、各种运算符号和标点符号等。这些字符的个数不超过 128 个。为了便于计算机的识别与处理，这些字符在计算机中是以二进制的形式表示的，通常称为字符的二进制编码。

　　由于需要编码的字符不超过 128 个，因此用 7 位二进制数就可以对这些字符进行编码。但为了方便，字符的二进制编码一般使用 8 位二进制位数，正好为一个字节。

　　用 ASCII 表示的字符称为 ASCII 字符。如表 1-2 所示为 ASCII 编码表。

表 1-2　ASCII 编码表

	000	001	010	011	100	101	110	111
0000	NUL	DEL	SP	0	@	P0	'	p
0001	SOH	DC1	!	1	A	Q	a	q
0010	STX	DC2	"	2	B	R	b	r
0011	ETX	DC3	#	3	C	S	C	s
0100	EOT	DC4	$	4	D	T	d	t
0101	ENQ	NAK	%	5	E	U	e	U
0110	ACK	SYN	&	6	F	V	f	V
0111	DEL	ETB	'	7	G	W	g	W
1000	BS	CAN	(	8	H	X	h	x
1001	HT	EM	)	9	I	Y	i	y
1010	LF	SUB	*	:	J	Z	j	z
1011	VT	ESC	+	;	K	[	k	{
1100	FF	FS	,	<	L	\	l	l
1101	CR	GS	–	=	M	]	m	}
1110	S0	RS	.	>	N	_	n	–
1111	SI	US	/	?	O	_	o	DEL

　　例如，要寻找字母“A”的 ASCII 编码，应先确定字母“A”在表中的位置，行表示

ASCII 编码的第 3、第 2、第 1、第 0 位，列表示 ASCII 编码的第 6、第 5、第 4 位，因此字母 "A" 的 ASCII 编码是 1000001B=41H。

1.2 数据的逻辑运算

逻辑运算又称布尔运算。布尔是英国数学家，在 1847 年发明了处理二值之间关系的逻辑数学计算法。他用等式表示判断，把推理看成等式的变换。这种变换的有效性不依赖于人们对符号的认识，只依赖于符号的组合规律。20 世纪 30 年代，逻辑代数在电路系统中得到应用。之后，随着电子技术与计算机的发展，出现了各种复杂的系统。这些系统的变换规律也遵守布尔所揭示的规律。

逻辑运算是 CPU 运算的本质。计算机在处理无论多么复杂的事情时，都要通过电路的开关。逻辑是指对某个事物的推理，有"真"和"假"两个对立的逻辑状态。逻辑运算是指用数学符号来表示逻辑状态，以便于用数学方法研究逻辑问题。在计算机中进行的运算是二进制运算，逻辑判断的结果只有两个值，这两个值称为"逻辑值"，用数码来表示就是"1"和"0"。其中，"1"表示该逻辑运算的结果为"真"，"0"表示该逻辑运算的结果为"假"。我们常将电路通电状态表示为"真"，用数字"1"表示，不通电状态表示为"假"，用数字"0"表示。

计算机的逻辑运算与算术运算的主要区别：逻辑运算是按位进行的，位与位之间不像加/减运算那样有进位或借位的联系。

逻辑运算主要包括 3 种基本运算："或"运算、"与"运算和"非"运算。此外，还有一种"异或"运算也很有用。在磁盘阵列（Redundant Array of Independent Disks，简写为RAID）中，就会大量使用"异或"运算作为校验算法。

1.2.1 "或"运算

"或"运算又称加运算，运算符号有"+""∨""OR"等。

"或"逻辑是指当输入变量中有一个变量满足条件时，输出结果就有效。只有当所有输入变量均不满足条件时，输出结果才无效。

也就是说，在给定的逻辑变量中，只要有一个变量为 1，其运算结果为 1；当逻辑变量都为 0 时，运算结果为 0。其运算规则如下：

0+0=0, 0∨0=0
0+1=1, 0∨1=1
1+0=1, 1∨0=1
1+1=1, 1∨1=1

例如，x=10110011、y=10011011，求 x∨y。

```
   1 0 1 1 0 0 1 1
 ∨ 1 0 0 1 1 0 1 1
 ─────────────────
   1 0 1 1 1 0 1 1
```

即 x∨y=10111011B

1.2.2 "与"运算

"与"运算又称乘运算,运算符号有"x""∧""."等。

"与"逻辑是指当所有输入变量同时满足条件时,输出结果才有效,否则输出结果无效。

也就是说,只有当参与运算的逻辑变量同时取值为 1 时,其运算结果才等于 1。其运算规则如下:

0x0=0,0∧0=0,0•0=0

0x1=0,0∧1=0,0•1=0

1x0=0,1∧0=0,1•0=0

1x1=1,1∧1=1,1•1=1

例如,x=10110011、y=10011011,求 x∧y。

```
    1 0 1 1 0 0 1 1
∧   1 0 0 1 1 0 1 1
───────────────────
    1 0 0 1 0 0 1 1
```

即 x∧y=10010011B

1.2.3 "非"运算

"非"运算又称反运算,运算符号为在变量上画一条横线。

"非"逻辑是指当输入变量为 1 时,输出结果为 0;当输入变量为 0 时,输出结果为 1。也就是说,0 的非为 1,1 的非为 0。

例如,A=10010011,求 $\overline{A}$ 。

A　10010011

$\overline{A}$　01101100

即 $\overline{A}$ =01101100。

1.2.4 "异或"运算

"异或"逻辑表示两个值不同为"真","相同"为假。也就是说,两个值都为 0 或者 1,其运算结果为 0;而一个值为 0,另一个值为 1,其运算结果为 1。"异或"运算通常用符号"⊕"表示,其运算规则如下:

0⊕0=0

0⊕1=1

1⊕0=1

1⊕1=0

这种逻辑运算在 RAID 中比较重要,需要熟练掌握。

例如,x=10110011、y=10011011,求 x⊕y。

```
    1 0 1 1 0 0 1 1
⊕   1 0 0 1 1 0 1 1
───────────────────
    0 0 1 0 1 0 0 0
```

即 x⊕y=00101000B

1.3 数据结构

如果想深入掌握数据恢复技术，就要学习数据结构，因为在数据的存储和管理中处处离不开数据结构，如硬盘的分区结构、文件的系统结构等，都是对数据结构的具体应用。

1.3.1 数据结构的概念与分类

数据结构是计算机学科中的一门专业课程，更是在程序设计中不可或缺的一部分。数据结构是计算机存储、组织数据的方式。数据结构是指相互之间存在一种或多种特定关系的数据元素的集合。在通常情况下，精心选择的数据结构可以带来更高的运行和存储效率。数据结构往往与高效的检索算法和索引技术有关。

本书的主要内容不是程序设计，而是数据恢复技术，所以不会花费较多篇幅介绍数据结构，只针对数据恢复技术中用到的一些数据结构知识进行讲解。

1. 数据结构的基本概念

1）什么是数据

数据结构中的数据是指所有能被输入计算机，且能被计算机处理的符号（数字、字符等）的集合，是计算机操作对象的总称。

2）数据元素

数据元素是在数据集合中的一个"个体"，是数据结构的基本单位。

数据元素有两类，一类是不可分割的"原子"型数据元素，如数值"1"、字符"N"等；另一类是由多个款项构成的数据元素。其中每个款项称为一个"数据项"。

3）关键字

关键字是指能识别一个或多个数据元素的数据项。若能起唯一识别作用，则称为"主关键字"，否则称为"次关键字"。

4）数据对象

数据对象是具有相同特性的数据元素的集合，如整数、实数等。数据对象是数据的一个子集 D。

5）数据结构

若特性相同的数据元素集合中的数据元素间存在一种或多种特定的关系，则该数据元素集合称为"数据结构"。也就是说，数据结构是带"结构"的数据元素的集合，"结构"即指数据元素之间存在的关系。

2. 数据结构的分类

1）按照数据结构的关系分类

数据结构按照数据结构的关系可分为线性结构、树结构、图结构和集合结构。

（1）线性结构是指数据结构中的元素存在一对一的相互关系，如图 1-1 所示。

（2）树结构是指数据结构中的元素存在一对多的相互关系，如图 1-2 所示。

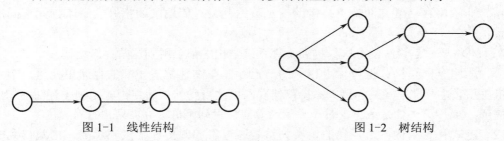

图 1-1　线性结构　　　　　　　　　　　　　　　图 1-2　树结构

（3）图结构是指数据结构中的元素存在多对多的相互关系，如图 1-3 所示。

（4）集合结构是指数据结构中的元素间除了"同属一个集合"的相互关系外无其他关系，如图 1-4 所示。

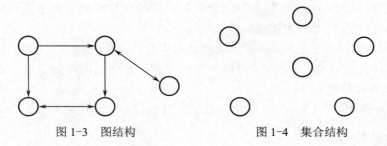

图 1-3　图结构　　　　　　　　　　　　　　图 1-4　集合结构

2）按照数据结构的层次分类

数据结构按照数据结构的层次可分为逻辑结构和物理结构。

（1）逻辑结构是指反映数据元素之间的逻辑关系的数据结构，可以用一个数据元素的集合来定义在此集合上的若干关系。其中，逻辑关系是指数据元素之间的前后间关系，而与其在计算机中的存储位置无关。

逻辑结构分为线性关系和非线性关系。前面讲过的线性结构就是线性关系。非线性关系包括图结构和树结构。

（2）物理结构又称存储结构，是指数据结构中的元素在计算机存储空间中的存放形式。

存储结构是数据结构在计算机中的表示（又称映像），包括数据元素的机内表示和关系的机内表示。由于存储结构具体实现的方法有顺序、链接、索引、散列等，所以，一种数据结构可表示成一种或多种存储结构。

① 数据元素的机内表示（映像方法）：用二进制的位串表示数据元素。这种位串通常称为节点。当数据元素由若干个数据项组成时，在位串中与各数据项对应的子位串称为数据域。因此，节点是数据元素的机内表示（或机内映像）。

② 关系的机内表示（映像方法）：数据元素间关系的机内表示可以分为顺序映像和非顺序映像。常用的两种存储结构为顺序存储结构和链式存储结构。顺序映像借助数据元素在存储器中的相对位置来表示数据元素之间的逻辑关系。非顺序映像借助数据元素存储位置的指针来表示数据元素之间的逻辑关系。

一般来说，一种数据的逻辑结构可以根据需要表示成多种存储结构。常用的存储结构有顺序存储结构、链式存储结构、索引存储和散列存储结构。

顺序存储结构的特点：借助数据元素在存储器中的相对位置来表示数据元素之间的逻辑关系。非顺序存储结构的特点：借助指示数据元素存储地址的指针表示数据元素间的逻辑关系。

在本书将要重点讲解的分区结构和文件系统结构中都会用到这些存储结构。

（1）顺序存储结构：把逻辑上相邻的节点存储在物理位置相邻的存储单元里，节点间的逻辑关系通过存储单元的邻接关系得以体现，由此得到的存储结构就是顺序存储结构。

提示：在 FAT 文件系统中，对子目录的管理就用到了这种存储结构。

（2）链式存储结构：节点间的逻辑关系是通过附加的指针字段表示的，由此得到的存储结构就是链式存储结构。链式存储结构不要求逻辑上相邻的节点在物理位置上相邻。

提示：在 FAT 文件系统中，对文件所占簇的管理就用到了指针方式，以得到链式存储结构。

（3）索引存储结构：除建立节点存储信息外，还建立附加索引表来表示节点的地址，由此得到的存储结构就是索引存储结构。

提示：在 NTFS 中，对目录结构的管理就用到了索引存储结构。

（4）散列存储结构：根据节点的关键字直接计算出该节点的存储地址，由此得到的存储结构就是散列存储结构。

提示：在 Linux 的 EXT3 文件系统中，对目录结构的管理就用到了散列存储结构。

1.3.2　树结构

前面提到过，数据结构可分为线性结构、树结构、图结构和集合结构 4 种。其中，树结构在文件系统中使用得最多，所以本书重点讲解树结构。

1. 树结构的定义

树结构是一类重要的非线性数据结构，它是由 n（$n \geq 1$）个有限节点组成的具有层次关系的集合。在树结构中，用一个圆圈表示一个节点，圆圈内的符号代表该节点的数据信息，节点之间的关系通过有方向的连线表示。其方向为从上向下，即上方节点是下方节点的前驱节点，下方节点是上方节点的后继节点。

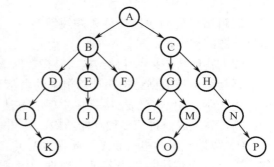

图 1-5　树结构

树结构（简称树）看起来像一棵倒挂的树，如图 1-5 所示。

在图 1-5 中，A 是根节点，画在树的顶部。其余节点分成两个互不相交的子集：$T0=\{B,D,E,F,I,J,K\}$，$T1=\{C,G,H,L,M,N,O,P\}$。这两个子集是根节点 A 的子树。T_0 的根节点是 B，其余根节点又分为 3 个互不相交的子集 $T_{00}=\{D,I,K\}$，$T_{01}=\{E,J\}$，$T_{03}=\{F\}$。这 3 个子集是 T_0 的子树。

2. 树结构的基本术语

（1）节点。节点包含一个数据元素及若干指向其子树的分支。例如，图 1-5 所示的树

共有 16 个节点，为方便起见，将每个节点用单个字母表示。

（2）节点的度。节点的度是指节点拥有的子树的个数。例如，在图 1-5 所示的树中，节点 A 的度为 2，节点 B 的度为 3，节点 K、J、F、L、O、P 的度为 0。

（3）树的度。树的度是指在树结构中各节点的度的最大值。例如，在图 1-5 所示的树中，树的度为 3。

（4）叶节点（终端节点）。叶节点是指度为 0 的节点。例如，在图 1-5 所示的树中，{K，J，F，L，O，P}构成叶节点的集合。

（5）分支节点（非终端节点）。分支节点是指除叶节点以外的节点（度不为 0 的节点）。例如，在图 1-5 所示的树中，{A,B,C,D,E,G,H,I,M,N}构成分支节点的集合。

（6）子女节点。若节点 x 有子树，则子树的根节点即为节点 x 的子女。例如，在图 1-5 所示的树中，节点 A 有 2 个子女节点，节点 B 有 3 个子女节点，节点 K 没有子女节点。子女节点又称孩子节点。

（7）双亲节点。若节点 x 有子女节点，x 即为子女节点的双亲节点。例如，在图 1-5 所示的树中，节点 B、C 有一个双亲节点 A，而根节点 A 没有双亲节点。双亲节点又称父节点。

（8）兄弟节点。同一双亲节点的子女节点互称为兄弟节点。例如，在图 1-5 所示的树中，节点 B、C 为兄弟节点；D、E、F 也为兄弟节点，但 F、G、H 不是兄弟节点。

（9）堂兄弟节点。双亲在同一层的节点互为堂兄弟节点。例如，在图 1-5 所示的树中，G、H 是 F 的堂兄弟节点。

（10）祖先节点。祖先节点是指从根节点到该节点所经分支上的所有节点。例如，在图 1-5 所示的树中，节点 K 的祖先节点为 A、B、D、I。

（11）子孙节点。某个节点的子女节点，以及这些子女节点的子女节点都是该节点的子孙节点。例如，在图 1-5 所示的树中，节点 B 的子孙节点为 D、E、F、I、J、K。

（12）节点的层次。在树中，每个节点都处在一定的层次上，即从根节点到该节点所经路径上的分支条数。例如，在图 1-5 所示的树中，根节点在第 1 层，其子女节点在第 2 层，以此类推，任意一个节点的层次为它的双亲节点的层次加 1。

（13）树的高（深）度。树的高度是指在树中，节点所处的最高层次。空树的高度为 0，只有一个根节点的树的高度为 1。在图 1-5 所示的树中，树的高度为 5。

（14）有序树。有序树指在树中，各节点的子树是按照一定的次序从左向右排列，且相对次序是不能随意变换的。

（15）无序树。无序树是指在树中，各节点的子树是没有一定的排列次序的且相对次序是可以随意变换的。

（16）森林。森林是指 n（n≥0）个互不相交的树的集合。删去一棵非空树的根节点，树就变成森林；反之，若增加一个根节点，让森林中每棵树的根节点都成为该节点的子女节点，森林就成为一棵树。

3．树结构的特点

树结构具有以下的特点。

（1）每个节点有 0 个或多个子节点。

（2）每个子节点只有一个父节点。

（3）没有前驱节点作为根节点。

（4）除了根节点外，每个子节点可以分为 m 个不相交的子树。

1.3.3　二叉树

二叉树是一种应用广泛的树形结构。它的特点是每个节点最多只能有两个子女节点。在二叉树中，必须严格区分左、右子女节点，次序不能颠倒。

1. 二叉树的定义

二叉树是树形结构的一种，只要对树的结构加以限制就能得到二叉树。

二叉树是 n（$n \geq 0$）个节点的有限集合，并且满足下面的任意一个条件。

（1）为空二叉树，即 $n=0$。

（2）由一个根节点和两个互不相交的左子树和右子树组成。左子树和右子树的顺序不能任意颠倒。如图 1-6 所示的（a）和（b）就是两个完全不同的二叉树。

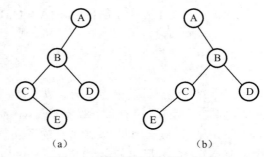

图 1-6　两个完全不同的二叉树

2. 树和二叉树的区别

树和二叉树有 3 个主要区别。

（1）树的节点个数至少为 1，而二叉树的节点个数可以为 0。

（2）树节点对最大度数没有限制，而二叉树节点的最大度数为 2。

（3）树的节点无左、右之分，而二叉树的节点有左、右之分。

3. 二叉树的基本形态

二叉树的 5 种基本形态如下。

（1）空二叉树，如图 1-7 所示。

（2）仅有根节点的二叉树，如图 1-8 所示。

图 1-7　空二叉树　　　图 1-8　仅有根节点的二叉树

（3）右子树为空的二叉树，如图 1-9 所示。

（4）左子树为空的二叉树，如图 1-10 所示。

（5）左、右子树均为非空的二叉树，如图 1-11 所示。

图 1-9　右子树为空的二叉树　图 1-10　左子树为空二叉树　图 1-11　左、右子树均为空的二叉树

4．二叉树的类型

（1）满二叉树。满二叉树是指除了叶节点外每个节点都有左、右子女节点，且叶节点都处在最底层的二叉树，如图 1-12 所示。

（2）完全二叉树。完全二叉树是指除最后一层，每层的节点数均达到最大值，且在最后一层上只缺少右边的若干节点的二叉树，如图 1-13 所示。

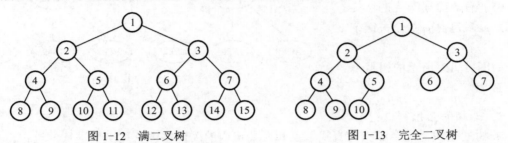

图 1-12　满二叉树　　　　　图 1-13　完全二叉树

1.3.4　B 树、B-树、B+树和 B*树

在树形结构中，除了比较常见的二叉树外，还有 B 树及 B 树的一些变种。这些树在文件系统中主要用于对目录结构的管理，如对目录及文件的访问、新建、删除等，就相当于对相应树的查找、插入、删除。

1．B 树

1）B 树的定义

B 树就是二叉查找树，需要满足下列条件。

（1）所有非叶节点最多拥有两个子女节点（左子女节点和右子女节点）。

（2）所有节点存储一个关键字。

（3）非叶节点的左指针指向小于其关键字的子树，右指针指向大于其关键字的子树。

如图 1-14 所示的树就是一棵 B 树。

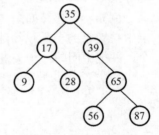

图 1-14　一棵 B 树

2）B 树的查找

B 树的查找是从根节点开始，如果查找的关键字与节点关键字相等，那么该节点关键字即为查找的关键字；如果查找的关键字比节点关键字小，就进入左子女节点；如果查找的关键字比节点关键字大，就进入右子女节点；如果左子女节点或右子女节点的指针为空，则报告找不到相应的关键字。

2．B-树

1）B-树的定义

B-树是一种平衡的多叉树。

通常，m 阶的 B-树必须满足下列条件。

（1）每个节点最多拥有 m 个子女节点。

（2）除根节点和叶节点外，其他的每个节点至少有 *m*/2 个子女节点。

（3）若根节点不是叶节点，则至少有两个子女节点。

（4）所有的叶节点在同一层，且叶节点不包含任何关键字信息。

（5）有 *k* 个子节点的非终端节点最多包含 *k*-1 个关键字信息。

如图 1-15 所示的树就是一棵 B-树。

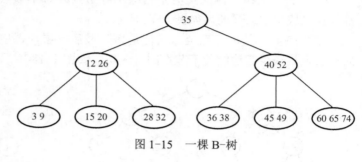

图 1-15　一棵 B-树

2）B-树的查找

B-树的查找是一个顺指针查找节点和在节点内的关键字中查找交叉进行的过程。从根节点开始，在节点包含的关键字中查找给定的关键字，找到则查找成功；否则确定给定关键字可能存在的子树，重复以上操作，直到查找成功或者指针为空为止。

3）B-树的插入

B-树的插入首先是在恰当的叶节点中添加关键字。如果在该节点中关键字不超过 *m*-1 个，则插入成功；否则要把这个节点分裂为两个，并把中间的一个关键字拿出来插到节点的父节点中。当插入父节点失败时，就需要将父节点再分裂，继续进行插入操作。当需要分裂根节点时，由于根节点没有父节点，这时就需要建立一个新的根节点。B-树的插入可能导致 B-树朝着根的方向生长。

例如，若想在如图 1-16 所示的一棵 6 阶 B-树中插入关键字"33"，因为在最右边的节点中关键字的个数已经达到 5 个，所以不能将"33"直接插入，而要把这个节点分裂为两个，并把中间的一个关键字"36"拿出来插到节点的父节点里。

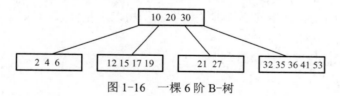

图 1-16　一棵 6 阶 B-树

将关键字"36"插入父节点后，该 B-树如图 1-17 所示。

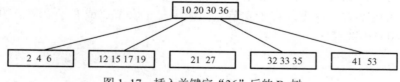

图 1-17　插入关键字"36"后的 B-树

4）B-树的删除

B-树的删除分为以下两种情况。

（1）B-树的删除与插入类似，但会稍微复杂些。如果删除的关键字不在叶节点层，就需要先把此关键字与它在 B-树里的后继节点对换位置，然后再删除该关键字。

（2）如果删除的关键字在叶节点层，则把它从它所在的节点里去掉，这可能导致此节点所包含的关键字的个数小于 $m/2-1$。这种情况下，考察该节点的左或右兄弟节点，从兄弟节点移若干个关键字到该节点中来，使两个节点所含关键字的个数基本相同。只有在兄弟节点的关键字个数刚好等于 $m/2-1$ 时，这个移动才能进行。这种情况下，要将删除关键字的节点、其兄弟节点及其父节点中的一个关键字合并为一个节点。

例如，要在如图 1-18 所示的一棵 3 阶 B-树中删除关键字"46"，删除后该节点的关键字个数为"0"，低于最低限制"1"，而它的左兄弟节点和右兄弟节点的关键字个数都为最低限制"1"，所以只能将删除关键字的节点、其兄弟节点及其父节点中的一个关键字合并为一个节点。

将关键字"46"删除后，该 B-树如图 1-19 所示。

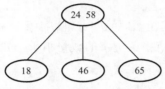
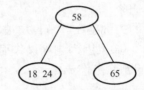

图 1-18　一棵 3 阶 B-树　　　　图 1-19　删除关键字"46"后的 B-树

3. B+树

1）B+树的定义

B+树是 B-树的一种变体。

B+树与 B-树的差异有以下几点。

（1）在 B-树中，每个节点含有 n 个关键字和 $n+1$ 棵子树。在 B+树中，每个节点含有 n 个关键字和 n 棵子数，即每个关键字对应一棵子树。

（2）在 B-树中，每个节点（除根节点外）中关键字个数 n 的取值范围是 $m/2-1 \leq n \leq m-1$。而在 B+树中，每个节点（除根节点外）中关键字个数 n 的取值范围是 $m/2 \leq n \leq m$。

（3）在 B+树中，所有叶节点包含了全部关键字及指向对应记录的指针，且所有叶节点按关键字从小到大的顺序依次连接。

（4）在 B+树中，所有非叶节点仅起到索引的作用，即在节点中的每个索引项只含有对应子树的最大关键字和指向该子树的指针，不含有该关键字对应记录的存储地址。

例如，如图 1-20 所示的一棵 3 阶 B+树，其中叶节点的每个关键字下的指针指向对应记录的存储位置。通常在 B+树上有两个头指针：一个指向根节点，用于从根节点起对树进行查找、插入、删除等操作；另一个指向关键字最小的叶节点，用于从最小的关键字起顺序查找和处理在每个叶节点中的关键字和记录。

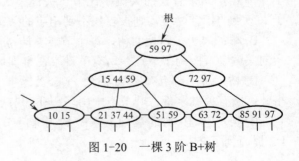

图 1-20　一棵 3 阶 B+树

由于 B-树只适合随机检索，B+树同时支持随机检索和顺序检索，所以在实际中，B+树应用比较多，NTFS 就是使用 B+树进行动态索引的。

2）B+树的查找

B+树的查找与 B-树的查找类似，但也存在不同之处。由于与记录有关的信息都存放在叶节点中，在查找时若在上层已找到待查找的关键字，则查找不会停止，而会继续沿指针向下一直查找到叶节点层的关键字。另外，B+树的所有叶节点构成一个有序链表，可以按照关键字排序的次序遍历全部记录。将这两种方式结合起来，便使 B+树非常适合范围检索。

3）B+树的插入

B+树的插入与 B-树的插入类似，不同之处在于 B+树是在叶节点上进行插入的。如果在叶节点中关键字的数量超过 m 个，该叶节点就必须分裂成关键字数量大致相同的两个节点，并保证在上层节点中有这两个节点的最大关键字。

4）B+树的删除

当 B+树中的关键字在叶节点层被删除后，其在上层的副本可以保留，作为一个"分解关键字"的存在。如果因为删除操作而造成在节点中关键字的数量小于 $m/2-1$ 个，其处理过程便与 B-树的删除操作一样。

4. B*树

B*树是 B+树的变体，即在 B+树的非根节点和非叶节点中增加了指向兄弟的指针。B*树的非叶节点关键字的数量至少为 $2m/3$ 个，而 B+树的则是 $m/2$ 个。

B+树的分裂方法：当一个节点满时，分配一个新的节点，并将原节点中 1/2 的数据复制到新节点中，最后在父节点中增加新节点的指针。B+树的分裂只影响原节点和父节点，不会影响兄弟节点，所以它不需要指向兄弟的指针。

B*树的分裂方法：当一个节点满时，如果它的下一个兄弟节点未满，那么将一部分数据移动到该兄弟节点中，再在原节点处插入关键字，最后修改在父节点中兄弟节点的关键字；如果兄弟节点也满了，则在原节点与兄弟节点之间增加新节点，并各复制 1/3 的数据到新节点中，最后在父节点处增加新节点的指针。

综上可知，B*树比 B+树分配新节点的概率要低，空间利用率更高。

5. 对 B 树、B-树、B+树和 B*树的总结

B 树：属于二叉树，每个节点只存储一个关键字；如果查找的关键字与节点关键字相等，那么该节点关键字即为查找的关键字；如果查找的关键字比节点关键字小，就进入左子女节点；如果查找的关键字比节点关键字大，就进入右子女节点；如果左子女节点或右子女节点的指针为空，则报告找不到相应的关键字。

B-树：属于多路搜索树，每个节点存储 $m/2-1$ 到 $m-1$ 个关键字；非叶节点关键字存储指向关键字范围的子节点；所有关键字在整棵树中出现且只出现一次。

B+树：每个节点存储 $m/2$ 到 m 个关键字；在 B-树的基础上，B+树为叶节点增加链表指针；所有关键字都在叶节点中出现；非叶节点作为叶节点的索引。

B*树：在 B+树的基础上，B*树为非叶节点增加了链表指针，将节点的最低利用率从 1/2 提高到了 2/3。

1.3.5　树的遍历

树的遍历是树的一种重要运算。遍历是指对树中所有的节点系统地访问，即依次对树中的每个节点进行访问且仅访问一次。

二叉树的 3 种最重要的遍历方式分别称为先序遍历、中序遍历和后序遍历。在以这 3 种方式遍历一棵二叉树时，若按访问节点的先后次序将节点进行排列，就能分别得到在二叉树中所有节点的先序列表、中序列表和后序列表。相应的节点次序分别称为节点的先序、中序和后序。

多叉树的遍历通常有两种：深度优先遍历和广度优先遍历。

下面以二叉树为例讲解 3 种遍历方法。

每棵二叉树都由节点、左子树和右子树这 3 个基本部分组成。如果遍历了这 3 部分，也就遍历了整个二叉树。

1. 先序遍历

先序遍历是指先访问根节点，再访问子女节点的遍历方式。若二叉树为非空，则遍历过程如下。

（1）访问根节点。

（2）先序遍历左子树。

（3）先序遍历右子树。

2. 中序遍历

中序遍历是指先访问左（右）子女节点，再访问根节点，最后访问右（左）子女节点的遍历方式。若二叉树为非空，则遍历过程如下。

（1）按中序遍历左子树。

（2）访问根节点。

（3）按中序遍历右子树。

3. 后序遍历

后序遍历是指先访问子女节点，然后访问根节点的遍历方式。若二叉树为非空，则遍历过程如下。

（1）按后序遍历左子树。

（2）按后序遍历右子树。

（3）访问根节点。

如图 1-21 所示，D 为在二叉树中的某个节点，L、R 分别为节点 D 的左、右子树，则该二叉树的遍历方式有 6 种：

	先左后右	先右后左
先序	DLR	DRL
中序	LDR	RDL
后序	LRD	RLD

例如，以先左后右的方式用 3 种遍历方法对如图 1-22 所示的二叉树进行遍历。

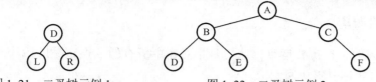

图 1-21　二叉树示例 1　　　　　　　　图 1-22　二叉树示例 2

用先序遍历的方式，得到的结果为 ABDECF。

用中序遍历的方式，得到的结果为 DBEACF。

用后序遍历的方式，得到的结果为 DEBFCA。

思考与练习 1

1. 选择题

（1）在下列数中，最小的数是_____。

A.（1010011.10101）2　　　　　　　　B.（123.55）8

C.（53.B0）16　　　　　　　　　　　　D.（83.75）10

（2）某数在计算机中用 8421BCD 码表示为 0011 1001 1000，其真值为_____。

A. 398　　　　　　B. 398H　　　　　　C. 1630Q　　　　　　D. 1110011000B

（3）一个内存为 1GB 的硬盘，最多可存放_____个 ASCII 字符。

A. 220　　　　　　B. 224　　　　　　C. 210　　　　　　D. 230

（4）机器数 10000001B 所代表的数_____。

A. 一定是-1　　　　　　　　　　　　　B. 一定是-127

C. 一定是-126　　　　　　　　　　　　D. 以上 3 个数都有可能

（5）在下列数中，最小的数是_____。

A. (101001)2　　　B. (52)8　　　　　C. (2B)16　　　　　D. 45

（6）在下列数中，最大的数是_____。

A. (101001)2　　　B. (52)8　　　　　C. (2B)16　　　　　D. 45

（7）在数据结构中，从逻辑上可以把数据结构分成_____。

A. 动态结构和静态结构　　　　　　　　B. 紧凑结构和非紧凑结构

C. 线性结构和非线性结构　　　　　　　D. 内部结构和外部结构

2. 填空题

（1）数据结构包括_____、_____、_____和_____这几种类型。

（2）在线性结构中，第一个节点_____前驱节点，其余每个节点有且只有_____个前驱节点；最后一个节点_____后续节点，其余每个节点有且只有_____个后续节点。

（3）在树结构中，根节点没有_____节点，其余每个节点有且只有_____个前驱节点，叶子节点没有_____节点，其余每个节点的后续节点数可以_____。

（4）在图结构中，每个节点的前驱节点数和后续节点数可以_____。

（5）在线性结构中，元素之间存在_____关系；在树结构中，元素之间存在_____关系；在图形结构中，元素之间存在_____关系。

第 2 章

数据恢复基本工具与 Windows 系统分区

2.1 WinHex 工具

WinHex 是由 X-Ways 软件技术公司开发的一款专业的磁盘编辑工具。该工具是在 Windows 系统下运行的十六进制编辑软件，能支持 Windows 98、Windows 2000、Windows XP 和 Windows 2003 等操作系统。

WinHex 的功能非常强大，有着完善的分区管理功能和文件管理功能，能自动分析分区表链和文件簇链，并能以不同的方式进行不同程度的备份，直至克隆整个硬盘。作为一款磁盘编辑软件，WinHex 具有所有编辑软件所具有的通用功能（如查找、替换等），并能够完整地显示和编辑任何一种文件类型的二进制内容（用十六进制方式显示）。其磁盘编辑器可以编辑物理磁盘或逻辑磁盘的任意扇区；其内存编辑器可以直接编辑内存，是一款非常好用的磁盘编辑软件。

要学习 WinHex，首先要学会其菜单的使用。WinHex 主界面如图 2-1 所示，有"文件""搜索""位置"等菜单。

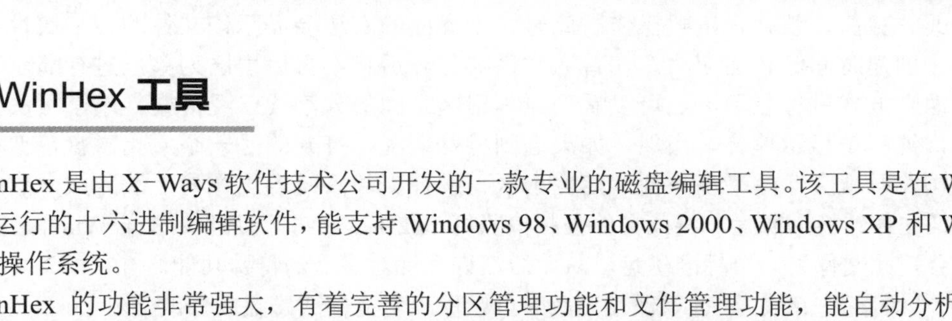

图 2-1 WinHex 主界面

1. "文件"菜单

展开后的"文件"菜单如图2-2所示。

（1）"新建"命令。单击"新建"命令，出现"建立新文件"对话框，如图2-3所示，输入要创建文件的大小，单位可以是B、KB、MB、GB。例如，输入10KB，单击"确定"按钮，即可创建一个未命名文件，大小是10KB，由全零值构成。此时，可以为这些零值赋予有意义的值，也可以复制任意文件的内容到该文件中，从而使新文件拥有了"灵魂"。如果熟悉汇编语言和文件编码，则可以像平时写文章一样，创造出任意格式和结构的文件。

图2-2　展开后的"文件"菜单　　　图2-3　"建立新文件"对话框

（2）"打开"命令。通过"打开"命令可以浏览任意文件的十六进制（Hex）编码、字符串等，甚至连磁盘镜像文件或部分加密文件都可以轻松解析出来。打开文件后即可进行各种修改、裁剪、填补、销毁操作。此时，主界面的右边会显示该文件的各种属性参数，如大小、创建时间等。但应注意，普通文件被打开后将不再以扇区为单位进行显示，而是以"页面"方式进行显示，还可以看到原本扇区之间的分割线已经消失。单个页面没有固定大小，纯粹是显示单位。当然，如果遇到特殊情况，打开的是一个原始磁盘镜像文件，按页面浏览时就会产生诸多不便，定位扇区、解释文件系统等工作将无法完成，这时就需要将镜像文件转换为磁盘，将此文件强制按照每512B/扇区进行处理。这样WinHex介质管理器就会视此文件为一个标准磁盘，从而激活许多针对磁盘的特殊功能。

（3）"保存"命令。通过"保存"命令可以保存对文件或磁盘的修改。

（4）"另存为"命令。通过"另存为"命令可以更改文件名。

（5）"制作备份复制"命令。"制作备份复制"命令是WinHex最常用、最重要的功能之一，被广泛应用于电子取证、磁盘克隆、数据备份等领域。通过该命令可以打开"创建磁盘镜像"对话框，如图2-4所示。如果打开的是一个分区，而且显示在最前面的窗口也是此分区的内容，那么此时的操作对象就是该分区，创建的镜像也是与该分区相关的；如果打开的是物理硬盘，那么此时的操作对象就是该物理硬盘，创建的镜像也是与该物理硬盘相关的。

镜像的文件格式有原始镜像、证据镜像和WinHex备份3种类型。原始镜像又称一对一镜像、RAW镜像，是指完全不考虑文件系统和未使用空间，按照扇区单位逐一复制而成的镜像，是跟DE相似的扇区级镜像；生成的镜像无论是体积还是数据分布都与其来源一模一样，没有任何区别，是真正意义上的镜像备份，此种方式使用得最为广泛。证据镜像是指可压缩、可解释、可加密的特殊镜像方式，一般应用于保密程度很高的电子取证工作，高密度的压缩不会影响证据的原始性。WinHex备份严格来说不算是一种镜像方式，而是一种类似于GHOST的数据备份方式。

接下来，要设定镜像保存的路径和名称。

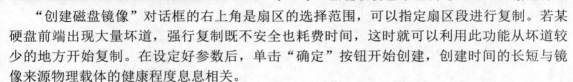

　　"创建磁盘镜像"对话框的右上角是扇区的选择范围，可以指定扇区段进行复制。若某硬盘前端出现大量坏道，强行复制既不安全也耗费时间，这时就可以利用此功能从坏道较少的地方开始复制。在设定好参数后，单击"确定"按钮开始创建，创建时间的长短与镜像来源物理载体的健康程度息息相关。

　　（6）"恢复镜像文件"命令。通过该命令可以将已成型的镜像文件还原到分区或者磁盘中。注意目标磁盘的环境最好与镜像文件相仿，不然会出现问题，给下一步工作带来困难。

　　（7）"备份管理器"命令。通过该命令可以对备份文件进行管理、归类、错误检查。但是如果一次备份过多文件，就会严重占用磁盘空间，所以应定期删除过期或无用的备份。

　　（8）"执行"命令。通过该命令可以用对应的软件打开当前文件。

　　（9）"打印"命令。通过该命令可以打印当前页面。

　　（10）"属性"命令。通过该命令可以显示指定文件的基本属性，如体积大小、创建时间、修改时间、访问时间。

　　（11）"打开文件夹"命令。通过该命令可以打开根目录下所有扩展名为 doc 的文件，大大减少工作量，如图 2-5 所示。此处需注意的是，在对象目录中的文件不宜过多，否则会长时间无法完成任务，甚至造成系统崩溃。

图 2-4　"创建磁盘镜像"对话框

图 2-5　批量打开文件

　　（12）"保存修改的文件"命令。如果一组文件被批量修改，那逐一保存会花费很多时间和精力，WinHex 的批量保存文件功能有效解决了这一问题，在这里只保存修改过的一类文件。

　　（13）"保存所有文件"命令。通过该命令可以将全部打开文件进行保存。

　　（14）"退出"命令。通过该命令可以退出 WinHex 软件。

2. "编辑"菜单

　　"编辑"菜单是 WinHex 中操作性最强的菜单。展开后的"编辑"菜单如图 2-6 所示。通过"编辑"菜单可以进行字节级文件修改工作，例如，粘贴偏移的数据到正常方位；从磁盘中提取任意数据段并写入新文件等。对于已经定义大小的文件项目，甚至可以采用"补充 0 字节"的方式进行扩容。对于具有保密要求的文件或磁盘，可以利用"修改数据"命令的各种逻辑代数算法进行简单的加密。例如，对某硬盘的所有数据进行异或修改，而要使用这些数据时，再利用已知元素逆运算恢复回来。总之，掌握"编辑"菜单的相关命令是熟练使用 WinHex 的关键。

　　（1）"撤销"命令。通过该命令可以更正某些错误的修改。此命令与 Word 软件中的

计算机数据恢复技术

"撤销"命令是一个作用，但不能无限制地撤销，已经保存的数据是不能撤销的。

（2）"剪切"命令。通过该命令可以将一定范围的字节或字符串移动到另一位置。例如，当出现文件头偏移导致文件无法打开时，只需要将文件头剪切并粘贴回文件开始的部位即可。也可以用此命令将一个文件的内容转移到另一个文件中，或是将两个文件拼接为一个大文件。但注意最好不要进行超大规模（包含几百 MB 或几 GB 大小的文件）的剪切操作，有可能会造成系统崩溃。

（3）"复制扇区"命令。该命令为最常用到的命令之一。在数据恢复中，应准确地判断数据恢复的字节范围，并将数据复制到合适的地方。例如，当分区引导扇区（Dos Boot Record，DBR）严重损坏时，磁盘分区会提示"未格式化"字样，此时就需要找到 DBR 的备份并将其复制到该分区的首扇区，数据恢复工作也随之完成。"复制扇区"命令下面还包含了很多子命令，如图 2-7 所示。

图 2-6 展开后的"编辑"菜单

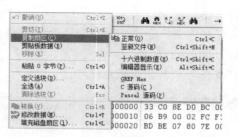

图 2-7 "复制扇区"命令下的子命令

①"正常"命令。该命令是 WinHex 内部使用的复制方式，只能粘贴在 WinHex 内部，是使用最频繁的命令。在使用时，先选中一段内容，在扇区处右击，运行"编辑"→"复制扇区"→"正常"命令，即可复制扇区的内容，如图 2-8 所示。

在目标位置，右击，运行"编辑"→"剪贴板数据"→"写入"命令（如图 2-9 所示），就会出现如图 2-10 所示的写入

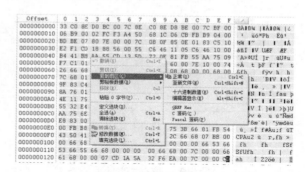

图 2-8 "正常"命令

提示，单击"确定"按钮就即可将数据写入目标位置，文件的大小不会改变。

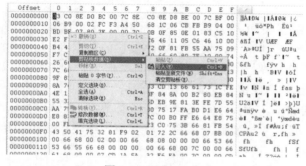

图 2-9 "写入"命令

图 2-10 写入提示

完成数据写入的界面如图 2-11 所示。通过一系列操作即可轻松把扇区内容复制到目标位置。

Offset	0	1	2	3	4	5	6	7	8	9	A	B	C	D	E	F	
00002030	00	00	00	00	00	00	00	00	00	00	00	00	00	00	00	00	
00002040	D0	CF	11	E0	A1	B1	1A	E1	00	00	00	00	00	00	00	00	ĐÏ áì± á
00002050	00	00	00	00	00	00	00	00	3E	00	03	00	FE	FF	09	00	> þÿ
00002060	06	00	00	00	00	00	00	00	00	00	00	00	01	00	00	00	
00002070	2F	00	00	00	00	00	00	00	00	10	00	00	31	00	00	00	/ 1
00002080	01	00	00	00	FE	FF	FF	FF	00	00	00	00	2E	00	00	00	þÿÿÿ .
00002090	FF	FF	FF	FF	FF	FF	FF	FF	FF	FF	FF	FF	FF	FF	FF	FF	ÿÿÿÿÿÿÿÿÿÿÿÿÿÿÿÿ
000020A0	FF	FF	FF	FF	FF	FF	FF	FF	FF	FF	FF	FF	FF	FF	FF	FF	ÿÿÿÿÿÿÿÿÿÿÿÿÿÿÿÿ
000020B0	FF	FF	FF	FF	FF	FF	FF	FF	FF	FF	FF	FF	FF	FF	FF	FF	ÿÿÿÿÿÿÿÿÿÿÿÿÿÿÿÿ
000020C0	FF	FF	FF	FF	FF	FF	FF	FF	FF	FF	FF	FF	FF	FF	FF	FF	ÿÿÿÿÿÿÿÿÿÿÿÿÿÿÿÿ
000020D0	FF	FF	FF	FF	FF	FF	FF	FF	FF	FF	FF	FF	FF	FF	FF	FF	ÿÿÿÿÿÿÿÿÿÿÿÿÿÿÿÿ
000020E0	00	00	00	00	00	00	00	00	00	00	00	00	00	00	00	00	
000020F0	00	00	00	00	00	00	00	00	00	00	00	00	00	00	00	00	
00002100	00	00	00	00	00	00	00	00	00	00	00	00	00	00	00	00	
00002110	00	00	00	00	00	00	00	00	00	00	00	00	00	00	00	00	

图 2-11　完成数据写入的界面

②"至新文件"命令。该命令可以将选中的内容变成一个新文件，可以是任意格式的文件。

③"十六进制数值"命令。该命令只针对十六进制字节进行提取，在很多情况下可以作为正常复制的功能使用。它的优势是可以把 Hex 值复制到 WinHex 以外的系统。如要将某分区的引导扇区复制到记事本中，应先选中需要复制的内容，然后右击，运行"复制"→"十六进制数值"命令，再粘贴到记事本中即可，如图 2-12 所示。此功能在研究编码转换时非常有用。

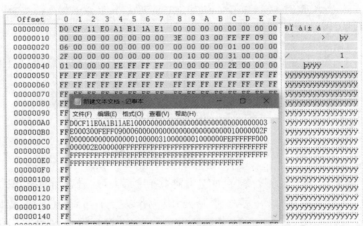

图 2-12　运行"十六进制数值"命令

④"编辑器显示"命令。该命令可以将十六进制视图和文本视图的主要部分简单记录下来，也可以写入 WinHex 以外的系统。在使用时，先选中需要复制的内容，然后右击，运行"复制扇区"→"编辑器显示"命令，再粘贴到记事本中，如图 2-13 所示。此功能在进行学术或科研引用时非常便利，它意味着我们可以抽取任意数据区进行深入分析。

⑤"GREP Hex"命令。该命令只针对十六进制字节进行提取，在很多情况下可以作为正常复制功能使用。在使用时，先选中需要复制的内容，然后右击，运行"复制扇区"→"GREP Hex"命令，再粘贴到记事本中，如图 2-14 所示。

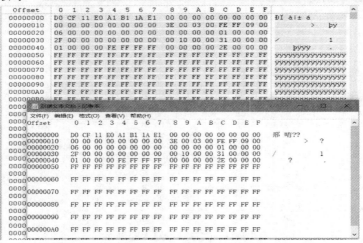

图 2-13　运行"编辑器显示"命令

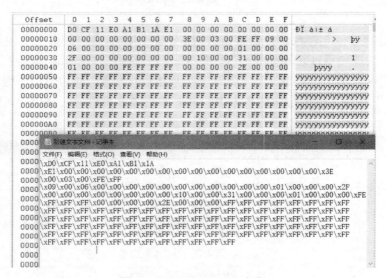

图 2-14　"GREP Hex"命令

⑥"C 源码"命令。通过该命令复制的内容将转换为 C 语言程序可识别的源码形式。因为磁盘编辑器往往配合编程语言做程序开发用，所以会不可避免地引入编辑区的内容。但是 WinHex 的显示方式和编程语言是大不相同的，这就需要将数据提取后依次改变成符合编程语言的格式了。这个工作如果纯粹靠程序员人力完成，将是一项十分浩大的工程。WinHex 开发人员充分考虑了该软件的实用性，在其功能中加入了多种格式转换工具，而"复制扇区"命令中的"C 源码"子命令就是其中一个。若想将选块内的字节转换为 C 语言程序可以识别的格式，先选中需要复制的内容，然后右击，运行"复制扇区"→"C 源码"命令，再粘贴到记事本中，如图 2-15 所示。

⑦"Pascal 源码"命令。通过该命令复制的内容用于 Pascal 语言。若想将选块内的字节转换为 Pascal 语言程序可以识别的格式，先选中需要复制的内容，然后右击，运行"复制扇区"→"Pascal 源码"命令，再粘贴到记事本中，如图 2-16 所示。

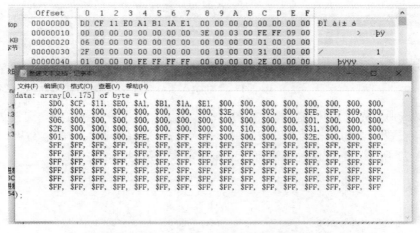

图 2-15　"C 源码"命令

图 2-16　"Pascal 源码"命令

（4）"剪贴板数据"命令。该命令与其他子项相辅相成，复制、剪切的内容会储存在剪切板，且每次操作覆盖上次的内容。它也有 4 个子命令："粘贴""写入""粘贴为新文件""清空剪贴板"。但要注意，"粘贴"命令和"写入"命令虽然在结果上似乎完全相同，但对使用环境有不同的要求。例如，若想复制一段字节到文件中，可以随意使用这两个命令中的一个，"粘贴"命令会让文件变大，从粘贴位置把后面的内容往后移动；"写入"命令不会改变文件的大小，但如果复制目标是严格按照扇区划分的磁盘，就只能使用"写入"命令，粘贴项会表示为未激活状态（灰色）。"粘贴为新文件"子命令和"复制扇区"命令中的"至新文件"子命令很相似，在剪贴板中存入数据后单击相应命令即可。当数据被写入一个新文件时，单击"保存"按钮即可构造此文件。

（5）"移除"命令。通过该命令可以将不需要的数据部分去掉。这里要特别注意的是，"移除"命令与"粘贴 0 字节"命令不同，前者会使文件变小并改变数据排列的方位，从而对文件功能产生实际影响；后者是在原来的字节位置上将数值变为 0，文件大小不会发生变

化，其他字节也不会因此产生位移。在数据恢复中，经常会碰到某些恢复的文件掺杂着不少"冗余"数据，导致文件无法正常使用。此时，就可以计算出"冗余"部分，再用移除功能将它们消灭，使偏移的字节"返本归原"。在移除选块的时候，系统会提示确认信息，如图 2-17 所示，单击"是"按钮。

（6）"粘贴 0 字节"命令。该命令和"移除"命令的功能完全相反，一个是使文件变小，一个是使文件变大。该功能可以在文件中的任何位置实现 0 字节的插入，如图 2-18 所示，但该功能在数据恢复工作中很少用到。

（7）"定义选块"命令。选块是定义操作对象范围的基础，数据恢复的一切操作都是建立在"选块准确"的前提下。定义选块的方法大体分为 3 种：指针范围选块、使用定义选块子项、开始结尾法。指针范围选块就是利用鼠标拖动功能进行标记，这是最快捷的选块方式，但是由于鼠标的拖动范围有限，用户不可能采用此方法大规模定义选块，而且选块的结尾也难以确定，所以只有在选块范围小于一个扇区或一个页面时才建议用此方法。当选块范围很大的时候，可以通过输入数字来定义选块开始和结束位置，如图 2-19 所示。

图 2-17 "移除"命令　　图 2-18 "粘贴 0 字节"命令　　图 2-19 "定义选块"对话框

开始结尾法则是先找到开始位置，如图 2-20 所示，在开始位置右击，选择"选块起始位置"命令，设置选块的开始位置。在结尾位置右击，选择"选块尾部"命令，设置结束位置，如图 2-21 所示。通过这种方法可以选择非常大的范围。

图 2-20 设置开始位置

图 2-21 设置结尾位置

（8）"全选"命令。该命令可以选中其操作对象的所有数据区，可以用于文件拼接、模块组合等，也可以大范围搜索所定义的区域。

（9）"清除选块"命令。如果发现选块错误，可以运行该命令，所有选块标记将被取消。

（10）"转换"命令。该命令在数据恢复中应用较少，但其拥有强大的功能。它不仅可以实现编码互转、进制互转、文件加密，程序化地设置密钥，还可以解析 NTFS 压缩数据流。转换牵扯文件编码学、文件系统学、密码学等众多学科，是 WinHex 使用中技术含量较高的，当然与用户的知识水平也是密不可分的。"转换选块"对话框如图 2-22 所示，其中主要是一些编辑功能。

（11）"修改数据"命令。该命令可以改变数据的排列规律。"修改数据"命令应用到了逻辑数学的许多知识。该命令具体实现的功能有给单个或批量字节做指定加数（整数，可以是正/负整数或是十六进制数）的加法、给单个或批量字节做反转位（0～255 元素集合内的补集运算）、16 位字节交换（每两个字节左右交换位置）、32 位字节交换（每 4 字节左右交换位置）、"异或"运算、

图 2-22　"转换选块"对话框

"或"运算、"与"运算、循环左移一位运算、循环右移一位运算、位移运算、ROT13 运算（字母对应位编码）、左旋圆运算等。

下面我们来详细讲解操作和算法原理。"与"运算在整个数据修改算法中属于比较简单的算法，可以给每个字节加上相同的数字，从而彻底改变数据，当然如果再加上该数字的负值，数据还可以恢复原貌。首先确定要修改的数据范围（如果不选范围将会对整个操作对象进行修改），再运行"修改数据"命令，出现"修改选块数据"对话框，如图 2-23 所示，选择"Add"（添加）项，在输入框内填入数值（正/负整数），比如 14。单击"确定"按钮后可以看到，选块内的字节发生了变化。此时如果需要恢复原貌，可以再添加-14 的值。

（12）"填充磁盘扇区"命令。该命令应用于数据销毁领域，可以将整盘、整文件或指定区域进行无意义字节填充，从而彻底覆盖原本数据。通过该命令可以打开"填充选块"对话框，如图 2-24 所示。其中，有 4 种选项：填充十六进制数值、随机字符、模拟加密数据、Cryptogr,secure pseudo-random（慢）（加密安全性伪随机）。这 4 种选项的效果大同小异，如果要满足数据销毁的标准，需要重复多次填充选块。这里使用十六进制数 00 进行填充，可以看到数据被 0 字节覆盖。单击"添加"按钮可以设定多套方案，从而进行批量处理。

图 2-23　"修改选块数据"对话框

图 2-24　"填充选块"对话框

3．"搜索"菜单

"搜索"菜单是在数据恢复中较常使用的菜单之一。在工作中，我们接触到的往往是文

件系统的底层，只有在牢牢记住特征编码后，才能利用磁盘编辑器去寻找参数，而 WinHex 便是搜索工具领域的佼佼者。文件系统对内管理是分层、分级的，要定位并访问一个文件，需要经过一级一级大量且精确的计算，而掉电、病毒、误操作、磁盘物理故障等众多原因都是破坏这种组合计算的罪魁祸首。例如，如果某个分区的文件系统要完成引导，则与之相关的分区表链要完好无损，当分区表链存在严重缺陷时，WinHex 无法直接顺利地访问该分区。此时，可以采用的方法是搜索 DBR 的某些特征值，定位该分区的起始扇区，然后虚拟加载该分区。而在重组 RAID 时，需要严格分析文件系统中的很多记录，这也需要利用"搜索"功能去寻找它们。搜索本身就是一门技术、一门学科。用户会在实际工作中逐渐总结出许多搜索的经验技巧，从而受益终生。

"搜索"菜单如图 2-25 所示。

（1）"同步搜索"命令。该命令的集成度和智能化相对较高，可以同时完成多个搜索任务，但同步搜索的对象仅限于文本。文本框用于输入字串，并对格式有一定要求。如果要进行多任务搜索，则每个任务必须占用文本框中独立的一行。此外，可以从外部导入文本文件来定义搜索内容，这里有逻辑搜索和物理搜索两种方式。逻辑搜索主要针对操作对象文件，搜索范围较小，速度较快。而物理搜索是字节级逐个检查的搜索方式，主要针对物理磁盘。

（2）"查找文本"命令。该命令的主要作用就是搜索、定位操作对象中存在的任意字符串。很多视频文件、MSSQL 备份文件或者 MFT 记录头等都是以某种字符串开头的，此时只要查找这些字符串，就可以在字节的海洋中轻易找到这些文件。虽然字符集有很多种，但"查找文本"命令支持的字符集包括 ASCII 和 UNICODE 大类，涵盖了 90%以上的应用领域。"查找文本"对话框如图 2-26 所示。

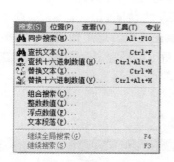

图 2-25 "搜索"菜单

图 2-26 "查找文本"对话框

在"查找文本"对话框中，最上方是一个文本框，用于输入用户想要搜索的字符串；下方是各类搜索条件，用户可以对字符串字母的大小写提出更为准确的要求，可以自由选择两大字符编码类型，可以在搜索表达式中加入通配符，可以要求搜索完整语句（精度搜索），可以选择搜索方向或进行全局搜索，可以在指定范围内为搜索对象确定方位（偏移量），可以选择只在选块区内搜索，可以在所有打开的项目中进行搜索，可以给出并保存搜索列表，可以忽略读取的错误（如跳过坏扇区）等。

在如图 2-26 所示的"查找文本"对话框中的设定条件如下：

忽略匹配大小写，选择 ASCII，由于对象单一且清晰故不采用通配符。FILE 是固定单词，可以搜索完整语句。这里不妨做局部搜索，选择"向下"。将偏移量设定为"512=0"（此处设定得越精确，搜索速度越快）。其中，512 的意思是一个扇区是 512B，按照扇区的整数倍进行搜索；0 的意思是从扇区的第 0 号位置开始搜索。搜索结果会自动列表并保存。如图 2-27 所示是文本搜索结果。

（3）"查找十六进制数值"命令。该命令与"查找文本"命令的用法非常相似，只是文本框内被要求输入一组十六进制数值。这里填入 DBR 的结束标志 55AA，如图 2-28 所示，单击"确定"按钮开始搜索。找到 DBR 如图 2-29 所示。

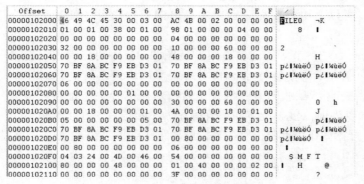

图 2-27　文本搜索结果

图 2-28　"查找十六进制数值"对话框

（4）"替换文本"命令。该命令在有规律地修复同一错误时非常有用。例如，当扇区的有效结束标志 55AA 被病毒改写，造成扇区不能被操作系统识别的情况时，就可以利用此功能进行整体文本的替换。

```
0000200170 A1 FA 01 E8 03 00 F4 EB  FD 8B F0 AC 3C 00 74 09   lú è  ôëyÍð¬< t
0000200180 B4 0E BB 07 00 CD 10 EB  F2 C3 0D 0A 41 20 64 69   ´ »  Í ëòÃ  A di
0000200190 73 6B 20 72 65 61 64 20  65 72 72 6F 72 20 6F 63   sk read error oc
00002001A0 63 75 72 72 65 64 00 0D  0A 42 4F 4F 54 4D 47 52   curred  BOOTMGR
00002001B0 20 69 73 20 63 6F 6D 70  72 65 73 73 65 64 00 0D   is compressed
00002001C0 0A 50 72 65 73 73 20 43  74 72 6C 2B 41 6C 74 2B    Press Ctrl+Alt+
00002001D0 44 65 6C 20 74 6F 20 72  65 73 74 61 72 74 00 0A   Del to restart
00002001E0 00 00 00 00 00 00 00 00  00 00 00 00 00 00 00 00
00002001F0 00 00 00 00 00 8A 01  A7 01 BF 01 00 00 55 AA    §  ¿  Uª
0000200200 07 00 42 00 4F 00 4F 00  54 00 4D 00 47 00 52 00   B O O T M G R
```

图 2-29　找到 DBR

（5）"替换十六进制数值"命令。该命令与"替换文本"命令使用方法相同，但替换对象不一样。

（6）"组合搜索"命令。该命令可以搜索两个文件中相同位置的特定数据。该命令对分析文件的相似性帮助很大。

（7）"整数数值"命令。该命令与"组合搜索"命令使用方法相同，但搜索对象不一样。

（8）"浮点数值"命令。该命令支持单一浮点、实数、双精度和扩展双精度数据，可以配合反汇编功能跟踪处理器运算，在数据恢复中较少使用。

（9）"文本段落"命令。该命令可以定位操作对象中的"固定字串"（文字资源）。不仅可以搜索包含文字、数字、标点及特殊符号在内的整句，还能在一定范围内限定单词短语的长度。

（10）"继续全局搜索"命令。该命令可以在当前任务意外中断后从中断处继续搜索，一直搜索完全部范围。

（11）"继续搜索"命令。该命令在当前任务意外中断后从中断处继续启动搜索。

4."位置"菜单

随着存储技术的发展，当前个人存储解决方案都发展到了 TB 级，而数据恢复是一项与"字节"打交道的微观工作，想凭直觉在"数据海洋"中打捞自己想要的东西，几乎是不可能的。所以，要像地球经纬度那样，向客户提供线性、坐标性等各种精确定位方法。"位置"菜单如图 2-30 所示。充斥在磁盘中的特殊扇区、功能扇区、隐藏在扇区中的重要字节，是数据恢复的"下刀点"。所以，用户要充分运用本菜单的各种命令，使整个工作流畅化。

（1）"转到偏移量"命令。该命令是字节级的定位方案。从图 2-31 中可以看出，编辑区的 Offset 列和十六进制高低位构成了一个坐标系，利用定位可以迅速跳转到任意字节处。一般来说，定位会取一个参照位置。默认的参照位置是操作对象的开头，也可以根据自身习惯或技巧设定参照位置，如以当前位置、反方向位置等作为参照位置。在"新位置"文本框中输入任意值"800"，以"开始"作为参照位置，光标成功跳转到了"800"处。

图 2-30 "位置"菜单

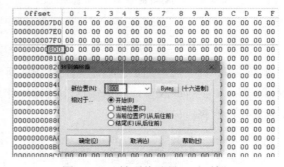

图 2-31 "转到偏移量"对话框

（2）"跳至扇区"命令。该命令是数据恢复的基本命令之一。可以通过该命令跳转到经常需要查看的扇区。"跳至扇区"对话框如图 2-32 所示。打开扇区以后，"跳至扇区"对话框如图 2-33 所示，可以跳转到某个簇。

图 2-32 "跳至扇区"对话框

图 2-33 打开扇区后的"跳至扇区"对话框

（3）"转至 FAT 记录"命令。在 FAT32 文件系统的分区，可以通过该命令跳转到 FAT。在 NTFS 分区，"转至文件记录"对话框如图 2-34 所示，在"文件记录"文本框中输入数字"5"，表示转到 ID 是"5"的文件记录，这样就可以方便定位文件记录的位置。

（4）"移动选块"命令。该命令类似电视频道微调，可以在选块大小不变的情况下挪动选块区的位置。例如，选择向前移动两个选块后，原选块区头部两个字节被释放，原选块区尾部自动向后顺延两位。开始选中的范围（如图 2-35 所示）向前移动 "2" 个位置（如图 2-36 所示），出现了如图 2-37 所示的结果。

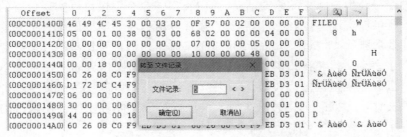

图 2-34　"转至文件记录"对话框

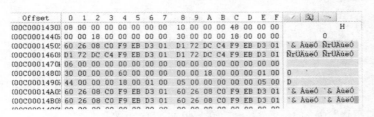

图 2-35　开始选中的范围

图 2-36　向前移动 "2" 个位置

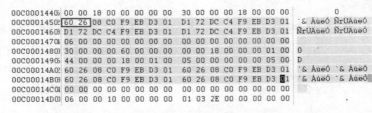

图 2-37　移动后结果

（5）"向前"和"向后"命令。可通过这两个命令回到用户操作过程的某一步。例如，打开本地硬盘，先单击主引导扇区（Master Boot Record，MBR）的第一个字节，再单击此扇区的最后一个字节，然后单击"向后"命令，光标将回到第一个字节位置。

（6）"跳至"命令："跳至"命令的子菜单如图 2-38 所示。

（7）"标记位置"命令。该命令可以将位置进行标示。

（8）"删除标记"命令。该命令可以将做好的标记删除。

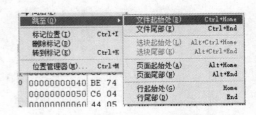

图 2-38　"跳至"命令的子菜单

（9）"转到标记"命令。该命令可以跳到曾经做过标记的某个位置。

（10）"位置管理器"命令。位置管理器是 WinHex 重要组成部分，其实就是搜索列表，每次搜索结果都被当作特殊位置存入位置管理器。只要数据没有发生大的改变，只需要调用位置管理器就可以找出之前的搜索结果，避免重复操作。位置管理器可以存储数十万条

记录。这些记录一般是按搜索的先后顺序进行排列的。用户也可以单击该列表上方的控件自行排列，如按照偏移量排列、按照搜索提示内容排列、按照时间排列等。在位置管理器的任意记录上右击，会出现其子菜单，如图 2-39 所示。"编辑"子命令就是在系统记录内容的基础上进行符合用户意志的修改活动。"编辑"子命令不仅可以实现位置的记录、搜索提示的改变，还可以实现重点着色。"删除"子命令可以将不需要的位置记录清除，也可以利用全选进行批量删除。"新建"子命令可以把平时常用的位置记录手工写入位置管理器。单击"新建"子命令后，将出现和"编辑"子命令相同的操作界面，在手工填写分区表时需要记录每一级分区表链的重点位置。如果位置记录过于"臃肿"却又不能舍弃，不妨将其保存为单独文件，需要时再将其重新载入。位置管理文件可以保存在磁盘的任何位置，当需要时再运行"加载位置文件"子命令导回这些文件。

图 2-39 "位置管理器"命令的子菜单　　　图 2-40 "查看"菜单

5. "查看"菜单

"查看"菜单可以实现实时的、动态的查看功能。"查看"菜单如图 2-40 所示。

（1）"仅显示文本"选项。通过选中该选项可以隐藏 Hex 编辑区域，保留文本编辑区域。该命令在进行字符串识别、编辑、编码转换工作时可以有效排除"数字"带来的干扰。"仅显示文本"界面，如图 2-41 所示。

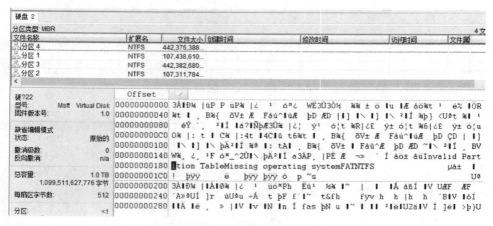

图 2-41 "仅显示文本"界面

（2）"仅显示十六进制"选项。通过选中该选项可以减少文本带来的干扰。

（3）"录制幻灯"命令。通过该命令可以从操作对象中随机标记部分数据并加以着色，以描述操作对象的大概特征。"录制幻灯"对话框如图 2-42 所示，这里选中"应用不同背景色"和"相对记录偏移地址"复选框，在"第一个记录偏移地址"文本框中输入"0"，

在"记录字节大小"文本框中输入"10"。如果选中"应用全局设定"复选框，则会对所有打开的对象进行操作。单击"确定"按钮，完成录制幻灯操作后的界面如图 2-43 所示，可以看到，从首字节开始，每隔 10 个字节被重点着色。可以通过常规设置里面的颜色设置修改颜色。此处需要注意的是，该功能不会对选块范围和其他操作造成任何影响，仅是一种显示方式而已。

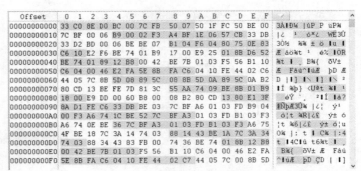

图 2-42　"录制幻灯"对话框　　　　　　　图 2-43　完成录制幻灯操作后的界面

（4）"显示"命令。通过该命令可以对选择的某些主要界面进行去留的操作，如图 2-44 所示。

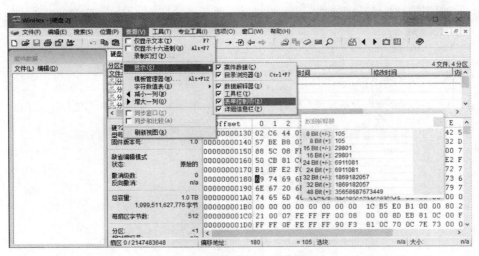

图 2-44　"显示"子菜单

"案例数据"又称"证据容器"，是 WinHex 法证版 X-WAYS 特有的电子取证专用模块，在其他版本的软件中仅提供了演示所需的最基本功能。

"目录浏览器"就是软件的具体操作区，如果将"目录浏览器"复选框中的"√"去掉，目录浏览器界面将消失，仅留下编辑区。"目录浏览及过渡设置"对话框如图 2-45 所示。

"数据解释器"是 WinHex 非常重要的附加功能模块，可以解析多种编码或完成计算。如要将某段十六进制数据转换成十进制数据，直接选中其相应的复选框即可。选中"数据解释器"复选框后，会出现"数据解释器选项"对话框，如图 2-46 所示，可以看到非常多的选项。"数据解释器"已经成为在数据恢复工作中不可或缺的"计算大师"。

（5）"模板管理器"命令。所谓模板，就是将相同位置、相同范围的数据套入一个框架，使用户能明白其意义。模板在文件系统的特殊扇区中最为常见，如 MBR、DBR、超级块等。模板可以自由编辑或者创建。WinHex 本身提供了丰富的模板。"模板管理器"对话框如图 2-47 所示。WinHex 对模板编辑的指令语法要求十分严格。根据这些语法，使用者可以根据自身需求新建模板。

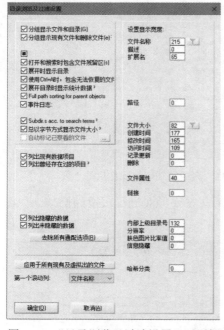

图 2-45 "目录浏览及过滤设置"对话框

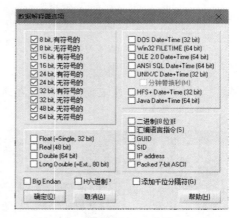

图 2-46 "数据解释器选项"对话框

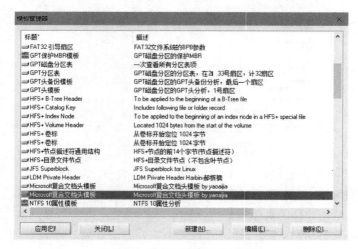

图 2-47 "模板管理器"对话框

打开"模板管理器"对话框，选中"NTFS 引导扇区"选项，单击"应用"按钮，出现如图 2-48 所示的 NTFS 的 DBR 解析界面。从该界面中可以清楚地看到不同位置代表的不同含义。

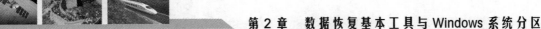

Offset	标题	数值
3200300000	跳转指令	EB 52 90
3200300003	文件系统ID	NTFS
320030000B	扇区大小(字节/扇区)	512
320030000D	簇大小(扇区/簇)	8
320030000E	保留扇区数	0
3200300010	(始终零)	00 00 00
3200300013	(未使用)	00 00
3200300015	介质描述(16进制)	F8
3200300016	(未使用)	00 00
3200300018	每磁头扇区数	63
320030001A	每柱面磁头数	255
320030001C	隐含扇区数	2048
3200300020	(未使用)	00 00 00 00
3200300024	(总是80 00 80 00)	80 00 80 00
3200300028	扇区总数(即分区大小)	864028671
3200300030	$MFT的开始簇号	786432
3200300038	$MFT mirr的开始簇号	2
3200300040	每个MFT记录的簇数	-10
3200300041	(未使用)	0
3200300044	每索引的簇数	1
3200300045	(未使用)	0
3200300048	32位序列号(Hex)	83 04 4B 6F
3200300048	32位序列号(Hex,保留)	6F4B0483
3200300048	64位序列号(Hex)	83 04 4B 6F 58 F6 26 56
3200300050	校验和	0
32003001FE	标记(55 AA)	55 AA

图 2-48　NTFS 的 DBR 解析界面

（6）"字符数值表"命令。通过该命令可以查看字串符号与十六进制数值相对应的关系。ASCII 大家已经很熟悉，这里不介绍了。广义二进制编码的十进制交换码（Extended Binary Coded Decimal Interchange Code，EBCDIC）是字母或数字字符的二进制编码，是在 IBMOS/390 操作系统上使用的文本文件的编码。在一个 EBCDIC 的文件里，每个字母或数字字符都被表示为一个 8 位的二进制数，可以定义 256 个字符。

（7）"减小一列"和"增大一列"命令。通过这两个命令可以在编辑区显示上进行相应排列的更改。运行"减小一列"命令，"F"列被隐藏，每行的偏移量随之发生变化。在通常情况下，WinHex 的默认排列是最佳方案，不需要更改。

（8）"同步窗口"选项。选中该选项，可以同时浏览多个操作对象相同位置的数据。该功能被广泛应用于数据比对、代码分析、逆向工程。

（9）"同步和比较"选项。选中该选项，可以将窗口同步，并用黑色标示出内容不同的位置。

（10）"刷新视图"命令。通过该命令可以刷新窗口内容，用于查看修改完成的内容。

6. "工具"菜单

"工具"菜单如图 2-49 所示。下面就对"工具"菜单的各种命令进行介绍。

（1）"打开磁盘"命令。通过该命令可以对磁盘或者分区进行编辑。使用该命令后将出现"编辑磁盘"对话框，如图 2-50 所示。其中，逻辑驱动器就是能够识别到的分区；物理驱动器就是在计算机中识别到的磁盘。若要恢复分区，必须打开磁盘进行搜索。当要查找某个文件时，如果分区正确，可以打开分区进行搜索以缩短时间。如果 DBR 出现严重错误的时候，无法打开分区，只能通过打开物理驱动器进行修复 DBR。

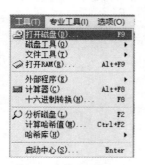

图 2-49 "工具"菜单

图 2-50 "编辑磁盘"对话框

这里打开的是 HD2 物理驱动器，如图 2-51 所示。不管 MBR 的结束标志是否为"55AA"，WinHex 都会自动分析磁盘的分区表，还会自动在 63 扇区、2048 扇区等常规存放 DBR 的位置查找 DBR 并标示出相关分区表。

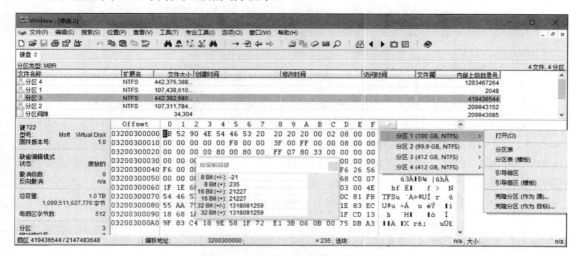

图 2-51 打开的 HD2 物理驱动器

（2）"磁盘工具"命令。通过该命令可对分区或磁盘进行相关操作。"磁盘工具"命令下有多个子命令，如图 2-52 所示。

①"磁盘克隆"子命令。该子命令属于扇区级的镜像方式。"磁盘克隆（扇区复制）"对话框如图 2-53 所示。可以通过该子命令把磁盘镜像到文件、分区、磁盘，也可以把分区镜像到文件、分区、磁盘等。该子命令在司法取证、保护源盘安全上非常有用，在平时备份数据、恢复数据、复制文件时也可以使用。

②"展开目录"子命令。该子命令列出分区中所有的文件相关信息。

③"通过文件类型恢复"子命令。通过该子命令可以按照文件头的前面 4 位字节特征码进行搜索，可不依赖任何的分区或者分区格式直接搜索文件类型特征码，按照 LBA 位置给文件重新命名，如图 2-54 所示。另外，可以单击"文件签名"按钮，添加自己的文件类型特征码。

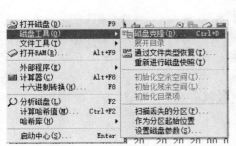

图 2-52 "磁盘工具"命令的子菜单

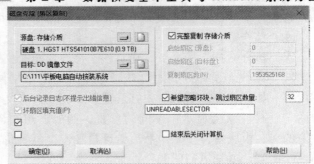

图 2-53 "磁盘克隆（扇区复制）"对话框

④ "重新进行磁盘快照"子命令。通过该子命令可以按照分区类型、系统结构搜索分区的目录和文件。

⑤ "初始化空余空间"子命令。通过该子命令可以对没有使用的空闲空间填入 0，也可以随机填入数字以彻底破坏该空间的原数据。

⑥ "初始化残余空间"子命令。通过该子命令可以把存放数据的位置清0，彻底破坏原数据。

⑦ "初始化目录项"子命令。通过该子命令可以把主文件表清 0。

⑧ "扫描丢失的分区"子命令。通

图 2-54 "根据文件头标志搜索"对话框

过该子命令可以恢复硬盘分区表。单击"否"按钮可以设置从磁盘最前面开始搜索，也可以单击"是"按钮在没有分区的空间搜索。

⑨ "作为分区起始位置"子命令。通过该子命令手工输入分区的第一个扇区位置。

⑩ "设置磁盘参数"子命令。为了方便分析磁盘，可以通过该子命令设置扇区数、虚拟 CHS 地址，如图 2-55 所示，不会对硬盘做具体的操作。

（3）"文件工具"命令。"文件工具"命令有很多子命令，如图 2-56 所示。

图 2-55 "设置磁盘参数"对话框

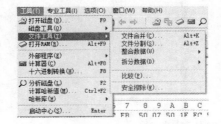

图 2-56 "文件工具"命令的子命令

① "文件合并"子命令。通过该子命令先存放第一个文件，然后存放第二个文件，再存放第三个文件，依次存放，把两个或者两个以上的文件合并在一个文件里。

② "文件分割"子命令。通过该子命令把一个文件分割成两个或两个以上的文件。例

如，将文件前一部分分割成一个文件，后一部分分割成一个文件。

③ "整合数据"子命令。通过该子命令将两个文件交替写入一个目标文件中。

④ "拆分数据"子命令。通过该子命令将一个文件交替写入两个目标文件中。

⑤ "比较"子命令。通过该子命令对比两个文件的十六进制内容，找出相同位置不同的内容。如图 2-57 所示，先打开需要对比的两个文件，然后运行"比较"子命令，分别选中两个文件，就会显示出不同的位置。例如，想知道数据硬盘密码的位置，可以先把没有加密的 02 模块备份下来，然后给硬盘加密，再备份加密以后的 02 模块，前后备份的两个模块一比较，就知道密码的位置了。

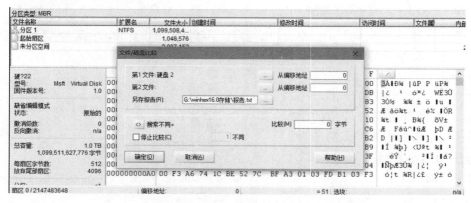

图 2-57　文件比较

⑥ "安全擦除"子命令。在操作系统中删除文件，只是释放了存放文件的空间，并没有真正删除文件内容。"安全擦除"子命令会彻底删除文件的内容，不能逆转，不能恢复。

（4）"打开 RAM"命令。通过该命令可对内存进行编辑和修改。"编辑主内存"对话框如图 2-58 所示。该命令一般用于软件破解。

（5）"外部程序"命令。通过该命令可以用外部程序打开当前 WinHex 编辑的文件。

（6）"计算器"命令。该命令用于十六进制转为十进制、二进制转为十六进制等进制的相互转换，以及常规的运算。"计算器"对话框如图 2-59 所示。

图 2-58　"编辑主内存"对话框

图 2-59　"计算器"对话框

（7）"十六进制转换"命令。通过该命令可以完成十六进制和十进制的相互转换。

（8）"分析磁盘"命令。通过该命令可以分析在磁盘中每个数值出现的次数和频率。

（9）"计算哈希值"命令。通过该命令可以对映像文件以后的完整性进行计算确认，与
校验相似。如果文件较大，超过了哈希值
计算的限制，系统将进行强行分卷计算，
这有助于将文件分段保存映像到 CD ROM
或者 DVD ROM 中。

（10）"哈希库"命令。通过该命令可
以管理和导入/导出哈希值。通过哈希值，
可以对文件进行分类校验。

（11）"启动中心"命令。通过该命令
可以对文件、磁盘、内存、文件夹进行十
六进制或文字编码的编辑工作，"启动中
心"对话框如图 2-60 所示。

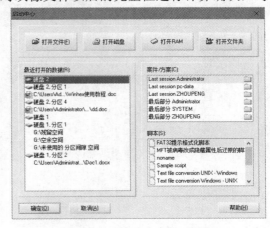

图 2-60　"启动中心"对话框

7. "专业工具"菜单

"专业工具"菜单如图 2-61 所示。

（1）"获取卷快照"命令。通过该命令可以对分区进行扫描，并根据删除标志搜索删除
和格式化的数据。单击该命令后弹出"进行磁盘快照"对话框，如图 2-62 所示，单击"确
定"按钮即可开始扫描，不过扫描效果不太理想。

图 2-61　"专业工具"菜单

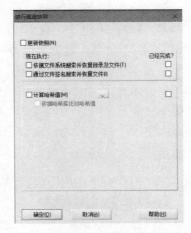

图 2-62　"进行磁盘快照"对话框

（2）"详细技术报告"命令。通过该命令可以查看文件、分区、磁盘的详细信息。

（3）"设置镜像文件为磁盘"命令。通过该命令可以把一个镜像文件转换成磁盘，并
按照磁盘的方式分区，一个扇区 512B，以方便对镜像文件的分析。在组建虚拟阵列时，
系统会制作很多镜像文件，通过把镜像文件转成磁盘，就可以对镜像文件进行分析，组建
出合适的虚拟阵列。

（4）"组合为 RAID 系统"命令。在用 WinHex 分析出阵列的盘序和块大小以后，就可
以使用该命令来组建虚拟阵列。使用该命令后弹出"重组 RAID"对话框，如图 2-63 所

示。在该对话框中，可以组建 RAID0、RAID5 和惠普双循环等阵列。但是，要想组建虚拟阵列，必须熟悉文件系统，学会分析盘序和块大小。

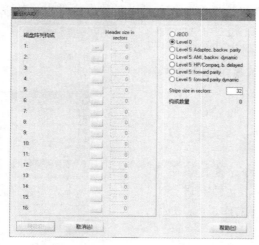

图 2-63 "重组 RAID"对话框

（5）"收集剩余空间"命令。如果要存放一个大文件，就要找一个完整的空间来连续存放这个文件，以免产生碎片。这时，可以通过该命令收集查找分区中空闲空间，然后将一个空文件先存放进去。

（6）"收集占用空间"命令。通过该命令可以收集存放数据的空间。

（7）"收集分区间隙空间"命令。通过该命令可以收集没有被分区分配的空间。

（8）"收集文本"命令。通过该命令可以对文本内容进行搜索查找，如图 2-64 所示。

（9）"递减数目文件"命令。通过该命令可以打开文件夹，并将文件夹中的文件按照某种规律进行重新命名。

（10）"信任下载"命令。通过该命令可以进行文件的复制、粘贴。

（11）"加亮剩余空间"命令。通过该命令可以较方便地查看哪些空间没有被使用。

（12）"加亮占用空间"命令。通过该命令可以较方便地查看哪些空间已经被使用。

8."选项"菜单

"选项"菜单如图 2-65 所示，用于设置 WinHex 的环境。

图 2-64 "搜索文本段落"对话框

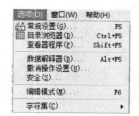

图 2-65 "选项"菜单

（1）"常规设置"命令。通过该命令可以设置临时文件目录和各种选块的颜色。"常规设置"对话框如图 2-66 所示。

（2）"目录浏览器"命令。该命令的功能在前面已介绍过，此处不多加介绍。

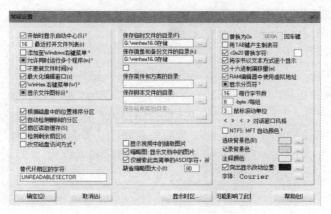

图 2-66　"常规设置"对话框

（3）"查看器程序"命令。通过该命令可以设置打开文件的软件。"查看器"对话框如图 2-67 所示。

（4）"数据解释器"命令。该命令的功能在前面已介绍过，此处不多加介绍。

（5）"撤消操作设置"命令。对于错误操作的设置，可以通过该命令撤消该错误操作。单击该命令后弹出"撤消操作设置"对话框，如图 2-68 所示。

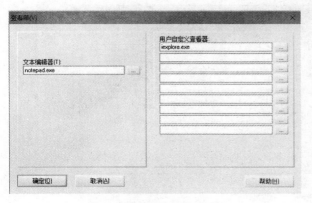
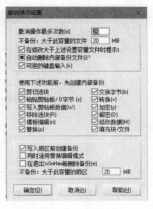

图 2-67　"查看器"对话框　　　　　图 2-68　"撤消操作设置"对话框

（6）"安全"命令。通过该命令可以更改系统的安全保密设置选项。单击该命令后弹出"安全保密选项"对话框，如图 2-69 所示。

（7）"编辑模式"命令。WinHex 默认的模式是编辑模式。通过该命令可以将默认的编辑模式改成只读模式或转换模式。单击该命令后弹出"选择模式"对话框，如图 2-70 所示。

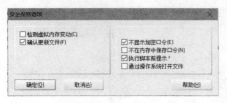
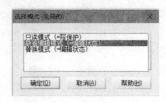

图 2-69　"安全保密选项"对话框　　　　图 2-70　"选择模式"对话框

（8）字符集。通过该命令可以把十六进制转成各种编码的文本。

2.2　Runtime's DiskExplorer 工具

Runtime's DiskExplorer 是 Runtime 公司开发的系列磁盘编辑工具。与 WinHex 相比，Runtime's DiskExplorer 更适合初学者使用，因为它操作简单、容易上手。

Runtime's DiskExplorer 目前有 Runtime's DiskExplorer for FAT、Runfime's DiskExplor for NTFS 和 Runtime's DiskExplorer for Linux 3 个版本，适用于不同的文件系统。

Runtime's DiskExplorer for FAT 支持 FAT12、FAT16 和 FAT32 文件系统，能够直接编辑这些文件系统的分区表、DBR、FAT 和目录表等。

Runtime's DiskExplorer for NTFS 是专门针对 NTFS 的磁盘编辑器，能够直接编辑 NTFS 的分区表、DBR、MFT 和索引分配区等。

Runtime's DiskExplorer for Linux 支持 EXT2、EXT3 和 EXT4 文件系统，能够直接编辑这些文件系统的分区表、超级块、组描述符、i 节点表和目录表等。

三者的操作界面基本一样，这里主要介绍 Runtime's DiskExplorer for NTFS 的功能介绍。

1.　Runtime's DiskExplorer for NTFS 主界面

Runtime's DiskExplorer for NTFS 主界面如图 2-71 所示。

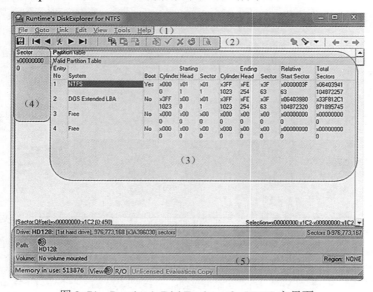

图 2-71　Runtime's DiskExplorer for NTFS 主界面

对 Runtime's DiskExplorer for NTFS 主界面中各个区域的介绍如下。

（1）菜单栏。Runtime's DiskExplorer for NTFS 的所有功能都被归入各个菜单。后面会详细讲解菜单栏。

（2）工具栏。在工具栏中集成了 Runtime's DiskExplorer for NTFS 的一些常用工具。该栏是菜单栏某些功能的快捷入口，操作起来比较方便。后面会详细讲解工具栏。

（3）视图与编辑区。视图与编辑区是 Runtime's DiskExplorer for NTFS 的主要区域。该

区域会按照选定的结构显示正在编辑的内容。

（4）扇区编号。扇区编号是在视图与编辑区中正在编辑的扇区的 LBA 地址。

（5）操作对象信息区。操作对象信息区会显示操作对象的容量、序号、路径、显示方式等参数。

2. Runtime's DiskExplorer for NTFS 的工具栏

Runtime's DiskExplorer for NTFS 的工具栏排列的都是常用的工具。如图 2-72 所示，为每个工具进行了编号，其代表的意思分别如下。

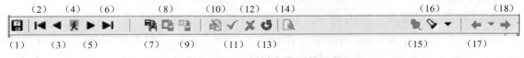

图 2-72　工具栏中常用的工具

（1）打开驱动器。该工具可访问一个物理驱动器或逻辑分区。打开的驱动器界面如图 2-73 所示。该界面左面列表中包括以下五项内容。

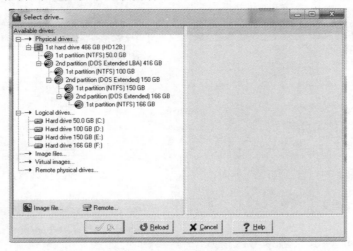

图 2-73　打开的驱动器界面

第一项是 Physical drives（物理驱动器）。在这里，可以看到本机硬盘的型号和容量。如果硬盘有分区，在物理驱动器下会直接列出各卷。

第二项是 Logical drives（逻辑驱动器），俗称 C 盘、D 盘等。

第三项是 Image files（镜像文件）。可以直接打开物理驱动器或逻辑分区的镜像文件。打开后的镜像文件就被视作物理磁盘或逻辑磁盘。

第四项是 Virtual images（虚拟镜像）。该工具使用户便于对某种系统进行调用。例如，可以利用其他工具重组 RAID 后生成一个虚拟镜像，再用该工具访问这个虚拟镜像，就相当于访问整个重组 RAID 后的系统。

第五项是 Remote physical drives（远程物理驱动器）。该工具可以通过串口或网络映射其他的物理驱动器，从而达到远程访问或外部连接的效果。

（2）转到驱动器的开始。该工具可以快速跳转到操作对象的第一个扇区。

（3）向前翻页。该工具可以将操作对象所在的窗口向前滚动一页。

（4）转到扇区。该工具可以根据输入的特定扇区进行跳转，如图 2-74 所示，左边是按照扇区跳转，右边是按照字节跳转，并且同时支持十六进制数和十进制数。

（5）向后翻页。该工具可以将操作对象所在窗口向后滚动一页。

（6）转到驱动器末尾。该工具可以快速跳转到操作对象的最后一个扇区。

（7）复制到剪贴板。该工具可以将选中的数据复制到剪切板所在的缓冲区中以备使用。

（8）粘贴。该工具可以将复制到剪贴板中的数据粘贴到目标地址处。

（9）填充选块。该工具可以在选中的数据中填入指定的数值，如图 2-75 所示。可以看出，填入的数据可以是十六进制数、十进制数或者字符。

（10）转换到编辑模式。该工具可以对数值进行修改。

Runtime's DiskExplorer for NTFS 与 WinHex 一样，也有 3 种编辑模式，分别为只读模式、虚拟写入模式和直接写入模式。Runtime's DiskExplorer for NTFS 在默认情况下为只读模式，在只读模式时，"转换到编辑模式"工具不可用。如果需要修改数据，要先改变编辑模式。选择"Tools"—"Options"命令，在打开的"Options"对话框中可改变编辑模式，如图 2-76 所示。

图 2-74 "转到扇区"界面

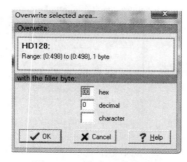

图 2-75 填充选块对话框

① 在"Read only"只读模式下不能对数值进行编辑。

② 在"Virtual write"虚拟写入模式下可以对数值进行修改，但修改后的结果会先保存在缓冲区里，只有选择"存盘"后才会写盘。

③ 在"Direct read/write"直接写入模式下可以对数值进行修改，且修改后的结果会直接写盘，所以要慎重地使用该模式。

（11）存盘。该工具可以对修改后的数据进行保存。

（12）放弃修改。使用该工具将不保存所做的改动，放弃存盘。

（13）重新加载。该工具可以从磁盘中重新加载操作对象并且清除缓冲区的数据。

（14）视图文件。

（15）将当前位置包括在历史列表中。

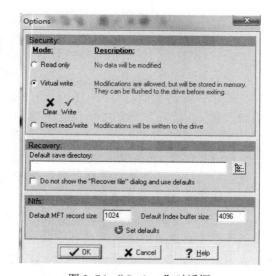

图 2-76 "Options"对话框

（16）单击默认链接。

（17）返回。该工具可以返回到上一步操作。

（18）前进。该工具可以再次进入下一步操作，必须在使用过"返回"工具时才可使用。

3．Runtime's DiskExplorer for NTFS 菜单栏

在 Runtime's DiskExplorer for NTFS 菜单栏中拥有多种常用工具，这里主要介绍最具特色的工具。

1）"View"菜单

"View"菜单集成了 Runtime's DiskExplorer for NTFS 最有特色的工具，如图 2-77 所示。

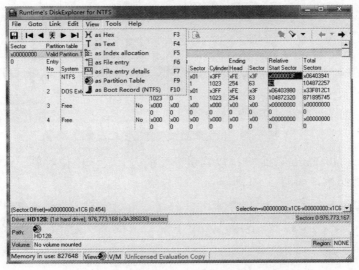

图 2-77　"View"菜单

（1）"as Hex"命令：以十六进制数的方式显示操作对象，如图 2-78 所示。

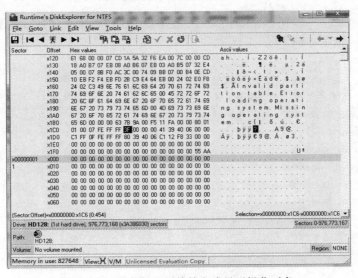

图 2-78　以十六进制数的方式显示操作对象

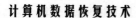
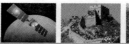

（2）"as Text"命令：以文本的方式显示操作对象，如图2-79所示。

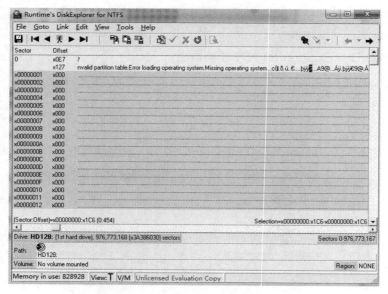

图2-79　以文本的方式显示操作对象

（3）"as Index allocation"命令：以索引分配的方式显示操作对象。这种方式能够显示出 NTFS 索引分配结构，如图2-80所示。

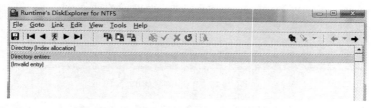

图2-80　以索引分配的方式显示操作对象

（4）"as File entry"命令：以文件目录的方式显示操作对象。这种方式能够显示出 NTFS 文件记录的结构，如图2-81所示。

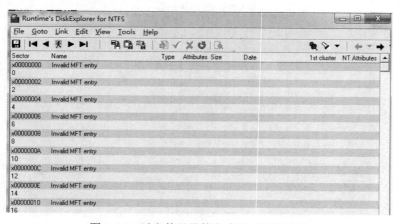

图2-81　以文件目录的方式显示操作对象

（5）"as File entry details"命令：以文件目录细节的方式显示操作对象。这种方式能够显示出 NTFS 文件记录结构的细节，如图 2-82 所示。

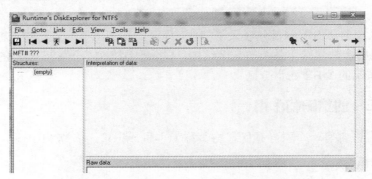

图 2-82　以文件目录细节的方式显示操作对象

（6）"as Boot Record（NTFS）"命令：以引导记录的方式显示操作对象。这种方式能够显示出 NTFS 的 DBR 扇区的具体结构，如图 2-83 所示。

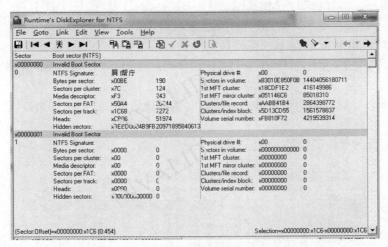

图 2-83　以引导记录的方式显示操作对象

2）"Tool"菜单中的"Search"命令

"Search"命令是一个非常有用又很智能的命令。单击该命令后可打开如图 2-84 所示的对话框。

在"Search"对话框中，可以看到两个专门用于 NTFS 的目录。

（1）Directory buffer（INDX）：用来搜索 NTFS 的目录缓冲区，也就是 NTFS 的索引分配区。

（2）Mft entry（FILE）：用来搜索 NTFS 的 MFT 项，也就是 NTFS 的文件记录。

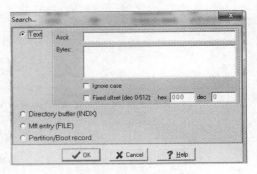

图 2-84　"Search"对话框

2.3　Windows **系统的** MBR **磁盘分区**

Windows 系统的 MBR 磁盘分区又称 DOS 分区，是使用最为广泛的一种分区结构，但并不是一个仅应用于微软操作系统的分区结构。Linux 系统和基于 x86 架构的 UNIX 系统都支持 Windows 系统的 MBR 磁盘分区。

2.3.1　MBR **的结构和作用**

MBR 磁盘分区都有一个引导扇区，将其称为主引导记录，简称 MBR。

1. MBR **的结构**

MBR 位于整个硬盘的第一个扇区外，按照 C/H/S 地址描述，即为 0 柱面 0 磁头 1 扇区；按照 LBA 地址描述，即为 0 扇区。它是一个特殊而重要的扇区，在共 512 B 的 MBR，由以下 4 部分构成。

（1）引导程序。引导程序占 MBR 的前 440 B，其偏移地址在 0—1B7H 处。

（2）Windows 磁盘签名。Windows 磁盘签名占用引导程序之后的 4 B，其偏移地址在 1B8H—1BBH 处，是 Windows 系统在硬盘初始化时写入的一个磁盘标签。

（3）分区表。偏移地址为 1BEH—1FDH 的 64 B 为分区表，是 MBR 中非常重要的一个结构。

（4）结束标志。最后的两个字节"55AA"（偏移地址为 1FEH—1FFH）是 MBR 的结束标志。

用 WinHex 查看一块硬盘的 MBR，如图 2-85 所示。

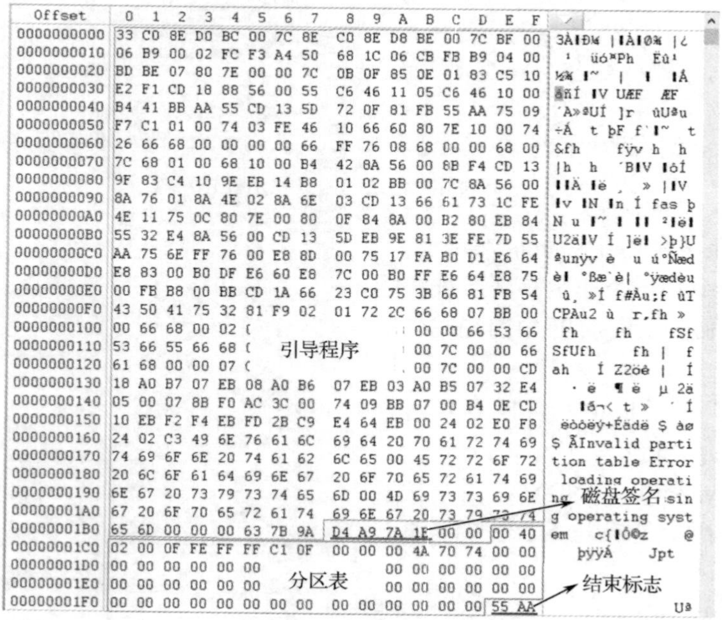

图 2-85　某硬盘的 MBR

2. MBR 的作用

MBR 在计算机引导过程中起着举足轻重的作用。计算机在按下电源键以后，开始执行主板的 BIOS 程序，在完成一系列检测和配置以后，计算机就开始按 CMOS 设定的系统引导程序执行。

主板 BIOS 执行完相应程序后如何把执行权交给硬盘呢？把执行权交给硬盘后又执行存储在哪里的程序呢？让我们通过了解 MBR 的作用来解开这些疑问吧。

1）引导程序的作用

计算机主板的 BIOS 程序在自检通过后，会将整个 MBR 读取到内存中，然后将执行权交给内存中 MBR 的引导程序。引导程序首先会将整个 MBR 搬到一个较为安全的地址中，目的是防止自己被随后读入的其他程序覆盖。因为引导程序一旦被破坏，就会引起计算机死机，从而无法正常引导系统。

下一步，系统会判断读入内存的 MBR 的最后两个字节是否为"55AA"。如果这两个字节不是"55AA"，则报错，在屏幕上会列出错误信息；如果这两个字节是"55AA"，则引导程序会到分区表中查找是否有活动分区。若分区表中有活动分区，则引导程序确定活动分区的引导扇区在磁盘中的地址，并将该引导扇区读入内存并判断其合法性。如果引导扇区是合法的，随后的引导权就交给该引导扇区，MBR 的引导程序使命也就完成了。

2）Windows 磁盘签名的作用

Windows 磁盘签名是 Windows 系统在对硬盘初始化时写入的一个标签，它是 MBR 不可或缺的一个组成部分。Windows 系统依靠这个签名来识别硬盘，如果硬盘的签名丢失，Windows 系统就会认为该硬盘没有初始化。

注意：一块硬盘若不是系统引导盘，则在 MBR 中可以没有引导程序，但绝对不能没有磁盘签名。

3）分区表的作用

分区表是用来管理硬盘分区的。如果分区表被清除或破坏，则硬盘的分区就会丢失。

4）结束标志的作用

在执行 MBR 的引导程序时，系统会验证 MBR 的最后两个字节是否为"55AA"。如果这两个字节是"55AA"则会继续执行下面的程序；如果这两个字节不是"55AA"，则系统将认为这是一个非法的 MBR，然后停止程序运行，同时会在屏幕上列出错误信息。

提示：如果一块 MBR 结构完好并且有分区的硬盘，其结束标志"55AA"被破坏后，该硬盘的分区也将无法读取，硬盘会处于没有初始化的状态。

2.3.2　磁盘分区的结构分析

1. MBR 磁盘分区

每块硬盘在使用前都要进行分区，也就是将硬盘划分为一个个逻辑区域。每个分区都有一个确定的起止位置。在起止位置之间的连续扇区都归该分区所有。不同分区的起止位置互不交错。

MBR 磁盘分区的形式一般有 3 种，即主分区、扩展分区和非 DOS 分区。主分区又称

主 DOS 分区（Primary DOS Partition）或主磁盘分区；扩展分区又称扩展 DOS 分区（Extened DOS Partition）；非 DOS 分区（Non-DOS Partition）是一种特殊的分区形式，它将硬盘中的一块区域单独划分出来供另一个操作系统使用。对于主分区的操作系统，非 DOS 分区是一块被划分出去的存储空间。只有非 DOS 分区之内的操作系统才能管理和使用非 DOS 分区，而非 DOS 分区之外的操作系统一般不能对该分区内的数据进行访问。

首先来分析分区表部分。

为了便于用户对磁盘的管理，操作系统引入磁盘分区的概念，即将一块磁盘逻辑划分为几个区域。在分区表的 64 B 中，以每 16 B 为一个分区表项来描述一个分区的结构。

一块硬盘最多可以有 4 个主分区。主分区在一块硬盘中只能有一个。

用 WinHex 打开该硬盘，其 MBR 及分区表信息如图 2-86 所示。

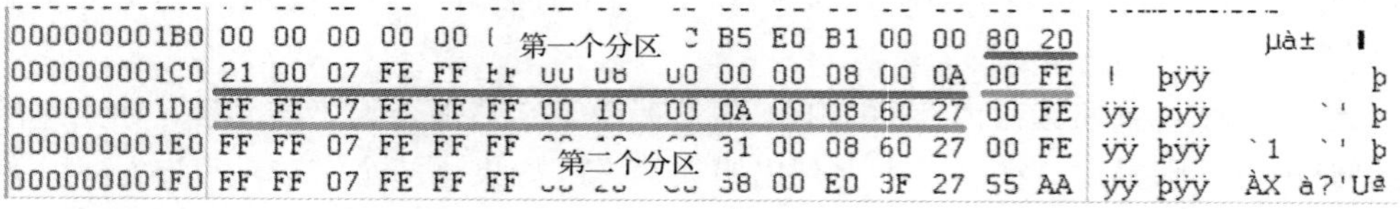

```
000000001B0  00 00 00 00 00 0(  第一个分区  ⊂ B5 E0 B1 00 00  80 20          µà±  ┃
000000001C0  21 00 07 FE FF FF 00 00 00 00 08 00 0A  00 FE    !  þÿÿ              þ
000000001D0  FF FF 07 FE FF FF 00 10  00 0A 00 08 60 27  00 FE   ÿÿ þÿÿ      `' þ
000000001E0  FF FF 07 FE FF FF   第二个分区   31 00 08 60 27  00 FE   ÿÿ þÿÿ    `1 `' þ
000000001F0  FF FF 07 FE FF FF       58 00 E0 3F 27 55 AA    ÿÿ þÿÿ   ÀX à?'Uª
```

图 2-86 MBR 及分区表信息

每个分区表项中相对应的各个字节的含义都是一样的。下面以第一个主磁盘分区的分区表项为例，说明各字段的含义，如表 2-1 所示。

表 2-1 分区表项各字段的含义

偏移地址	字段长度	值	字段名和定义
1BEH	1 个字节	80H	引导标志（Boot Indicator）：表明该分区是否为活动分区
1BFH	1 个字节	01H	开始磁头（Start Head）
1C0H	6 位	01H	起始扇区（Start Sector）：只用了 0～5 位，后面的两位（第 6、7 位）被开始柱面字段所使用
1C1H	10 位	00H	起始柱面（Start Cylinder）：共占用 10 位，最大值为 1023
1C2H	1 个字节	07H	分区的类型描述（Partion type indicator）：定义了分区的类型，详细定义
1C3H	1 个字节	FEH	结束磁头（End Head）
1C4H	6 位	FFH	结束扇区（End Sector）：只使用了 0～5 位，最后两位（第 6、7 位）被结束柱面字段所使用
1C5H	10 位	FFH	结束柱面（End Cylinder）：结束柱面是一个 10 位的数，最大值为 1023
1C6H	4 个字节	0000003FH	本分区之前使用的扇区数（Sectors preceding part tion）：指从该磁盘开始到该分区开始之间的偏移量，以扇区数来表示
1CAH	4 个字节	01388AFCH	分区的总扇区数（Sectors in partition）：指该分区所包含的扇区总数

下面对一些重要的信息进行更深入的解释。

分区表项的第一个字节为分区的引导标志，只能是 00H 和 80H。其中，80H 为可引导的活动分区；00H 为不可引导的非活动分区。其余值为非法值。

大于 1 个字节的数值将被以低字节在前的存储格式（Little Endian）顺序保存下来。例如，"本分区之前使用的扇区数"字段的值 3F000000H 就是 Little Endian 格式的，按照习惯

的高位在前的方式表示为 0000003FH。这个数值的十进制值为 63。

"本分区之前使用的扇区数"就是该分区的相对起始扇区号，是以 LBA 值来表示的。也可以将这个值称为隐藏扇区数。

系统在分区时，各分区都不允许跨柱面，即均以柱面作为单位，这就是常说的分区粒度。有时在分区时输入分区的大小为 7000 MB，但分区完成时却是 6997 MB，就是这个原因导致的。

在分区表项的第三和第四个字节的扇区和柱面参数中，扇区占 6 位，柱面占 10 位。以"起始扇区号"为例，用其低 6 位二进制数表示扇区数，用其高两位表示柱面数 10 位中的高两位。由此可知，用这种方式表示的分区容量是有限的，柱面和磁头从 0 开始编号，扇区从 1 开始编号，最多只能表示 1024 个柱面×63 个扇区×256 个磁头×512=8 455 716 864 B，即存在 8.4 GB（实际上为 7.8 GB 左右）的限制。实际上，磁头数通常只会用 255 个（由汇编语言的寻址寄存器决定），即使把这 3 个字节按线性寻址，依然力不从心。在后来的操作系统中，超过 8.4 GB 的分区已经不通过 C/H/S 的方式寻址，而是通过 0CH～0FH 共 4 个字节 32 位线性扇区地址来表示分区所占用的扇区总数。所以通过 4 个字节可以表示 2^{32} 个扇区，即 2TB（2048 GB）。目前，对于大多数计算机而言，内存这么大的分区已经够用了。在未超过 8.4 GB 的分区中，C/H/S 的表示方法和线性扇区的表示方法所表示的分区大小是一致的。也就是说，两种表示方法是协调的，即使不协调，也以线性寻址为准。超过 8.4 GB 的分区结束 C/H/S 一般填充为 FEHFFHFFH，即 C/H/S 所能表示的最大值。虽然现在的系统均采用线性寻址的方式处理分区的内存大小，但不可跨柱面的原则依然没变。本分区的扇区总数加上与前一分区之间的保留扇区数目依然必须是柱面容量的整数倍。在偏移地址 01C2H 处表示该分区的类型，是操作系统管理区和组织分区的方式。

2. GPT 磁盘分区

GPT 磁盘分区使用 GUID 分区表。使用 GUID 分区表的磁盘称为 GPT 磁盘。GUID 分区表简称 GPT，是源自 EFI（可扩展固件接口）标准的一种较新的磁盘分区表结构的标准。与普遍使用的主引导记录（MBR）分区方案相比，GPT 磁盘分区提供了更加灵活的磁盘分区机制。它具有以下优点。

（1）支持内存为 2 TB 以上的大容量硬盘。

（2）每个磁盘的分区个数几乎没有限制。为什么说"几乎"呢？这是因为 Windows 系统最多只允许划分 128 个分区，不过这样也完全够用了。

（3）分区大小几乎没有限制。因为它使用 64 位的整数表示扇区号，一个 64 位整数能代表的分区大小是个"天文数字"，所以不必考虑分区大小的限制。

（4）分区表自带备份。在磁盘的首尾部分将分别保存一份相同的分区表。其中一份被破坏后，可以通过备份分区表恢复。

（5）每个分区可以有一个名称。

思考与练习2

（1）如何创建新的分区？如何使用软件打开设置的分区？

（2）如何在 Winhex 软件中打开数据解释器的界面并找出计算器界面？

（3）如何在 Winhex 软件中跳转扇区，以及将十六进制和十进制进行互换？

（4）结合前面所学知识点，设置以下故障，并思考如何恢复数据。

① 先将一块硬盘分成 3 个主分区，然后将 MBR 清零，尝试重建分区表，并恢复 4 个分区。

② 先将一块硬盘分成 2 个主分区、2 个扩展分区，然后将 MBR 和所有 EBR 清零，尝试重建分区表，并恢复所有分区。

第3章

Windows 系统的数据恢复技术

3.1 FAT32 文件系统下的数据恢复

3.1.1 FAT32 文件系统的结构与分析

1. FAT32 文件系统的结构

FAT32 文件系统是从 Windows 95 系统的 OSR2 版本开始使用的。它能够支持容量大于 32 MB 且小于 32 GB 的分区。虽然第三方的格式化程序可以把容量超过 32 GB 的分区格式化为 FAT32 文件系统，但微软系统不允许将容量大于 32 GB 的分区格式化为 FAT32 文件系统。

FAT32 文件系统由 DBR 及其保留扇区、FAT1、FAT2、DATA 区 4 个部分组成，如图 3-1 所示。

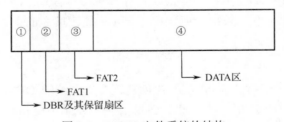

图 3-1　FAT32 文件系统的结构

FAT32 文件系统这 4 部分是在分区被格式化时创建出来的。它们的含义如下。

DBR 及其保留扇区：DOS 引导记录（Dos Boot Record，DBR）又称操作系统引导记录，而在 DBR 之后往往有一些保留扇区。

FAT1：FAT32 文件系统一般有两个文件分配表（File Allocation Table，FAT），FAT1 是 FAT32 文件系统的第一个文件分配表，也是主 FAT。

FAT2：FAT2 是 FAT32 文件系统的第二个文件分配表，也就是 FAT1 的备份，又称备份 FAT。

DATA 区：也就是数据区，是 FAT32 文件系统的主要区域，其中也包含目录区。

2．FAT32 文件系统的 DBR 分析

FAT32 文件系统的 DBR 与 FAT16 文件系统的 DBR 很类似，也由 5 部分组成，分别为跳转指令、OEM 代号、BPB（BIOS Parameter Block）、引导程序和结束标志。如图 3-2 所示即为一个完整的 FAT32 文件系统的 DBR。

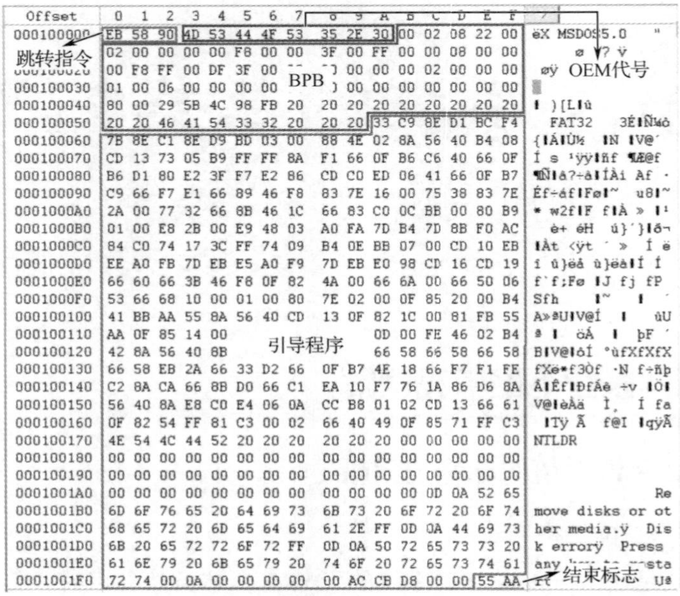

```
          Offset   0  1  2  3  4  5  6  7  8  9  A  B  C  D  E  F
          00010000  EB 58 90 4D 53 44 4F 53 35 2E 30 00 02 08 22 00   ëX MSDOS5.0    "
 跳转指令  00010010  02 00 00 00 00 F8 00 00 3F 00 FF 00 00 08 00 00   ø  ? ÿ
          00010020  00 F8 FF 00 DF 3F 00 00 3F 00 00 00 00 00 00 00   øÿ ß?  ?          OEM代号
          00010030  01 00 06 00 00 00 00 00 00 00 00 00 00 00 00 00
          00010040  80 00 29 5B 4C 98 FB 20 20 20 20 20 20 20 20 20     )[Lùû
          00010050  20 20 46 41 54 33 32 20 20 20 33 C9 8E D1 BC F4     FAT32   3ÉÑ¼ô
          00010060  7B 8E C1 8E D9 BD 00 7C 88 4E 02 8A 56 40 B4 08   {ÁÙ½  IN  V@´
          00010070  CD 13 73 05 B9 FF FF 8A F1 66 0F B6 C6 40 66 0F   Í s ¹ÿÿ ñf ¶Æ@f
          00010080  B6 D1 80 E2 3F F7 E2 86 CD C0 ED 06 41 66 0F B7   ¶Ñ â?÷â ÍÀí Af ·
          00010090  C9 66 F7 E1 66 89 46 F8 83 7E 16 00 75 38 83 7E   Éf÷áf F ~  u8 ~
          000100A0  2A 00 77 32 66 6B 46 1C 66 83 C0 0C BB 00 80 B9   * w2fkF f À »  ¹
          000100B0  01 00 E8 2B 00 E9 48 03 A0 FA 7D B4 7D 8B F0 AC   è+ éH ú}´} ð
          000100C0  84 C0 74 17 3C FF 74 09 B4 0E 8B 07 00 CD 10 EB   Àt < ÿt ´  Í ë
          000100D0  EE A0 FB 7D EB E5 A0 F9 7D EB E0 98 CD 16 CD 19   î û}ëå ù}ëà Í Í
          000100E0  66 60 66 3B 46 F8 0F 82 4A 00 66 6A 00 66 50 06   f`f;Fø J fj fP
          000100F0  53 66 68 10 00 01 00 80 7E 02 00 0F 85 20 00 B4   Sfh    ~
          00010100  41 BB AA 55 8A 56 40 CD 13 0F 82 1C 00 81 FB 55   A»ªUV@Í  û U
          00010110  AA 0F 85 14 00 F6 C1 01 0D 00 FE 46 02 B4 42 8A   ª  ö  þF ´B
          00010120  42 8A 56 40 8B 66 58 66 66 58 66 66 58 66 66 58   B V@ fX ffXffXffX
          00010130  66 58 EB 2A 66 33 D2 66 0F B7 4E 18 66 F7 F1 FE   fXë*f3Òf ·N f÷ñþ
          00010140  C2 8A CA 66 8B D0 66 C1 EA 10 F7 76 1A 8A D6 8A   ÂÊf Ðf Áê ÷v Ö
          00010150  56 40 8A E8 C0 E4 06 0A CC B8 01 02 CD 13 66 61   V@ èÀä Ì¸ Í fa
          00010160  0F 82 54 FF 81 C3 00 02 66 40 49 0F 85 71 FF C3    Tÿ Ã f@I qÿÃ
          00010170  4E 54 4C 44 52 20 20 20 00 20 20 00 00 00 00 00   NTLDR
          00010180  00 00 00 00 00 00 00 00 00 00 00 00 00 00 00 00
          00010190  00 00 00 00 00 00 00 00 00 00 00 00 00 00 00 00
          000101A0  00 00 00 00 00 00 00 00 00 00 00 0D 0A 52 65               Re
          000101B0  6D 6F 76 65 20 64 69 73 6B 73 20 6F 72 20 6F 74   move disks or ot
          000101C0  68 65 72 20 6D 65 64 69 61 2E FF 0D 0A 44 69 73   her media.ÿ Dis
          000101D0  6B 20 65 72 72 6F 72 FF 0D 0A 50 72 65 73 73 20   k errorÿ Press
          000101E0  61 6E 79 20 6B 65 79 20 74 6F 20 72 65 73 74 61   any key to resta
          000101F0  72 74 0D 0A 00 00 00 00 00 AC CB D8 00 00 55 AA   rt           Uª
```

图 3-2　一个完整的 FAT32 文件系统的 DBR

（图中标注：BPB、引导程序、结束标志）

1）跳转指令

跳转指令占用 2 个字节。它将程序执行流程跳转到引导程序处，比如当前 DBR 中的 "EB58"，就代表了汇编语言的 "JMP58"。因为计算跳转目标地址是以该指令的下一个字节为基准，所以实际执行的下一条指令应该位于 5A。跳转指令的下一条指令是一条空指令 NOP(90H)。

2）OEM 代号

OEM 代号占用 8 个字节。OEM 代号由创建该文件系统的 OEM 厂商设定。当前 DBR 中的 OEM 代号为 "MSDOS5.0"，说明此 FAT32 文件系统是由 Windows 2000 以上的操作系统格式化创建的。

3）BPB

FAT32 文件系统的 BPB 从 DBR 的第 12 个字节（0BH）开始，占用 79 个字节，记录了有关该文件系统的重要信息。FAT32 文件系统的 BPB 各字段的含义如表 3-1 所示。

表 3-1　FAT32 文件系统的 BPB 各字段的含义

偏移地址	字段长度/个字节	含　义	偏移地址	字段长度/个字节	含　义
0BH	2	每扇区字节数	28H	2	扩展标志
0DH	1	每簇扇区数	2AH	2	版本
0EH	2	DBR 保留扇区数	2CH	4	根目录首簇号
10H	1	FAT 个数	30H	2	文件系统信息扇区号
11H	2	未用	32H	2	DBR 备份扇区号
13H	2	未用	34H	12	保留不用
15H	1	介质描述符	40H	1	BIOS 驱动器号
16H	2	未用	41H	1	保留不用
18H	2	每磁道扇区数	42H	1	扩展启动标志
1AH	2	磁头数	43H	4	卷序列号
1CH	4	隐含扇区数	47H	11	卷标
20H	4	分区的扇区总数	52H	8	文件系统类型
24H	4	FAT 扇区数			

BPB 也可以使用 WinHex 中的 DBR 模板来查看。WinHex 的模板管理器提供了 FAT32 文件系统的 DBR 模板。打开 WinHex 的"模板管理器"对话框，选择 FAT32 文件系统的 DBR 模板即可，如图 3-3 所示。

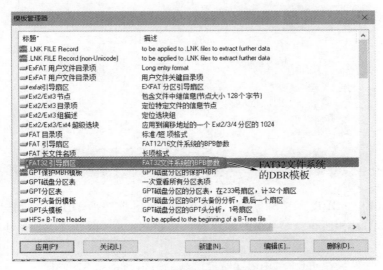

图 3-3　"模板管理器"对话框

单击"应用"按钮后，就可以查看 FAT32 文件系统的 DBR 模板信息，如图 3-4 所示。下面对这些参数进行详细分析。

（1）0BH~0CH：每扇区字节数，以记录每个逻辑扇区的大小。在一般情况下，每个扇区有 512 个字节。但每个扇区字节数并不是固定值，可以由程序定义，其合法值包括 512、1024、2048 和 4096 等。

（2）0DH～0DH：每簇扇区数，以记录 FAT32 文件系统的簇的大小，即记录每个簇中有多少个扇区。

FAT32 文件系统最高能支持 128 个扇区的簇。在 FAT32 文件系统中，所有的簇均从 2 开始进行编号，每个簇拥有一个自己的地址编号，且所有的簇都位于数据区内，在数据区之前是没有簇的。

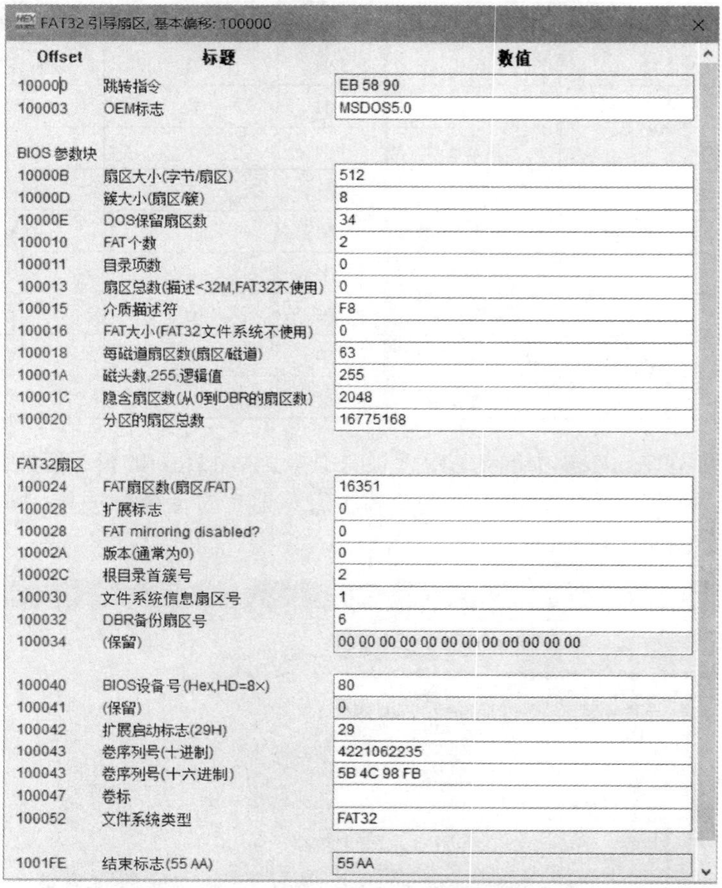

FAT32 引导扇区，基本偏移：100000

Offset	标题	数值
100000	跳转指令	EB 58 90
100003	OEM标志	MSDOS5.0
	BIOS 参数块	
10000B	扇区大小(字节/扇区)	512
10000D	簇大小(扇区/簇)	8
10000E	DOS保留扇区数	34
100010	FAT 个数	2
100011	目录项数	0
100013	扇区总数(描述<32M,FAT32不使用)	0
100015	介质描述符	F8
100016	FAT大小(FAT32文件系统不使用)	0
100018	每磁道扇区数(扇区/磁道)	63
10001A	磁头数,255,逻辑值	255
10001C	隐含扇区数(从0到DBR的扇区数)	2048
100020	分区的扇区总数	16775168
	FAT32扇区	
100024	FAT扇区数(扇区/FAT)	16351
100028	扩展标志	0
100028	FAT mirroring disabled?	0
10002A	版本(通常为0)	0
10002C	根目录首簇号	2
100030	文件系统信息扇区号	1
100032	DBR备份扇区号	6
100034	(保留)	00 00 00 00 00 00 00 00 00 00 00 00
100040	BIOS设备号 (Hex,HD=8×)	80
100041	(保留)	0
100042	扩展启动标志(29H)	29
100043	卷序列号(十进制)	4221062235
100043	卷序列号(十六进制)	5B 4C 98 FB
100047	卷标	
100052	文件系统类型	FAT32
1001FE	结束标志(55 AA)	55 AA

图 3-4　FAT32 文件系统的 DBR 模板

（3）0EH～0FH：DBR 保留扇区数。DBR 保留扇区数是指 DBR 本身占用的扇区数及其后保留扇区数的总和，也就是 DBR 到 FAT1 之间的扇区总数，或者说是 FAT1 的开始扇区号。

对于 FAT32 文件系统来说，DBR 保留扇区数的取值范围是 32～38。

（4）10H：FAT 个数。FAT 个数描述了在 FAT 文件系统中存在着几个 FAT，一般在 FAT 文件系统中都有两个 FAT。

（5）11H～12H：未用。这两个字节在 FAT16 文件系统中用来表示 FDT 最大能容纳的目录项数。因 FAT32 文件系统没有固定的 FDT，所以不使用这个参数。

（6）13H～14H：未用。这两个字节在 FAT16 文件系统中用来表示小于 32 MB 分区的扇区总数。因 FAT32 文件系统的分区总是大于 32 MB，所以不使用这个参数。

（7）15H：介质描述符。介质描述符是描述磁盘介质的参数，一般会根据磁盘性质的不同取不同的值。

（8）16H～17H：未用。这两个字节在 FAT16 文件系统中用来表示每个 FAT 包含的扇区数，但在 FAT32 文件系统不使用这个参数。

（9）18H～19H：每磁道扇区数。这是逻辑 C/H/S 中的一个参数，其值一般为 63。

（10）1AH～1BH：磁头数。这是逻辑 C/H/S 中的一个参数，其值一般为 255。

（11）1CH～1FH：隐含扇区数。隐含扇区数是指在本分区之前使用的扇区数，与分区表中所描述的该分区的起始扇区号一致。对于主磁盘分区来讲，隐含扇区数是 MBR 到该分区 DBR 间的扇区数；对于扩展分区中的逻辑驱动器来讲，隐含扇区数是 EBR 到该分区 DBR 间的扇区数。

（12）20H～23H：分区的扇区总数。分区的总扇区数也就是 FAT32 文件系统分区的大小。

（13）24H～27H：FAT 扇区数。这 4 个字节用来记录 FAT32 文件系统分区中每个 FAT 占用的扇区数。

（14）28H～29H：扩展标志。这两个字节用于表示 FAT2 是否可用，当将其二进制数最高位置 1 时，表示只有 FAT1 可用，否则 FAT2 也可用。

（15）2AH～2BH：版本。这两个字节通常都为 0。

（16）2CH～2FH：根目录首簇号。分区在被格式化为 FAT32 文件系统时，格式化程序会在数据区中指派一个簇作为 FAT32 文件系统的根目录区的起始点，并把该簇号记录在 BPB 中。在通常情况下，数据区的第 1 簇（也就是 2 号簇）被分配给根目录使用。

（17）30H～31H：文件系统信息扇区号。

（18）32H～33H：DBR 备份扇区号。FAT32 文件系统在 DBR 的保留扇区中设定了一个 DBR 的备份，一般在 6 号扇区，也就是分区的第 7 个扇区。该备份扇区与原 DBR 的内容完全一样，如果原 DBR 遭到破坏，可以使用备份扇区进行修复。

（19）34H～3FH：保留不用。这 12 个字节一般保留不用。

（20）40H：BIOS 驱动器号。这是 BIOS 的 INT 13H 所描述的设备号码，一般把硬盘定义为 8×H。

（21）41H：保留不用。这个字节保留不用，为 0。

（22）42H：扩展启动标志。扩展启动标志可以用来确认后面的 3 个参数是否有效，一般值为 29H。

（23）43H～46H：卷序列号。卷序列号是格式化程序在创建文件系统时生成的一组 4 个字节的随机数值。

（24）47H～51H：卷标。卷标是用户在创建文件系统时指定的一个卷的名称。Windows 98 之前的系统把卷标记录在这个地址处，Windows 2000 之后的系统已经不再使用这个地址记录卷标，而是由一个目录项来管理卷标。

（25）52H～59H：文件系统类型，是 BPB 的最后一个参数，直接用 ASCII 记录当前分区的文件系统类型。

4）引导程序

FAT32 文件系统的 DBR 引导程序占用 420 个字节（5AH～1FDH）。在 Windows 98 之前

计算机数据恢复技术

的系统中，引导程序负责完成 DOS 3 个系统文件的装入；在 Windows 2000 之后的系统中，其负责将系统文件 NTIDR 装入。对于没有安装操作系统的分区来说，引导程序没有用处。

5）结束标志

DBR 的结束标志与 MBR、EBR 的结束标志相同，为"55AA"。

以上 5 个部分共占用 512 个字节，正好是一个扇区，因此将其称为 DOS 引导扇区。该扇区除了第 5 部分结束标志是固定不变的之外，其余 4 个部分都是不完全确定的，会根据操作系统版本的不同而不同，并随硬盘的逻辑盘参数的变化而变化。

3. FAT32 文件系统的 FAT 分析

1）FAT 的作用及结构特点

（1）FAT32 文件系统的 FAT 也是由 FAT 项构成的。每个 FAT 项的大小为 32 位（相当于 4 个字节）。

（2）虽然 FAT32 文件系统的 FAT 项为 32 位，但是 Windows 系统只能用到 26 位。26 位的 FAT 项最多可管理 67 108 863 个簇。

（3）Windows 2000 之后的系统能管理的簇的大小可以达到 128 个扇区（64 KB）。因为 FAT32 文件系统最多可管理的簇数为 67 108 863，所以理论上 FAT32 文件系统能够管理的分区大小为 64 KB×67 108 863=4 294 967 232 KB≈4096 GB=4 TB。但这只是理论数值，实际上 FAT32 文件系统只能管理 32GB 的分区，原因是 Windows 系统用 26 位的寄存器寄存文件系统中簇的个数，同时也用 26 位的寄存器来寄存分区访问的扇区数，这样分区能够管理的扇区总数就是 2 的 26 次方，也就是 67 108 864 个扇区，换算后刚好等于 32GB，所以在 Windows 系统下不可能把一个大于 32GB 的分区格式化为 FAT32 文件系统。

注：第三方工具不使用 26 位进行寻址，所以可以把大于 32GB 的分区格式化为 FAT32 文件系统。

（4）在 FAT32 文件系统的 FAT 中，未使用的簇对应的 FAT 项用"00000000"这 4 个字节表示；一个已分配的簇号对应的 FAT 项的取值范围是十六进制"00000002～0FFFFFFE"；在十六进制"0FFFFFF0～0FFFFFF6"范围间的取值是保留的；坏簇对应的 FAT 项用"0FFFFFF7"这 4 个字节的十六进制数表示；文件结束簇对应的 FAT 项的取值范围是十六进制"0FFFFFF8～0FFFFFFF"，一般取"0FFFFFFF"，按照 Little-Endian 的字节序来写就是"FFFFFF0F"。

2）FAT 的实际应用

下面模拟操作系统定位 FAT32 文件系统 FAT 的方法。操作系统定位 FAT1 的方法如下。

（1）系统通过该分区的分区表信息，定位到其 DBR 扇区。

（2）读取 0EH—0FH 偏移地址处的"DBR 保留扇区数"参数，当前值为 38（具体参数可以查看图 3-4 所示的 DBR 模板）。

（3）读取到"DBR 保留扇区数"参数的值后，跳转到该分区的 38 号扇区，这里就是 FAT1 的开始。

下面就具体分析 38 号扇区的数据结构。

该分区是刚格式化的一个分区。当把分区格式化为 FAT32 文件系统时，格式化程序会

把分配给 FAT 的所有扇区都清零，然后写入 0 号 FAT 项和 1 号 FAT 项。FAT1 的内容如图 3-5 所示。

Offset	[0号FAT项 3	1号FAT项 7	[2号FAT项 B	3号FAT项 F			
000004000	F8 FF FF 0F	FF FF FF FF	FF FF FF 0F	FF FF FF 0F	øÿÿ ÿÿÿÿÿÿÿ ÿÿÿ
000004010	FF FF FF 0F	FF FF FF 0F	00 00 00 00	00 00 00 00	ÿÿÿ ÿÿÿ
000004020	0 4号FAT项 00	0 5号FAT项 00	00 00 00 00	00 00 00 00	
000004030	00 00 00 00	00 00 00 00	00 00 00 00	00 00 00 00	
000004040	00 00 00 00	00 00 00 00	00 00 00 00	00 00 00 00	
000004050	00 00 00 00	00 00 00 00	00 00 00 00	00 00 00 00	
000004060	00 00 00 00	00 00 00 00	00 00 00 00	00 00 00 00	
000004070	00 00 00 00	00 00 00 00	00 00 00 00	00 00 00 00	

图 3-5　FAT1 的内容

从图 3-5 中可以看出，每个 FAT 项占用 4 个字节，其中 0 号 FAT 项描述介质类型，其首字节为 "F8"，表示介质类型为硬盘；1 号 FAT 项为肮脏标志；2 号 FAT 项为结束标志，从 DBR 的 BPB 中可以看到根目录的首簇号是 2，而 2 号簇对应的 2 号 FAT 项是一个结束标志，说明目前根目录只占一个簇；从 5 号 FAT 项开始之后都是空 FAT 项，表示它们对应的簇为可用簇。

操作系统定位 FAT2 的方法如下。

操作系统通过该分区的分区表信息，定位到其 DBR 扇区。

读取 DBR 的 0EH—0FH 偏移地址，得到 "DBR 保留扇区数" 的值为 38。

读取 DBR 的 24H—27H 偏移地址，得到 "每个 FAT 扇区数" 的值为 561。

用 "DBR 保留扇区数" 的值加上 "每个 FAT 扇区数" 的值，结果等于 599，跳转到该分区的 599 号扇区，这里就是 FAT2 的开始。FAT2 跟 FAT1 的内容完全一样。FAT2 的内容如图 3-6 所示。

Offset	0 1 2 3	4 5 6 7	8 9 A B	C D E F			
000803000	F8 FF FF 0F	FF FF FF FF	FF FF FF 0F	FF FF FF 0F	øÿÿ ÿÿÿÿÿÿÿ ÿÿÿ
000803010	FF FF FF 0F	FF FF FF 0F	00 00 00 00	00 00 00 00	ÿÿÿ ÿÿÿ
000803020	00 00 00 00	00 00 00 00	00 00 00 00	00 00 00 00	
000803030	00 00 00 00	00 00 00 00	00 00 00 00	00 00 00 00	
000803040	00 00 00 00	00 00 00 00	00 00 00 00	00 00 00 00	
000803050	00 00 00 00	00 00 00 00	00 00 00 00	00 00 00 00	
000803060	00 00 00 00	00 00 00 00	00 00 00 00	00 00 00 00	
000803070	00 00 00 00	00 00 00 00	00 00 00 00	00 00 00 00	
000803080					

图 3-6　FAT2 的内容

除了 0 号 FAT 项和 1 号 FAT 项以外，如果一个 FAT 项为非零值，那么可能有以下 3 种情况。

（1）该 FAT 项映射的簇是一个不可用的坏簇，在该 FAT 项中有坏簇标志（对于 FAT32 来说为 "0FFFFFF7"）。

（2）该 FAT 项映射的簇是某个文件的最后一个簇，在该 FAT 项中有结束标志（对于 FAT32 来说为 "0FFFFFFF"）。

（3）该 FAT 项映射的簇被某个文件占用，但并不是文件的最后一个簇，在该 FAT 项中有文件下一个簇的簇号。

举例来说，假设某个文件被分配到数据区的 3、4、5 这 3 个簇中存放，3 号簇会在该文

件的目录项中被记录，4 号簇和 5 号簇则在 FAT 表中被记录，而记录的方法是在 3 号簇所映射的 3 号 FAT 项中记录簇号"4"，在 4 号簇所映射的 4 号 FAT 项中记录簇号"5"，在 5 号簇所映射的 5 号 FAT 项中记录结束标志"0FFFFFFF"。FAT 项实例如图 3-7 所示。

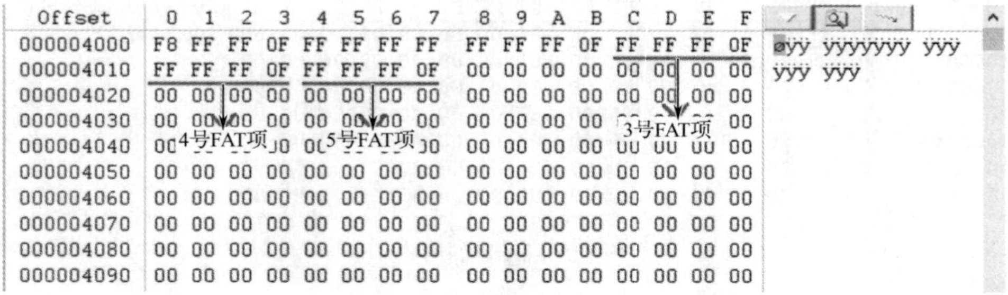

Offset	0 1 2 3	4 5 6 7	8 9 A B	C D E F	
000004000	F8 FF FF OF	FF FF FF FF	FF FF FF OF	FF FF FF OF	øÿÿ ÿÿÿÿÿÿÿÿ ÿÿÿ
000004010	FF FF FF OF	FF FF FF OF	00 00 00 00	00 00 00 00	ÿÿÿ ÿÿÿ
000004020	00 00 00 00	00 00 00 00	00 00 00 00	00 00 00 00	
000004030	00 00 00 00	00 00 00 00	00 00 00 00	00 00 00 00	
000004040	00 00 00 00	00 00 00 00	00 00 00 00	00 00 00 00	
000004050	00 00 00 00	00 00 00 00	00 00 00 00	00 00 00 00	
000004060	00 00 00 00	00 00 00 00	00 00 00 00	00 00 00 00	
000004070	00 00 00 00	00 00 00 00	00 00 00 00	00 00 00 00	
000004080	00 00 00 00	00 00 00 00	00 00 00 00	00 00 00 00	
000004090	00 00 00 00	00 00 00 00	00 00 00 00	00 00 00 00	

4号FAT项　5号FAT项　　　　3号FAT项

图 3-7　FAT 项实例

此处的数值字节序为"Little-Endian"，比如 3 号 FAT 项中的值从高位往低位读取应该是"00000004"，也就是十进制数"3"。

那么如何定位每个 FAT 项在 FAT 中的偏移地址呢？这个很简单，在 FAT32 文件系统中，每个 FAT 项占用 4 个字节，所以只要把 FAT 项号乘以 4，得到的结果就是该 FAT 项在 FAT 中的起始偏移地址。例如，要想知道 100 号 FAT 项在 FAT 中的偏移地址，就用 100 乘以 4 得到结果 400，从 FAT 的起始位置算起的 400 号偏移地址就是 100 号 FAT 项在 FAT 中的起始偏移地址。

另外，也可以用 WinHex 方便地找到每个 FAT 项的起始地址，在菜单栏中，选择"位置"→"转至 FAT 记录"命令就可以实现这个功能。

4. FAT32 文件系统的数据区分析

1）数据区的位置

FAT32 文件系统的数据区是紧跟在 FAT2 之后的。下面模拟操作系统定位数据区的方法。这里以图 3-2 中的 DBR 所在分区为例，介绍操作系统定位数据区的方法如下。

（1）系统通过该分区的分区表信息，定位到其 DBR 扇区。

（2）读取 DBR 的 0EH—0FH 偏移地址，得到"DBR 保留扇区数"的值为 32。

（3）读取 DBR 的 24H—27H 偏移地址，得到"每个 FAT 扇区数"的值为 16376。

（4）用"DBR 保留扇区数"的值加上 2 倍的"每个 FAT 扇区数"的值，结果等于 32784，跳转到该分区的 32784 号扇区，这里就是数据区的起始位置。

2）数据区的内容

FAT32 文件系统数据区的内容主要由 3 部分组成：根目录、子目录和文件内容。在数据区中，操作系统是以"簇"为单位来管理这段空间的，第一个簇的编号为"2"。根据该例子中 DBR 的 BPB 记录的"根目录首簇号"为 2，可以确定 2 号簇被分配给了根目录。

通过模拟操作系统定位数据区的方法，可以确定数据区开始于分区的 1160 号扇区。1160 号扇区的内容如图 3-8 所示。

在分区的根目录项中存入文件，数据区就有数据了。现在在该分区下存入一个文件，再查看数据区的 2 号簇，如图 3-9 所示。

图 3-8　1160 号扇区的内容

图 3-9　存入数据后的 2 号簇

5．FAT32 文件系统的目录项分析

在 FAT32 文件系统中，分区根目录下的文件及文件夹的目录项存放在根目录区中；分区子目录下的文件及文件夹的目录项存放在子目录区中；根目录区和子目录区都在数据区中。

FAT32 文件系统的目录项与 FAT16 文件系统的目录项一样，都可以分为短文件名目录项、长文件名目录项、"."目录项和".."目录项、卷标目录项 4 类。

在 FAT32 文件系统的 4 类目录项中，只有文件名目录项的结构跟 FAT16 文件系统的稍有区别，其他 3 类都完全一样，所以本节就不再重复讲解文件名目录项、目录项和录项及卷标目录项的具体结构了。

FAT32 文件系统的短文件名目录项各字段的含义如表 3-2 所示。

表 3-2　FAT32 文件系统的短文件名目录项各字段的含义

偏移地址	字段长度/个字节	含　义	
00H	8	主文件名	
08H	3	文件扩展名	
0BH	1	文件属性	00000000（读/写）
			00000001（只读）
			00000010（隐含）
			00000100（系统）
			00001000（卷标）
			00010000（子目录）
			00100000（存档）

续表

偏移地址	字段长度/个字节	含　义
0CH	1	未用
0DH	1	文件创建时间精确到 10 ms
0EH	2	文件创建时间，包括时、分、秒
10H	2	文件创建日期，包括年、月、日
12H	2	文件最近访问日期，包括年、月、日
14H	2	文件起始簇号的高位
16H	2	文件修改时间，包括时、分、秒
18H	2	文件修改日期，包括年、月、日
1AH	2	文件起始簇号的低位
1CH	4	文件大小（以字节为单位）

从表 3-2 中可以看出，FAT32 文件系统与 FAT16 文件系统的短文件名目录项的结构的唯一区别就在偏移地址"14H"处的两个字节。在 FAT16 文件系统的短文件名目录项中，不用这两个字节，而在 FAT32 文件系统的短文件名目录项中，这两个字节是文件起始簇号的高位，偏移地址"1AH"处的两个字节是文件起始簇号的低位，这 4 个字节共同构成文件的起始簇号。

将光标放在目录项的第一个字节上，然后打开 WinHex 中 FAT32 文件系统的短文件名目录项的模板，如图 3-10 所示。

下面对这些参数进行详细分析。

（1）00H～07H：文件名。文件名共占 8 个字节。如果文件名用不完 8 个字节，后面用空格（十六进制数为 20H）填充。在当前例子中文件名为"SYSLOG"。

Offset	标题	数值	
1002060	文件名(空格填充)	FAT32	
1002068	扩展名(空格填充)	TXT	
100206B	0F = LFN 项	20	
100206B	属性(-?-a-dir-vol-s-h-r)	00100000	
100206C	00=从未使用,E5=已删除	46	
100206C	(保留)	16	
100206D	创建时间,精确到10ms	2018-07-21	17:52:24
100206E	创建时间	7	
1002070	创建日期(无时间)	2018-07-21	09:39:42
1002076	更新时间	2018-07-21	17:52:36
1002074	起始簇号(高位.Hex)	00 00	
100207A	起始簇号(低位.Hex)	08 00	
100207A	起始簇号(低位.十进制)	8	
100207C	文件大小(字节)(0为目录)	5	

图 3-10　短文件名目录项的模板

另外，该位置的第一个字节也用来表示目录项的分配状态。当该字节是"00"时，表示该目录项从未被使用过；当该字节是"E5"时，表示该目录项曾经被使用过，但目前已经被删除。

（2）08H～0AH：扩展名。扩展名共占 3 个字节，对于文件夹来说，如果没有扩展名，则这 3 个字节用空格填充。在当前例子中扩展名为"TXT"。

（3）0BH：属性。属性占 1 个字节，可以表示文件的各种属性，表示的方法是按二进制位定义，最高两位保留未用，0～5 位分别是只读位、隐含位、系统位、卷标位、子目录位和存档位。在当前例子中属性为"20H"，换算成二进制数即为"00100000"，根据表 3-2 可知，该文件为存档属性。

（4）0CH：保留未用。

（5）0DH：创建时间精确到 10 ms。文件被创建的时间精确到 10 ms 的值一般用该字节进行表示。在当前例子中该值为"01H"，换算成十进制数即为 1，所以文件的创建时间为

10ms，也就是 0.01s。

（6）0EH～0FH：创建时间。这是文件创建的时、分、秒的数值，一般用 16 位二进制数记录文件创建时间。时、分、秒 3 部分的表达方法如下。

① 0～4 位：这 5 位记录"秒"值，将此值乘以 2 即是文件创建时间实际的"秒"值，其取值范围是 0～29。

② 5～10 位：这 6 位记录"分"值，其取值范围是 0～59。

③ 11～15 位：这 5 位记录"时"值，其取值范围是 0～23。

（7）10H～11H：创建日期。这是文件创建的年、月、日的数值，用 16 位二进制数记录文件创建日期，年、月、日 3 部分的表达方法如下。

①0～4 位：这 5 位记录"日"值，其取值范围是 1～31。

②5～8 位：这 4 位记录"月"值，其取值范围是 1～12。

③ 9～15 位：这 7 位记录"年"值，因为其值是从 1980 年开始计数的，所以必须加 1980 才能得到正确的年份，其取值范围是 0～127。

（8）12H～13H：访问日期。这是文件最后访问的年、月、日的数值，表达方法与创建日期一致，此处不再重复讲解。

（9）14H～15H：起始簇号（高位，Hex）。这两个字节作为文件起始簇号的高位使用。当前例子中该值为"0002H"。

（10）16H～17H：更新时间。这是文件最后修改的时、分、秒的数值，用 16 位二进制数记录文件最后修改时间。其表达方法与创建时间一致，此处不再重复讲解。

（11）18H～19H：更新日期。这是文件最后修改的年、月、日的数值，用 16 位二进制数记录文件最后修改日期。其表达方法与文件创建日期一致，此处不再重复讲解。

（12）1AH～1BH：起始簇号（低位，Hex）。这两个字节作为文件起始簇号的低位使用。当前例子中该值为"1003H"。

在 FAT32 文件系统的目录项中，文件的起始簇号占用 4 个字节，把偏移地址 14H～15H 处的两个字节作为高位，与偏移地址 1AH～1BH 处的两个字节合在一起，得到文件起始簇号为"21003"的簇，换算为十进制数即为 135171，所以该文件开始于 135171 号簇。

（13）1CH～1FH：文件大小。文件大小占用 4 个字节，记录着文件的总字节数。当前值为"0AHE1H"，换算成十进制数即为 2785，说明文件大小为 2785 个字节。文件大小也可以通过查看文件的属性得知。

至此，一个 FAT32 文件系统的短文件名目录项就分析完了。

6. FAT32 文件系统根目录与子目录的管理

1）根目录的管理

FAT32 文件系统统一在数据区的根目录中为文件创建目录项，并由 FAT 为文件的内容分配簇来存放数据。而根目录的首簇由格式化程序进行指派，并把指派的簇号记录在 DBR 的 BPB 中。如果根目录下的文件数目过多，这些文件的目录项在根目录的首簇存放不下，FAT 就会为根目录分配新的簇来存放根目录下文件及文件夹的目录项。

2）子目录的管理

FAT32 文件系统的根目录、子目录及数据都是存放在数据区的。

3.1.2　从 FAT32 文件系统中提取数据

要想从 FAT32 文件系统中提取数据，就要先找到根目录。下面就以"I"盘中的"WinHex 快捷键"文件为例来了解从 FAT32 文件系统中提取数据的步骤。"I"盘如图 3-11 所示。"WinHex 快捷键"文件如图 3-12 所示。

图 3-11　"I"盘

图 3-12　"WinHex 快捷键"文档

首先，用 WinHex 打开"I"盘，如图 3-13 所示。

打开"I"盘后，"I"盘中的 MBR 扇区如图 3-14 所示。

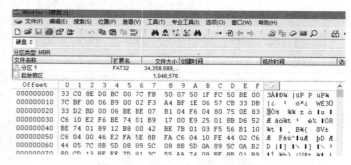

图 3-13　打开"I"盘　　　　　　　　图 3-14　"I"盘中的 MBR 扇区

分区表图如 3-15 所示，可以看到 DBR 是在 2048 号扇区中。跳转到 2048 扇区，如图 3-16 所示。

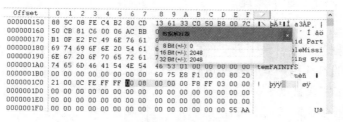

图 3-15　分区表　　　　　　　　图 3-16　跳转到 2048 扇区

找到"I"盘的 DBR 扇区（FAT32DBR 跳转指令 EB5890），如图 3-17 所示。

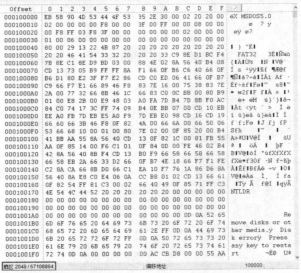

图 3-17　"I"盘的 DBR 扇区

根据 DBR 中的 0EH～0FH 这两个字节内容来定位 FAT32 文件系统中 FAT 的位置。DBR 数据解释器中显示为 32，说明 FAT 距离 DBR 相隔 32 个扇区，用 DBR 的位置 2048 加 32 即可得到 FAT 的起始扇区，即 FAT 的起始位置在 2080 扇区。

0EH～0FH 这两个字节如图 3-18 所示。

图 3-18　0EH～0FH 这两个字节内容

FAT 如图 3-19 所示。

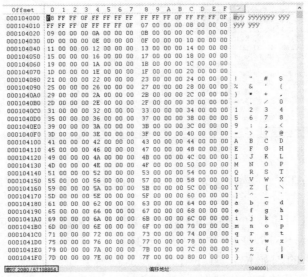

图 3-19　FAT

FAT32 文件系统有两个 FAT。我们只找到了第 1 个，接下来找第 2 个。FAT32 文件系统的 FAT2 是 FAT1 的备份，所以 FAT2 和 FAT1 是一模一样的。根据这点，我们可以用"查找十六进制数值"功能来搜索 FAT2，搜索 FAT1 的头 4 个字节内容"F8FFFF0F"，如图 3-20 所示。

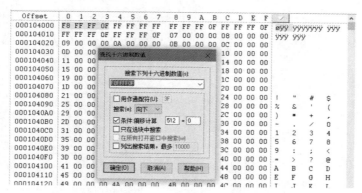

图 3-20　搜索 FAT1 的头 4 个字节内容"F8FFFF0F"

搜索到 FAT2 在 18456 扇区，如图 3-21 所示。

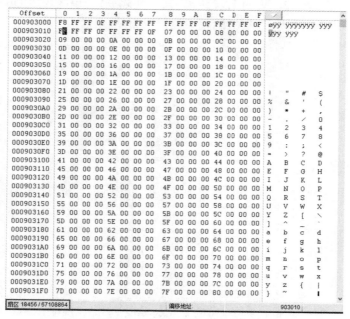

图 3-21　FAT2 在 18456 扇区

知道了 FA1 和 FAT2 的起始位置，就可以开始查找 FAT32 文件系统的根目录了，具体步骤如下。

（1）先算出一个 FAT 的大小，即用 FAT2 的起始位置减去 FAT1 的起始位置就等于 FAT 的大小，18 456-2080=16 376，FAT 的大小是 16 376。

（2）再用 FAT2 的起始位置加 FAT 的大小就得到了根目录的起始位置，18 456+16 376=34 832，即根目录的起始位置在 34 832 扇区，如图 3-22 所示。

```
Offset     0  1  2  3  4  5  6  7   8  9  A  B  C  D  E  F   ✓
001102000  4B 20 00 49 00 6E 00 66  00 6F 00 0F 00 72 72 00   B  I n f o    rr
001102010  6D 00 61 00 74 00 69 00  6F 00 00 00 6E 00 00 00   m a t i o     n
001102020  01 53 00 79 00 73 00 74  00 65 00 0F 00 72 6D 00    S y s t  e   rm
001102030  20 00 56 00 6F 00 6C 00  75 00 00 00 6D 00 65 00     V o l  u   m e
001102040  53 59 53 54 45 4D 7E 31  20 20 20 16 00 92 41 75   SYSTEM~1    'Au
001102050  FF 4C FF 4C 00 00 42 75  FF 4C 03 00 00 00 00 00   ÿLÿL  BuÿL
001102060  41 77 00 69 00 6E 00 68  00 65 00 0F 00 22 78 00   A w i n h  e  "x
001102070  EB 5F 77 63 2E 95 2E 00  64 00 00 00 6F 00 63 00   ë_wc..  d    o c
001102080  57 49 4E 48 45 58 7E 31  44 4F 43 20 00 80 5D 75   WINHEX~1DOC  ]u
001102090  FF 4C FF 4C 00 00 6F A1  86 4B 06 00 00 2C 23 00   ÿLÿL  o¡K   ,#
0011020A0  24 52 45 43 59 43 4C 45  42 49 4E 16 00 9F 5D 75   $RECYCLEBIN  ]u
0011020B0  FF 4C FF 4C 00 00 60 75  FF 4C 93 00 00 00 00 00   ÿLÿL  `uÿL
0011020C0  00 00 00 00 00 00 00 00  00 00 00 00 00 00 00 00
0011020D0  00 00 00 00 00 00 00 00  00 00 00 00 00 00 00 00
0011020E0  00 00 00 00 00 00 00 00  00 00 00 00 00 00 00 00
0011020F0  00 00 00 00 00 00 00 00  00 00 00 00 00 00 00 00
001102100  00 00 00 00 00 00 00 00  00 00 00 00 00 00 00 00
001102110  00 00 00 00 00 00 00 00  00 00 00 00 00 00 00 00
001102120  00 00 00 00 00 00 00 00  00 00 00 00 00 00 00 00
001102130  00 00 00 00 00 00 00 00  00 00 00 00 00 00 00 00
001102140  00 00 00 00 00 00 00 00  00 00 00 00 00 00 00 00
001102150  00 00 00 00 00 00 00 00  00 00 00 00 00 00 00 00
001102160  00 00 00 00 00 00 00 00  00 00 00 00 00 00 00 00
001102170  00 00 00 00 00 00 00 00  00 00 00 00 00 00 00 00
001102180  00 00 00 00 00 00 00 00  00 00 00 00 00 00 00 00
0011021A0  00 00 00 00 00 00 00 00  00 00 00 00 00 00 00 00
0011021B0  00 00 00 00 00 00 00 00  00 00 00 00 00 00 00 00
0011021C0  00 00 00 00 00 00 00 00  00 00 00 00 00 00 00 00
0011021D0  00 00 00 00 00 00 00 00  00 00 00 00 00 00 00 00
0011021E0  00 00 00 00 00 00 00 00  00 00 00 00 00 00 00 00
0011021F0  00 00 00 00 00 00 00 00  00 00 00 00 00 00 00 00
```
扇区 34832 / 67108864   偏移地址   1102000

图 3-22　根目录的起始位置

　　找到根目录后，就可以分析根目录并提取数据了。要提取一个文件数据，需要先找到这个文件的目录项。例如，要提取"WinHex 快捷键"文件，需要先找到记录它的目录项，如图 3-23 所示。

```
Offset     0  1  2  3  4  5  6  7   8  9  A  B  C  D  E  F    ✓
001102000  42 20 00 49 00 6E 00 66  00 6F 00 0F 00 72 72 00   B  I n f o    rr
001102010  6D 00 61 00 74 00 69 00  6F 00 00 00 6E 00 00 00   m a t i o     n
001102020  01 53 00 79 00 73 00 74  00 65 00 0F 00 72 6D 00    S y s t  e   rm
001102030  20 00 56 00 6F 00 6C 00      75 00 00 00 6D 00 65 00    V o l  u   m e
001102040  53 59 53 54 45 4D 7E 31        "WinHex快捷键"文件的目录项       SYSTEM~1    'Au
001102050  FF 4C FF 4C 00 00 42 75  FF 4C 03 00 00 00 00 00   ÿLÿL  BuÿL
001102060  41 77 00 69 00 6E 00 68  00 65 00 0F 00 22 78 00   A w i n h  e  "x
001102070  EB 5F 77 63 2E 95 2E 00  64 00 00 00 6F 00 63 00   ë_wc..  d    o c
001102080  57 49 4E 48 45 58 7E 31  44 4F 43 20 00 80 5D 75   WINHEX~1DOC  ]u
001102090  FF 4C FF 4C 00 00 6F A1  86 4B 06 00 00 2C 23 00   ÿLÿL  o¡K   ,#
0011020A0  24 52 45 43 59 43 4C 45  42 49 4E 16 00 9F 5D 75   $RECYCLEBIN  ]u
0011020B0  FF 4C FF 4C 00 00 60 75  FF 4C 93 00 00 00 00 00   ÿLÿL  `uÿL
0011020C0  00 00 00 00 00 00 00 00  00 00 00 00 00 00 00 00
```

图 3-23　"WinHex 快捷键"文件的目录项

　　找到目录项后，我们开始对它进行分析。在 FAT32 文件系统中，每个文件都是以两行 32 个字节来记录的。

　　目录项中文件的起始簇号如图 3-24 所示。"WinHex 快捷键"文件是一个 DOC 格式的文档。在提取数据时，我们除了要知道自己需要的文件之外，还需要分析目录项中的文件的起始簇号和文件的大小。从图 3-24 中可以看到，目录项中文件的起始簇号高位是"0000"、低位是"0600"。在用计算器将高位、低位上的二进制数转换成十进制数时需要保持高位在前、低位在后。例如，高位是"0000"，低位是"0600"，则应写成"00000600"，再把高位和低位的两个字节反转成为"00000006"并写入计算器进行数制转换。在一般情况下，如果高位是"0000"则可直接忽略高位，只看低位，如图 3-25 所示。

```
Offset       0  1  2  3  4  5  6  7  8  9  A  B  C  D  E  F
001102000   42 20 00 49 00 6E 00 66  00 6F 00 0F 00 72 72 00   B  Info   rr
001102010   6D 00 61 00 74 00 69 00  6F 00 00 00 6E 00 00 00   m a t i o   n
001102020   01 53 00 79 00 73 00 74  00 65 00 0F 00 72 6D 00    S y s t e   rm
001102030   20 00 56 00 6F 00 6C 00  75 00 00 00 6D 00 65 00    V o l   u   me
001102040   53 59 53 54 45 4D 7E 31  20 20 20 16 00 92 41 75   SYSTEM~1    'Au
001102050   FF 4C FF 4C 00 00 42 75  FF 4C 03 00 00 00 00 00   ÿLÿL  BuÿL
001102060   41 77 00 69 00 6E 00 68  00 65 00 00 00 22 78 00   Aw inhe    "x
001102070   EB 5F 77 63 2E 95 2E 00  64 00 00 00 6F 00 63 00   ë_wc.ı.  d  o c
001102080   57 49 4E 48 45 58 7E 31  44 4F 43 20 00 80 5D 75   WINHEX~1DOC  ]u
001102090   FF 4C FF 4C 00 00 6F A1  86 4B 06 00 00 2C 23 00   ÿLÿL  oıK   ,#
0011020A0   24 52 45 43 43 13 4C 45  42 49 46 6.00 9F 5D 75   $RECCLEBIN  ]u
0011020B0   FF 4C FF 4C 00 00 60 75  FF 4C 93 00 00 00 00 00   ÿLÿL  `uÿLı
0011020C0   00 00 00 00 00 00 00 00  00 00 00 00 00 00 00 00
```

图 3-24 目录项起始簇号

```
Offset       0  1  2  3  4  5  6  7  8  9  A  B  C  D  E  F
001102000   42 20 00 49 00 6E 00 66  00 6F 00 0F 00 72 72 00   B  Info   rr
001102010   6D 00 61 00 74 00 69 00  6F 00 00 00 6E 00 00 00   m a t i o   n
001102020   01 53 00 79 00 73 00 74  00 65 00 0F 00 72 6D 00    S y s t e   rm
001102030   20 00 56 00 6F 00 6C 00  75 00 00 00 6D 00 65 00    V o l   u   me
001102040   53 59 53 54 45 4D 7E 31  20 20 20 16 00 92 41 75   SYSTEM~1    'Au
001102050   FF 4C FF 4C 00 00 42 75  FF 4C 03 00 00 00 00 00   ÿLÿL  BuÿL
001102060   41 77 00 69 00 6E 00 68  00 65 00 0F 00 22 78 00   Aw inhe    "x
001102070   EB 5F 77 63 2E 95 2E 00  64 00 00 00 6F 00 63 00   ë_wc.ı.  d  o c
001102080   57 49 4E 48 45 58 7E 31  44 4F 43 20 00 80 5D 75   WINHEX~1DOC  ]u
001102090   FF 4C FF 4C 00 00 6F A1  86 4B 06 00 00 2C 23 00   ÿLÿL  oıK   ,#
0011020A0   24 52 45 43 43 59 43 4C  45 42 49 4E 16 00 9F 5D 75 $RECCYCLEBIN  ]u
0011020B0   FF 4C FF 4C 00 00 60 75  FF 4C 93 00 00 00 00 00   ÿLÿL  `uÿLı
0011020C0   00 00 00 00 00 00 00 00  00 00 00 00 00 00 00 00
```

图 3-25 "WinHex 快捷键" 文件的起始簇号

从图 3-25 中可以看到,"WinHex 快捷键"文件在 6 号簇(在 FAT32 文件系统的目录项中,文件位置是以簇为单位记录的)中。已知文件的起始簇,就可以定位文件数据的起始位置。现在我们知道文件的起始位置在 6 号簇,那么就用文件的起始簇号减去记录文件的目录的簇号。"WinHex 快捷键"文件是记录在根目录的,就用 6 减去根目录的起始簇号,根目录是在 2 号簇,即 6-2=4,这说明根目录到文件的起始位置间隔了 4 个簇。然后将簇转换成扇区,"I"盘一个簇的大小是 32 个扇区(簇的大小记录在 DBR 的 0DH 中),4×32=128,可以得到根目录到"WinHex 快捷键"文件的开头隔了 128 个扇区。用根目录的起始扇区加 128 即可得到"WinHex 快捷键"文件的起始位置。因为根目录在 34 832 扇区,所以可以算出"WinHex 快捷键"文件的起始位置在 3 496 034 832+128=34 960 扇区。接下来,我们跳转到"WinHex 快捷键"文件头处,如图 3-26 所示。

找到了"WinHex 快捷键"文件头之后,就要开始找它的尾了。"WinHex 快捷键"文件尾可以用文件的大小进行查找。从图 3-27 可以看到,"WinHex 快捷键"文件的大小是 2 305 024 个字节。因为磁盘是以扇区为单位记录的,所以要把文件的大小转换成扇区。一个扇区是 512 个字节,所以由 2 305 024/512=4502,就得到了"WinHex 快捷键"文件占用了 4502 个扇区,再用"WinHex 快捷键"文件的起始扇区加上它所占用的的扇区就得到了"WinHex 快捷键"文件尾。"WinHex 快捷键"文件头是在 34 960 扇区,那么就用 34 960+4502=39 462,"WinHex 快捷键"文件尾是在 39 462 扇区。"WinHex 快捷键"文件尾如图 3-27 所示。

现在,"WinHex 快捷键"文件头和文件尾都知道了,就可以提取数据了。先跳转到"WinHex 快捷键"文件的起始扇区处,右击第一个字节,在右键快捷菜单中选择"选块起始位置"选项,如图 3-28 所示。

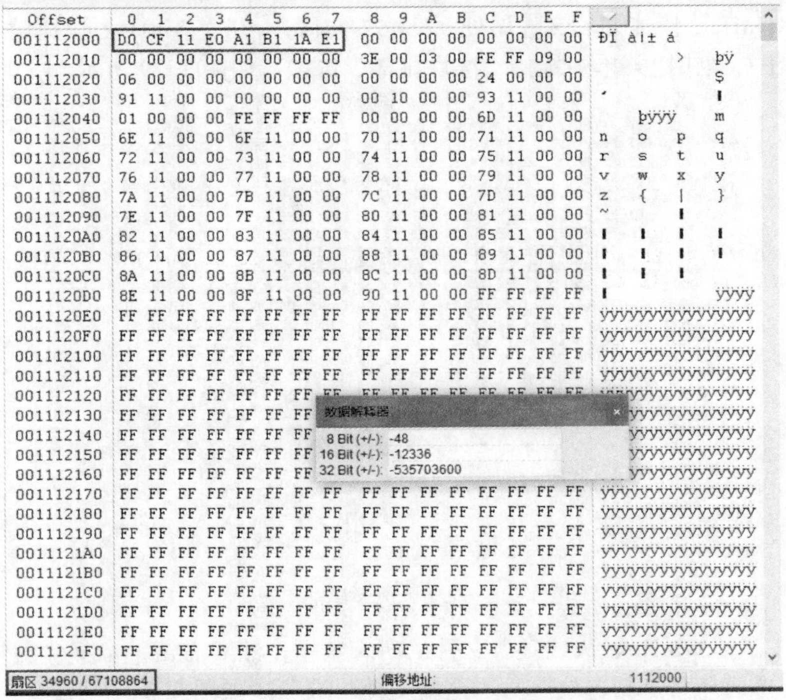

图 3-26　"WinHex 快捷键"文件头

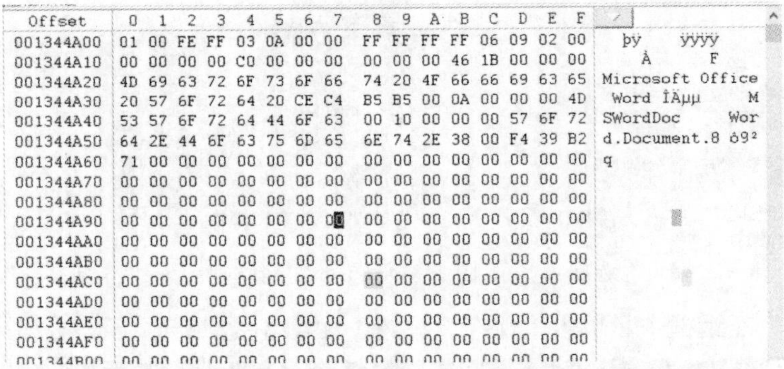

图 3-27　"WinHex 快捷键"文件尾

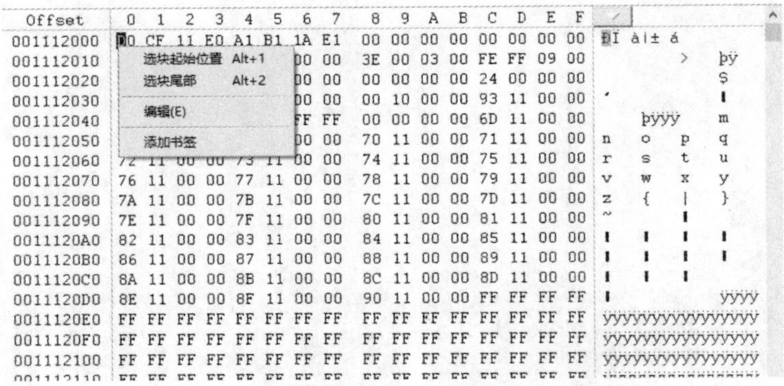

图 3-28　右击第一个字节

跳转到"WinHex 快捷键"文件尾处（39462 扇区），在"WinHex 快捷键"文件尾后的空白处右击，在右键快捷菜单中选择"选块尾部"选项，如图 3-29 所示。

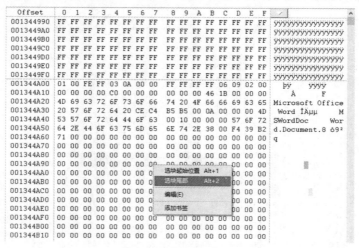

图 3-29　选择"选块尾部"选项

这样就选中了"WinHex 快捷键"文件的所有数据，然后右击，选择"编辑"选项，如图 3-30 所示，再选择"复制选块"→"至新文件"选项，如图 3-31 所示。

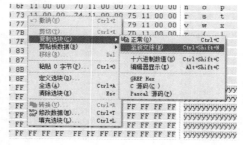

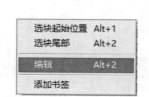

图 3-30　选择"编辑"选项　　　图 3-31　选择"复制选块"→"至新文件"选项

在"另存为"对话框中，单击"保存"按钮，如图 3-32 所示。

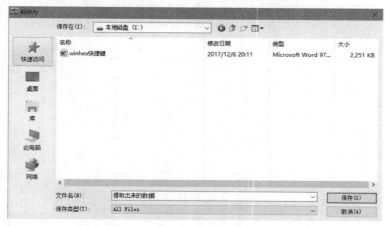

图 3-32　"另存为"对话框

最后，在本地磁盘（I:）中会出现一个新文件。

图 3-33　提取出来的数据

3.1.3　FAT32 文件系统 DBR 遭破坏后的恢复

如果双击 FAT32 分区"I"盘时出现如图 3-34 所示的提示信息，则要判断"I"盘是否存在物理故障，若无物理故障，则说明 FAT32 文件系统遭到了破坏。这时，千万不要单击"格式化磁盘"按钮，否则磁盘中的数据会被清空。

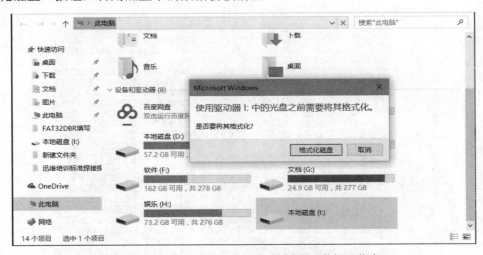

图 3-34　双击 FAT32 分区"I"盘时出现的提示信息

用 WinHex 打开"I"盘，检查发现"I"盘的 DBR 已经被破坏，如图 3-35 所示。

从图 3-35 中可以看出，"I"盘的 DBR 已经被清零。DBR 在文件系统中是一个非常重要的扇区。当这个扇区被破坏时，分区就会无法被打开。在通常情况下，修复 DBR 扇区的方法有两种：第 1 种方法是找到 DBR 的备份然后将整个扇区复制到 DBR 的位置（在FAT32 文件系统中，DBR 的备份一般在 DBR 后面的第 6 个扇区处）；第 2 种方法是手工修复。手工修复的步骤如下。

第 1 步，自建一个 FAT32 文件系统格式的磁盘，然后把自建盘的 DBR 扇区复制到故障盘 DBR 处，如图 3-36、图 3-37 所示。

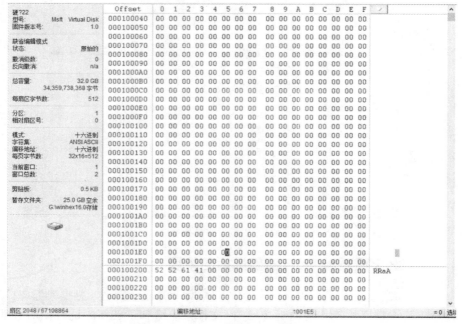

图 3-35　"I"盘的 DBR

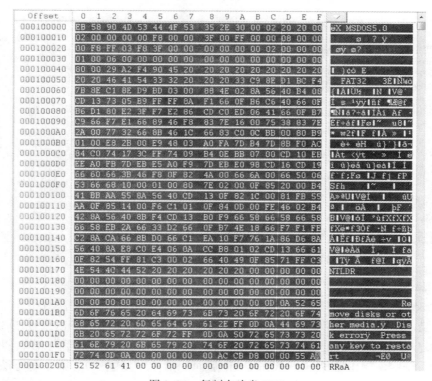

图 3-36　复制自建盘 DBR

```
Offset     0  1  2  3  4  5  6  7   8  9  A  B  C  D  E  F   ✓
000100000  EB 58 90 4D 53 44 4F 53  35 2E 30 00 02 20 20 00   ëX MSDOS5.0
000100010  02 00 00 00 00 F8 00 00  3F 00 FF 00 00 08 00 00      ø  ? ÿ
000100020  00 F8 FF 03 F8 3F 00 00  00 00 00 02 00 00 00 00   øÿ ø?
000100030  01 00 06 00 00 00 00 00  00 00 00 00 00 00 00 00
000100040  80 00 29 A2 F4 90 45 20  20 20 20 20 20 20 20 20   | )¢ô E
000100050  20 20 46 41 54 33 32 20  20 20 33 C9 8E D1 BC F4     FAT32   3ÉÑ¼ô
000100060  7B 8E C1 8E D9 BD 03 00  88 4E 02 8A 56 40 B4 08   {ÁÙ½  IN IV@´
000100070  CD 13 73 05 B9 FF FF 8A  F1 66 0F B6 C6 40 66 0F   Í s ¹ÿÿñf ¶Æ@f
000100080  B6 D1 80 E2 3F F7 E2 86  CD C0 ED 06 41 66 0F B7   ¶Ñ â?÷â ÍÀí Af ·
000100090  C9 66 F7 E1 66 89 46 F8  83 7E 16 00 75 38 83 7E   Éf÷áf Fø ~  u8 ~
0001000A0  2A 00 77 32 66 8B 46 1C  66 83 C0 0C BB 00 80 B9   * w2f F f À » ¹
0001000B0  01 00 E8 2B 00 E9 48 03  A0 FA 7D B4 7D 8B F0 AC    è+ éH ú}´} ð¬
0001000C0  84 C0 74 17 3C FF 74 09  B4 0E BB 07 00 CD 10 EB   Àt <ÿt ´ »  Í ë
0001000D0  EE A0 FB 7D EB E5 A0 F9  7D EB E0 98 CD 16 CD 19   î û}ëå ù}ëà Í Í
0001000E0  98 88 66 3B 46 F8 0F 82  4A 00 66 6A 00 66 50 06    f;Fø  J fj fP
0001000F0  53 66 68 10 00 01 00 80  7E 02 00 0F 85 20 00 B4   Sfh        ~
000100100  41 BB AA 55 8A 56 40 CD  13 0F 82 1C 00 81 FB 55   A»ªU V@Í   ûU
000100110  AA 0F 85 14 00 F6 C1 01  0F 84 0D 00 FE 46 02 B4   ª  öÁ   þF ´
000100120  42 8A 56 40 8B F4 CD 13  B0 F9 66 58 66 58 66 58   B V@ ôÍ °ùfXfXfX
000100130  66 58 EB 2A 66 33 D2 66  0F B7 4E 18 66 F7 F1 FE   fXë*f3Òf ·N f÷ñþ
000100140  C2 8A CA 66 8B D0 66 C1  EA 10 F7 76 1A 86 D6 8A   Â Êf Ðf Áê ÷v Ö
000100150  56 40 8A E8 C0 E4 06 0A  CC B8 01 02 CD 13 66 61   V@ èÀä  Ì¸  Í fa
000100160  0F 82 54 FF 81 C3 00 02  66 40 49 0F 85 71 FF C3    Tÿ Ã  f@I qÿÃ
000100170  4E 54 4C 44 52 20 20 20  20 20 00 00 00 00 00 00   NTLDR
000100180  00 00 00 00 00 00 00 00  00 00 00 00 00 00 00 00
000100190  00 00 00 00 00 00 00 00  00 00 00 00 00 0A 52 65                Re
0001001A0  6D 6F 76 65 20 64 69 73  6B 73 20 6F 72 20 6F 74   move disks or ot
0001001B0  68 65 72 20 6D 65 64 69  61 2E FF 0D 0A 44 69 73   her media.ÿ  Dis
0001001C0  6B 20 65 72 72 6F 72 FF  0D 0A 50 72 65 73 73 20   k errorÿ  Press
0001001D0  61 6E 79 20 6B 65 79 20  74 6F 20 72 65 73 74 61   any key to resta
0001001E0  72 74 0D 0A 00 00 00 AC  CB D8 00 00 00 55 AA      rt    ¬ËØ   Uª
```

图 3-37　把自建盘 DBR 粘贴到故障盘 DBR 处

第 2 步，自建盘 DBR 被粘贴到故障盘的相应位置后是不能直接使用的，还要修改其中几个重要参数。

（1）修改 0DH 每簇扇区数（每簇扇区数可以为 2，4，6，8，16，32，64，128…，在 FAT32 文件系统中一般为 32），如图 3-38 所示。

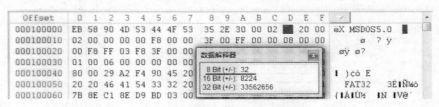

图 3-38　修改 0DH 每簇扇区数

（2）修改 0EH～0FH DOS 扇区数（DBR 到 FAT1 之间的扇区数一般为 32，36，38，此处为 32），如图 3-39 所示。

图 3-39　修改 0EH～0FH DOS 扇区数

（3）修改 1CH～1FH 隐含扇区（DBR 所在的扇区，此处为 2048），如图 3-40 所示。

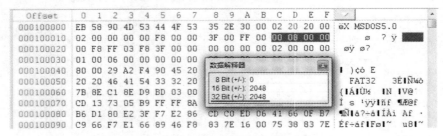

图 3-40　修改 1CH～1FH 隐含扇区

（4）修改 20H～23H 分区大小。分区大小可以在分区表中查看，也可用总扇区减去数据区的起始扇区（数据区的起始扇区=FAT2 起始扇区+FAT 的大小）得到分区大小。分区表分区大小如图 3-41 所示。DBR 分区大小如图 3-42 所示。

图 3-41　分区表分区大小

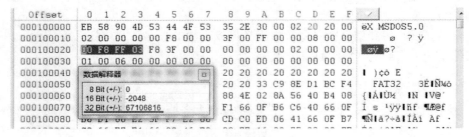

图 3-42　DBR 分区大小

（5）修改 24H～27H FAT 的大小。FAT 的大小可以先从 F8FFFF0F 向下搜索到 FAT1 起始扇区，再按"F3"键搜索到 FAT2 起始扇区。FAT 的大小=FAT2 起始扇区-FAT1 起始扇区，此处为 16 376，如图 3-43 所示。

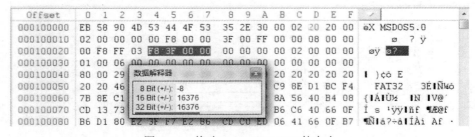

图 3-43　修改 24H～27H FAT 的大小

完成上述步骤后，"I"盘的 DBR 就修复好了。修复好的"I"盘如图 3-44 所示。

名称	修改日期	类型	大小
1.doc	2017/5/9 14:10	Microsoft Word …	99 KB
2.doc	2017/5/9 14:10	Microsoft Word …	99 KB
3.doc	2017/5/9 14:10	Microsoft Word …	99 KB
4.doc	2017/5/9 14:10	Microsoft Word …	99 KB
5.doc	2017/5/9 14:10	Microsoft Word …	99 KB
6.doc	2017/5/9 14:10	Microsoft Word …	99 KB
7.doc	2017/5/9 14:10	Microsoft Word …	99 KB
8.doc	2017/5/9 14:10	Microsoft Word …	99 KB
9.doc	2017/5/9 14:10	Microsoft Word …	99 KB
10.doc	2017/5/9 14:10	Microsoft Word …	99 KB
11.doc	2017/5/9 14:10	Microsoft Word …	99 KB
12.doc	2017/5/9 14:10	Microsoft Word …	99 KB
13.doc	2017/5/9 14:10	Microsoft Word …	99 KB
14.doc	2017/5/9 14:10	Microsoft Word …	99 KB

图 3-44　修复好的"I"盘

3.2　NTFS 下的数据恢复

3.2.1　NTFS 的特点

NTFS 是随着 Windows NT 系统的诞生而出现的，并随着 Windows NT 系统家族跨入主力文件系统的行列。它的安全性和稳定性极其出色。它在使用中不易产生文件碎片，同时还提供了容错结构日志，可以将用户的操作全部记录下来，从而保护了系统的安全。

NTFS 的具体特点如下。

（1）安全性。NTFS 的安全性很高。它提供了许多安全性能方面的选项，可以在本机或通过远程的方法保护文件和目录。NTFS 还支持加密文件系统，可以阻止没有授权的用户访问文件。

（2）可恢复性。NTFS 数据存储的可靠性很强。它比较适合作为服务器的文件系统，因为其提供了基于原子事务概念的文件系统可恢复性。原子事务是在数据库中处理数据更新的一项技术，可以保证即使系统失败也不影响数据库的正确和完整。

（3）文件压缩。NTFS 拥有文件压缩功能，从而使用户可以选择压缩单个文件或压缩整个文件夹。对于不经常使用的数据或较大的文件，可以使用 NTFS 自带的压缩功能来节约磁盘空间。

（4）磁盘配额。磁盘配额就是管理员为用户磁盘空间设置的配额限制。用户只能使用最大配额范围内的磁盘空间。在设置磁盘配额后，管理员可以对每个用户的磁盘使用情况进行跟踪和控制，并且可以通过监测标识出超过配额报警阈值和配额限制的用户，从而采取相应的措施。磁盘配额功能使管理员可以方便、合理地为用户分配存储资源，避免由于磁盘空间使用不当造成的系统崩溃，提高了系统的安全性。磁盘配额可以在 NTFS 分区的

"属性"对话框中修改。其具体操作是：打开 NTFS 分区的"属性"对话框，看到"定额"标签，在此标签下可以详细设置磁盘配额的最大空间、报警阈值及对每位用户的配额限制。

（5）B+树的文件管理。NTFS 通常情况下使用 B+树文件管理方法跟踪文件在磁盘上的位置。这种技术比在 FAT 文件系统中使用的链表技术具备更多的优越性。在 NTFS 中，文件名按顺序存放，因而查找速度更快。如果卷比较大，B+树会在宽度上增长，而不会在深度上增长。因此，当目录增大时，NTFS 不会表现出明显的性能下降。

B+树的数据结构使查找一个条目所需的磁盘访问次数达到最少。NTFS 中 B+树的排序方法如图 3-45 所示。

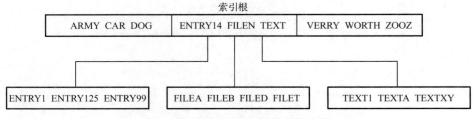

图 3-45 NTFS 中 B+树的排序方法

在主文件表中，索引根中包含一些文件名，而这些文件名是到达 B+树第二层的索引。在索引根中的每个文件名都包含了一个指向索引缓冲区的指针。这个索引缓冲区中包含一些文件名，而这些文件名位于索引根中的文件名之前。例如，filen 是 B+树第一层中的一个文件名，索引缓冲区中可包含这样一些文件名：filea、fileb、filec 等。通过这些索引缓冲区，NTFS 可以进行折半查找，获得更快的文件查找速度。

3.2.2 NTFS 的结构与分析

如果将硬盘的一个分区格式化为 NTFS 分区，则建立了一个 NTFS 结构。NTFS 与 FAT 文件系统一样，也是以簇为基本单位对磁盘空间和文件存储进行管理的。一个文件通常情况会占有若干个簇，即使在最后一个簇没有被完全放满的情况下，也占用了整个簇的空间，这也是造成磁盘空间浪费的主要原因。文件系统在通过簇管理磁盘时不需要知道磁盘扇区的大小，这样便使 NTFS 保持了与磁盘扇区大小的独立性，从而使不同大小的磁盘能选择合适的簇。

NTFS 分区又称 NTFS 卷，而卷上簇的大小又称卷因子。卷因子的大小是用户在创建 NTFS 卷时确定的。卷因子的大小和文件系统的性能有着非常直接的关系。当一个簇占用的空间较小时，会出现较多的磁盘碎片，造成磁盘空间和文件访问在时间上的浪费；反之，当一个簇占用的空间较大时，会直接造成磁盘空间的浪费。因此，最大限度优化系统对文件的访问速度和最大限度减少磁盘空间的浪费是确定簇的大小的主要因素。簇的大小一定是扇区大小的整数倍，通常为 2^n（n 为整数）。NTFS 卷和簇的大小关系表如表 3-3 所示，这并不是完全固定的，仅为在系统格式化磁盘时的默认情况。这个默认的簇的大小一般被认为是最能优化系统的值。

表 3-3　NTFS 卷和簇的大小关系表

NTFS 卷的大小/MB	每簇的扇区数/个	默认的簇的大小
不大于 512	1	512 个字节（0.5 KB）
513～1024	2	1024 个字节（1 KB）
1025～2048	4	2048 个字节（2 KB）
不小于 2049	8	4 KB

注：当一个分区由 FAT 卷转变为 NTFS 卷时，卷因子的大小总是占用一个扇区。

NTFS 使用了逻辑簇号（Logical Cluster Number，LCN）和虚拟簇号（Virtual Cluster Number，VCN）对 NTFS 卷进行管理。其中，LCN 是对 NTFS 卷的第一个簇到最后一个簇进行编号。只要知道 LCN 和簇的大小以及 NTFS 卷在磁盘中的起始扇区（绝对扇区）位置就可以对簇进行定位，而这些信息在 NTFS 卷的引导扇区中也可以被找到（BPB 参数）。在系统底层中，也是通过这个方法对文件的簇进行定位的。簇在磁盘中的起始扇区位置的计算公式为

簇在磁盘中的起始扇区号=每簇扇区数×簇号+卷的隐含扇区数

VCN 是对特定文件的簇从头到尾进行的编号。这样做的原因是方便系统对文件中的数据进行引用。VCN 不要求在物理上是连续的。要确定 VCN 在磁盘上的定位，需要先将其转换成 LCN。NTFS 的第一个扇区为引导扇区，即 DBR 扇区。引导扇区有 NTFS 分区的引导程序和一些 BPB 参数。系统会根据这些 BPB 参数得到分区的重要信息。如果没有这些信息，分区将不能被正常使用。

在分区的第一个扇区（引导扇区）之后是 15 个扇区的 NTLDR 区域，这 16 个扇区共同构成$Boot 文件。在 NTLDR 区域后的区域（但不一定是物理上相连的）是主文件表（Master File Table，MFT）区域。主文件表由文件记录（File Record，FR）构成。每个文件记录占用 2 个扇区。在 FAT 文件系统中是通过 FAT 和文件目录项存储文件数据及记录文件的名称、扩展名、建立时间、访问时间、修改时间、属性、大小、在磁盘中所占用的簇等信息。在 NTFS 中，这些信息称为属性，而各种属性被放入文件记录进行管理。当一个文件较大且在一个文件记录中存放不下时，就会被分配多个文件记录进行存放；当一个文件较小时，该文件的所有属性可能会包含在一个文件记录中，这样可以节约磁盘空间并且提高文件的访问效率。

在 NTFS 的主文件表中还记录了一些非常重要的系统数据。这些数据称为元数据文件，简称"元文件"，包括了用于文件定位和恢复的数据结构、引导程序数据及整个卷的分配位图等信息。NTFS 将这些数据当成文件进行管理，且用户不能访问这些数据。这些数据的文件名的第一个字符都是"$"，表示该文件是隐含的。在 NTFS 中，这样的文件包括$MFT、$MFTMirr、$LogFile、$Volume、$AttrDef、$Root、$Bitmap、$Boot、$BadClus、$Secure、$UpCase、$Extendedmetadatadirectory、$Extend\$Reparse、$Extend\$UsnJml、$Extend\$Quota、$Extend\$ObjId 等。这些元文件占据着 MFT 的前几项记录，在这几项记录之后就是用户建立的文件和文件夹的记录了。每个文件记录在主文件表中占据的磁盘空间一般为 1KB，也就是两个扇区。NTFS 分配给主文件表的区域大约占据了磁盘空间的

12.5%，剩余的磁盘空间用来存放其他元文件和用户的文件。

NTFS 的大致结构如图 3-46 所示。

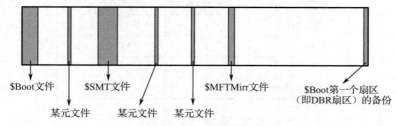

$Boot文件　　　$SMT文件　　　　　$MFTMirr文件　　　$Boot第一个扇区
（即DBR扇区）的备份

某元文件　　某元文件　某元文件

图 3-46　NTFS 的大致结构

补充说明：

（1）图 3-46 中的结构仅为 NTFS 结构的示意图。

（2）元文件在图 3-46 中只体现了一部分，没有画完整，且除了$Boot 文件以外，其他元文件的位置不是固定的，例如，$MFT 文件也可以在$MFTMirr 文件之后。

（3）NTFS 所在分区的最后一个扇区是 DBR 的备份，但该扇区不属于 NTFS。

1．NTFS 引导扇区分析

NTFS 的引导扇区是$Boot 文件的第一个扇区。因为它的结构与 FAT 文件系统的 DBR 的类似，所以在习惯上也将该扇区称为 DBR 扇区。DBR 扇区在系统的引导过程中起着非常重要的作用。如果这个扇区遭到破坏，系统将不能正常启动。

NTFS 与 FAT 文件系统的 DBR 扇区一样，也包括跳转指令、OEM 代号、BPB、引导程序和结束标志。一个完整的 NTFS 的 DBR 扇区如图 3-47 所示。

图 3-47　一个完整的 NTFS 的 DBR 扇区

1）跳转指令

跳转指令本身占用 2 个字节。它会将程序执行流程跳转到引导程序处。例如，当前 DBR 中的"EB52"，就代表了汇编语言的"JMP52"。

2）OEM 代号

OEM 代号占用 8 个字节。其内容是由创建该文件系统的 OEM 厂商具体安排的。例如，Windows 系统将此处直接设置为 NTFS。在 NTFS 中，OEM 代号又称"文件系统 ID"。

使用 WinHex 可以轻易地改变 OEM 代号，而且即使改变 OEM 代号也并不会影响文件系统的使用。

3）BPB

BPB 的含义为 BIOS 参数块。BPB 从 DBR 的第 12 个字节（0BH）处开始，到 53H 处结束，占用 73 个字节。BPB 记录了有关文件系统的重要信息。NTFS 的 BPB 各字段的含义如表 3-4 所示。

表 3-4　NTFS 的 BPB 各字段的含义

偏移地址	字段长度/个字节	含　义	偏移地址	字段长度/个字节	含　义
00H	3	跳转指令	20H	4	NTFS 未使用，为 0
03H	8	OEM 代号（又称文件系统 ID）	24H	4	NTFS 未使用，总为 80008000
0BH	2	每个扇区字节数	28H	8	扇区总数
0DH	1	每簇扇区数	30H	8	$MFT 的起始簇号
0EH	2	保留扇区（NTFS 不用）	38H	8	JMFTMirr 的起始簇号
10H	3	总为 0	40H	1	文件记录的大小描述
13H	2	NTFS 未使用，为 0	41H	3	未用
15H	1	介质描述符	44H	1	索引缓冲区的大小描述
16H	2	总为 0	45H	3	未用
18H	2	每磁道扇区数	48H	8	卷序列号
1AH	2	磁头数	50H	4	校验和
1CH	4	隐含扇区数			

这些参数也可以通过 WinHex 的模板来查看。WinHex 的模板管理器提供了 NTFS 的 DBR 模板。打开 WinHex 的"模板管理器"对话框，如图 3-48 所示，选择"NTFS 引导扇区"选项，"NTFS 引导扇区"对话框如图 3-49 所示。

（1）0BH～0CH：每个扇区字节数（扇区大小）。每个扇区字节数记录了每个扇区的大小，其常见值为 512。但每个扇区字节数并不是固定值，可以由程序定义，其合法值包括 512、1024、2048 和 4096。

（2）0DH：每簇扇区数（簇大小）。每簇扇区数记录着文件系统的簇的大小，即由多少个扇区组成一个簇。如果这个分区是在系统安装前被格式化而来的，一般大于 2 GB 的分区每簇默认占用 8 个扇区，即每簇大小为 4 KB，这个字节的内容即为"08H"。如果这个分区是由一个 FAT 分区转换而来的，则每个簇一般占用 1 个扇区的空间，即每簇大小为 512 个

字节，这个字节的内容即为"01H"。在 NTFS 中，所有的簇均从 0 开始进行编号，每个簇都有一个自己的地址编号，并且从分区的第一个扇区起就开始对簇进行编号。

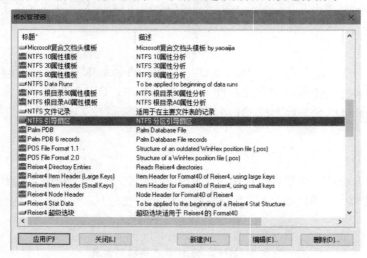

图 3-48 "模板管理器"对话框

图 3-49 "NTFS 引导扇区"对话框

（3）0EH～0FH：保留扇区数。在 NTFS 中，DBR 没有保留扇区，这两个字节常为"0000"。

（4）10H～12H：总是 0，这 3 个字节总是"000000"。

（5）13H～14H：未用。

（6）15H：介质描述。对于一般硬盘，这个字节为"F8H"；双面 3.5 英寸的软盘 RAM 虚拟盘为"FAH"。因为 NTFS 分区一定在硬盘上，所以这个字节常为"F8H"。

（7）16H～17H：未用。

（8）18H～19H：每磁头扇区数。这是逻辑 C/H/S 中的一个参数，其值一般为 63。

NTFS 现已经不用此参数。

（9）1AH～1BH：每柱面磁头数。这是逻辑 C/H/S 中的一个参数，其值一般为 255。NTFS 现已经不用此参数。

（10）1CH～1FH：隐含扇区数。隐含扇区数是指在本分区之前所使用的扇区数，该值与分区表中描述的该分区的起始扇区号一致。对于主磁盘分区而言，隐含扇区数是指 MBR 到该分区 DBR 之间的扇区数；对于扩展分区中的逻辑驱动器而言，隐含扇区数是指 EBR 到该分区 DBR 之间的扇区数。

（11）20H～23H：未使用。

（12）24H～27H：未使用，但总是"80008000"。

（13）28H～2FH：扇区总数。扇区总数是指分区的总扇区数。在 NTFS 的 BPB 中记录的分区大小比在分区表中记录的分区大小少一个扇区，因为分区的最后一个扇区留给 DBR 备份使用了。

（14）30H～37H：$MFT 文件的起始簇号。此位置是使用簇号进行定义的，而不是使用扇区号进行定义的，且该地址不是固定的。

（15）38H～3FH：$MFTMirr 文件的起始簇号。此位置使用簇号进行定义。$MFTMirr 文件的地址不是固定的。$MFTMirr 文件可以在$MFT 文件之后，也可以在$MFT 文件之前。在本例中，$MFTMirr 文件的地址就在$MFT 文件之前。

（16）40H：文件记录的大小（每个 MFT 的簇数）。这个字节用来描述每个文件记录的簇数。注意，该参数为带符号数，当其为负数时，说明每个文件记录的大小要小于每簇扇区数。在这种情况下，文件记录的大小用字节数表示，计算方法为 $2^{-1 \times 每个文件记录的簇数}$。例如，该参数值为"F6H"，换算为十进制数为"-10"，所以每个文件记录的大小是 $2^{-1 \times -10} = 2^{10} = 1024$（个字节）。

（17）41H～43H：未使用。

（18）44H：每个索引缓冲区的簇数。这个字节用来描述每个索引缓冲区的大小。注意，该参数为带符号数，当其为负数时，说明每个索引缓冲区的大小要小于每簇扇区数。在这种情况下，每个索引缓冲区的大小用字节数表示，计算方法为 $2^{-1 \times 每个索引缓存区的簇数}$。

（19）45H～47H：未使用。

（20）48H～4FH：卷序列号。这 8 个字节为分区的逻辑序列号，也就是在命令行下输入 DIR 命令后显示的一排数据。这个序列号是硬盘在格式化时随机产生的。

（21）50H～51H：校验和。BPB 的最后 4 个字节是其校验和，一般为 0。

4）引导程序

NTFS 的 DBR 引导程序占用 426 个字节（54H～1FDH），负责将系统文件 NTLDR 装入分区。但对于没有安装操作系统的分区而言，这段程序没有用处。

5）结束标志

DBR 的结束标志与 MBR、EBR 的结束标志相同，均为"55AA"。

以上 5 个部分共占用 512 个字节，正好为 1 个扇区的大小，这个扇区属于$Boot 文件的组成部分。在该部分的内容中，除了第 5 部分结束标志是固定不变的之外，其余 4 部分都是不完全确定的，并会根据操作系统版本的不同而不同，也会随逻辑盘参数的变化而变化。

2．$MFT 文件分析

1）NTFS 的元文件

将一个分区格式化为 NTFS 分区后，格式化程序会为该分区写入很多重要的系统信息，这些系统信息在 NTFS 中称为元文件。这些元文件文件名的第一个字符都是"$"，表示该文件是隐含的，且用户无法访问和修改该文件。

NTFS 的元文件及其功能如表 3-5 所示。

表 3-5　NTFS 的元文件及其功能

序号	元 文 件	功　　能
0	$MFT	主文件表本身，是每个文件的索引文件
1	$MFTMirr	主文件表的部分镜像文件
2	$LogFile	事务型日志文件
3	$Volume	卷文件，记录卷标等信息
4	$AttrDef	属性定义列表文件
5	$Root	根目录文件，管理根目录
6	$Bitmap	位图文件，记录了分区中簇的使用情况
7	$Boot	引导文件，记录了用于系统引导的数据情况
8	$BadClus	坏簇列表文件
9	$Secure	安全文件
10	$UpCase	大小写字符转换表文件
11	$Extendedmetadatadirectory	扩展元数据目录文件
12	$Extend\$Reparse	重解析点文件
13	$Extend\$UsnJml	变更日志文件
14	$Extend\$Quota	配额管理文件
15	$Extend\$ObjId	对象 ID 文件

2）$MFT 文件

在 NTFS 中，磁盘上的所有数据都是以文件的形式出现的，即使是 NTFS 的管理信息也是以元文件的形式存储的。在 17 个元文件中，$MFT 文件是一个非常重要的元文件。它由文件记录构成，每个文件记录占用 2 个扇区。

每个文件都有一个文件记录，包括元文件本身，而$MFT 文件就是专门用来存储文件记录的元文件，在$MFT 中，前 16 个文件记录一般为元文件的记录。

系统将通过$MFT 文件确定文件在磁盘上的位置及文件的所有属性，所以$MFT 文件是非常重要的。系统为了防止$MFT 文件出现过多的碎片，在它周围保留了一个缓冲区。当其他的磁盘空间存满时，这个缓冲区中才会产生新的文件。这个缓冲区的空间大小是可调的，可以是磁盘空间的 12.5%、25%、37.5%或 50%。每当其他磁盘空间存满时，这个缓冲区的空间大小减半。

因为$MFT 文件本身非常重要，所以为确保文件系统结构的可靠性，系统专门为它准备

了一个镜像文件（$MFTMirr 文件），即对应于$MFT 文件中的第 2 个文件记录。但这并不是$MFT 文件的完整镜像，而是一小部分的镜像，一般只镜像$MFT 文件的前 4 个文件记录。

$MFT 文件的前 16 个文件记录的顺序是固定的，下面对这 16 个文件记录进行简单介绍。

第 1 个文件记录为$MFT 文件自身的记录，即$MFT 文件首先对自己进行管理。

第 2 个文件记录为$MFTMirr 文件的记录，即为$MFT 文件前 4 个文件记录的镜像。

第 3 个文件记录是$LogFile 文件的记录。该文件是 NTFS 为实现可恢复性和安全性而设计的。当系统运行时，NTFS 会在$LogFile 文件中记录所有影响 NTFS 卷结构的操作，包括文件的创建和改变目录结构的命令，从而在系统失败时也能够恢复 NTFS 卷。

第 4 个文件记录是$Volume 文件的记录。该文件包含卷名、NTFS 的版本和一个标明该磁盘是否损坏的标志位。NTFS 会根据此记录决定是否需要调用 Chkdsk 程序对磁盘进行修复。

第 5 个文件记录是$AttrDef 文件的记录。该文件中存放着卷支持的所有文件属性，并指出它们是否可以被索引和恢复等。

第 6 个文件记录是$Root 文件的记录。该文件中保存着该卷中根目录下的所有文件和目录的索引。每访问一个文件，NTFS 都会保留该文件的 MFT 引用，而第二次就能够直接访问该文件。

第 7 个文件记录是$Bitmap 文件的记录。NTFS 卷的簇的使用情况都被保存在这个位图文件中，其中每一位（bit）都代表卷中的一簇，标识该簇是空闲的还是已分配的。由于该文件很容易被扩大，所以 NTFS 卷可以很方便地进行动态扩大，而 FAT 格式的文件系统由于涉及 FAT 的变化，所以不能随意对分区大小进行调整。

第 8 个文件记录是$Boot 文件的记录。该文件中存放着操作系统的引导程序代码。该文件必须在位于特定的磁盘位置时才能够正确地引导系统，一般位于卷的最前面。

第 9 个文件记录是$BadClus 文件的记录。该文件记录着在该卷中所有损坏的簇号，防止系统对其进行分配使用。

第 10 个文件记录是$Secure 文件的记录。该文件存储着整个卷的安全描述符数据库。NTFS 文件和目录都有各自的安全描述符。为节省空间，NTFS 将文件和目录的相同描述符存放在此文件记录中。

第 11 个文件记录为$UpCase 文件的记录。该文件包含了一个大小写字符转换表。

第 12 个文件记录是 S$Extendedmetadatadirectory 文件的记录。

第 13 个文件记录是$Extend\$Reparse 文件的记录。

第 14 个文件记录是$Extend\$UsnJrnl 文件的记录。

第 15 个文件记录是$Extend\$Quota 文件的记录。

第 16 个文件记录是$Extend\$ObjId 文件的记录。

第 17～23 个文件记录是系统保留的记录，暂时不使用，用于将来扩展。

从第 24 个文件记录开始存放用户文件的记录。

3. 文件记录分析

1）文件记录的结构

MFT 以文件记录来实现对文件的管理，每个文件记录都对应着不同的文件，大小固定

为 1KB，也就是占用 2 个扇区，而不管簇的大小是多少。如果一个文件有很多属性或被分散成很多碎片，就可能需要多个文件记录。这时，存放其文件记录位置的第一个记录就称为"基本文件记录"。文件记录在 MFT 中是物理连续的，从 0 开始依次按顺序编号。文件记录由两部分构成：一部分是文件记录头；另一部分是属性列表。文件记录的结构如表 3-6 所示。

通过 WinHex 查看一下 $MFT 文件的文件记录，其结构如图 3-50 所示。

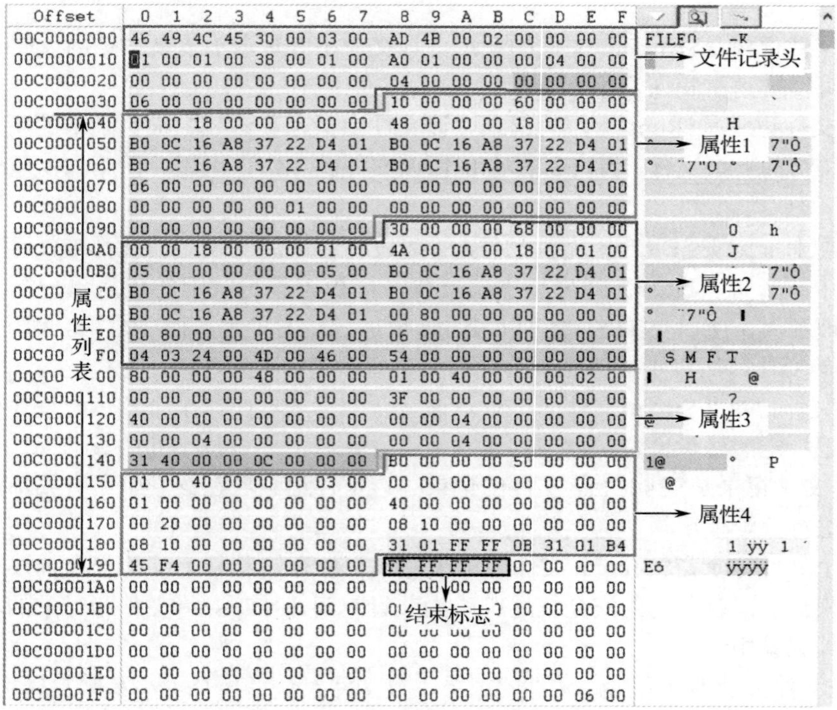

表 3-6　文件记录的结构

结　　构	说　　明
文件记录头	
属性 1	
属性 2	
……	
结束标志	FFFFFFFFH

图 3-50　$MFT 文件的文件记录的结构

2）文件记录头

在同一个系统中，文件记录头的长度和具体偏移地址上的数据含义是不变的，而属性列表是可变的。其不同的属性有着不同的含义。文件记录头如图 3-51 所示。文件记录头信息的含义如表 3-7 所示。

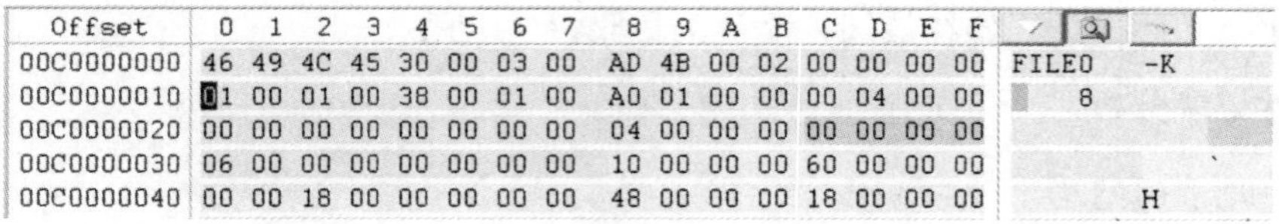

图 3-51　文件记录头

表 3-7　文件记录头各字段的含义

偏移地址	字段长度/个字节	含　义
00H	4	MFT 标志，一定为字符"FILE"
04H	2	更新序列号的偏移地址
06H	2	更新序列号的大小与数组，包括第一个字节
08H	8	日志文件序列号
10H	2	序列号
12H	2	硬连接数，即有多少目录指向该文件
14H	2	第一个属性的偏移地址
16H	2	标志：00H 表示文件被删除；01H 表示文件正在使用；02H 表示目录被删除；03H 表示目录正在使用
18H	4	文件记录的实际长度
1CH	4	文件记录的分配长度
20H	8	基本文件记录中的文件索引号
28H	2	下一个属性 ID。如果增加新的属性，将该位分配给新属性，然后该值增加；如果 MFT 记录重新使用，则将它置 0
2AH	2	边界，Windows XP 中为 30H 处
2CH	4	文件记录编号，Windows XP 中使用，Windows 2000 中无此参数
30H	2	更新序列号
32H	4	更新数组

对表 3-7 的具体说明如下。

（1）00H～03H：MFT 的标志字符串，总为"FILE"。

（2）08H～09H：日志文件序列号，每次记录被修改都将导致 08H～09H 处的日志文件序列号发生变化。

（3）10H～11H：序列号（Sequence Number，SN），用于记录 MFT 被重复使用的次数。

（4）12H～13H：硬连接数，记录硬连接的数目，只出现在基本文件记录中。

（5）18H～1BH：文件记录的实际长度，即文件记录在磁盘上实际占用的字节空间。

（6）1CH～1FH：文件记录的分配长度，即系统分配给文件记录的长度，一般为"00040000"，即 1KB 的长度。

（7）20H～27H：基本文件记录中的文件索引号。基本文件记录在此处的值总为 0，如果不为 0，即为主文件表的文件索引号，指向所属的基本文件记录中的文件记录号。基本文件记录包含扩展文件记录的信息，存储在属性列表"ATTRIBUTE_LIST"属性中。

（8）2CH～2FH：文件记录编号，且从 0 开始编号。

（9）30H～31H：更新序列号（Update Sequence Number，USN）。这两个字节会同时出现在该文件记录第一扇区的最后两个字节处及该文件记录第二个扇区的最后两个字节处，如图 3-52 和图 3-53 所示。

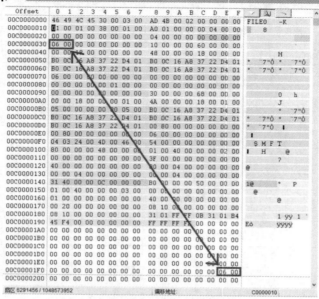

图 3-52　文件记录第一个扇区

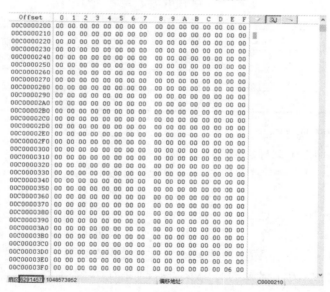

图 3-53　文件记录第二个扇区

（10）32H～35H：更新数组。这 4 个字节很重要，其作用如下。

因为文件记录"更新序列号"的两个字节会同时出现在该文件记录第一个扇区的最后两个字节处及该文件记录第二个扇区的最后两个字节处，即事先占用了文件记录的 4 个字节。当需要往这 4 个字节中写入文件记录中的信息时，就跳转到了 32H～35H 处来写入。其具体的对应关系：文件记录第一个扇区的最后两个字节对应 32H～33H 处；文件记录第二个扇区的最后两个字节对应 34H～35H 处，如图 3-54 所示。

当信息还没有写入该文件记录第一个扇区的最后两个字节处及该文件记录第二个扇区的最后两个字节处时，更新数组处的 4 个字节为 0。

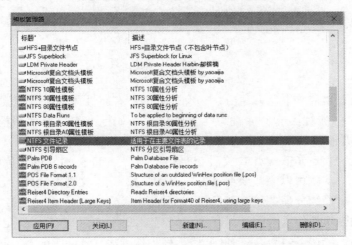

图 3-54　更新数组的对应关系

文件记录头的参数也可以使用 WinHex 中的模板来查看，WinHex 的模板管理器提供文件记录的模板。打开 WinHex 的模板管理器，选择"NTFS 文件记录"选项，如图 3-55 所示。

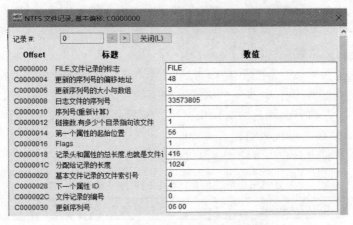

图 3-55　"模板管理器"对话框

在打开的"NTFS 文件记录"对话框中查看文件记录头，如图 3-56 所示。

Offset	标题	数值
C0000000	FILE,文件记录的标志	FILE
C0000004	更新的序列号的偏移地址	48
C0000006	更新序列号的大小与数组	3
C0000008	日志文件的序列号	33573805
C0000010	序列号(重新计算)	1
C0000012	链接数,有多少个目录指向该文件	1
C0000014	第一个属性的起始位置	56
C0000016	Flags	1
C0000018	记录头和属性的总长度,也就是文件i	416
C000001C	分配给记录的长度	1024
C0000020	基本文件记录的文件索引号	0
C0000028	下一个属性 ID	4
C000002C	文件记录的编号	0
C0000030	更新序列号	06 00

图 3-56　"NTFS 文件记录"对话框

3）属性列表

（1）属性的类型。

在 NTFS 中，所有与文件相关的数据均被认为是属性，包括文件的内容。文件记录是一个与文件相对应的文件属性数据库，它记录了文件数据的所有属性。

每个属性都可以分为两个部分：属性头和属性体。这里以在$MFT 文件自身文件记录中的 10H 属性为例，其结构如图 3-57 所示。

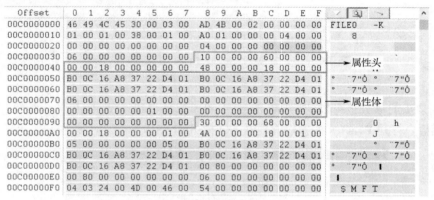

图 3-57　10H 属性的结构

另外，属性还有常驻与非常驻之分。一个属性的所有属性体都可以存放在 MFT 文件记录中的属性称为常驻属性。有些属性总是常驻属性（如标准信息属性和根索引等），这样 NTFS 才可以确定其他非常驻属性。

如果属性体能直接存放在 MFT 文件记录中，那么 NTFS 对它的访问时间就将大大缩短，只要访问磁盘一次就可以立即获得数据，而不必像 FAT 文件系统那样，先在 FAT 中查找文件位置，再读出连续分配的簇，最后找到文件数据。

如果一个属性因属性体太大而不能存放在只有 1KB 大小的 MFT 文件记录中，那么，系统将从 MFT 之外为其分配区域。这些区域通常称为数据流（Data Run），可以用来存储属性体。如果属性体是不连续的，NTFS 将会分配多个数据流来管理不连续的数据。这种属性体存储在数据流中而不是存储在 MFT 文件记录中的属性称为非常驻属性。

（2）属性的属性头。

每个属性都有一个属性头。属性头包含了一些该属性的重要信息，如属性类型、属性大小、属性名及是否为常驻属性等。

根据一个属性是否为常驻属性和是否有属性名，可以排列组合出 4 种不同的属性头结构，分别为常驻没有属性名的属性头结构、常驻有属性名的属性头结构、非常驻没有属性名的属性头结构、非常驻有属性名的属性头结构。下面分别分析它们。

① 常驻没有属性名的属性头结构。

常驻且没有属性名的属性头结构如表 3-8 所示。

表 3-8　常驻没有属性名的属性头结构

偏移地址	字段长度/个字节	含　义
00H	4	属性类型

偏移地址	字段长度/个字节	含　义
04H	4	包括属性头在内的属性长度
08H	1	是否为常驻属性（00H 表示为常驻属性；01H 表示为非常驻属性）
09H	1	属性名长度（此处为 0 则表示没有属性名）
0AH	2	属性名的起始偏移地址
0CH	2	压缩、加密、稀疏标志（此处为 0001H 则表示该属性已被压缩；为 4000H 表示该属性被加密了；为 8000H 表示属性是稀疏的）
0EH	2	属性 ID
10H	4	属性体长度（L）
14H	2	属性体的起始偏移地址
16H	1	索引标志
17H	1	无意义
18H	L	属性体的内容

注：NTFS 下的第二种压缩类型文件称为 SparseFile（稀疏文件）

下面以如图 3-58 所示的 10H 属性为例子来分析属性头。

00H～03H：这 4 个字节为十六进制数 "10000000"，表示该属性是 10H 属性，即 $STANDARD_INFORMATION 属性（标准信息属性）。

04H～07H：这包括属性头在内的属性长度，这里为十六进制数 "60000000"，也就是说该属性的总长度为 60H。

08H：是否为常驻属性，这里为 "00"，表示该属性为常驻属性。因为 10H 属性总是常驻的，所以该字节总为 00H。

09H：属性名长度，此处为十六进制数 "00"，表示该属性没有属性名。

0AH～0BH：属性名的起始偏移地址，此处为十六进制数 "1800"。对于没有属性名的属性而言该值没有意义。

0CH～0DH：压缩、加密稀疏标志，此处为 "0000" 表示该属性不是压缩的、加密的属性。只有非常驻的 80H 属性（数据属性）在此处才可能不为 0000H。

0EH～0FH：属性 ID，此处为十六进制数 "0000"。

10H～13H：属性体长度，此处为十六进制数 "48000000"，也就是说属性体长度为 48H。

14H～15H：属性体的起始偏移地址，此处为十六进制数 "1800"，表示属性体的起始偏移地址为 18H，这也是属性头的长度。

16H：索引标志，此处为 "00"。

17H：无意义，此处为 "00"。

18H～98H：属性体的内容，其具体含义将在后面进行分析。

这部分参数也可以通过文件记录的模板查看，如图 3-58 所示。

② 常驻有属性名的属性头结构。

常驻有属性名的属性头结构如表 3-9 所示。

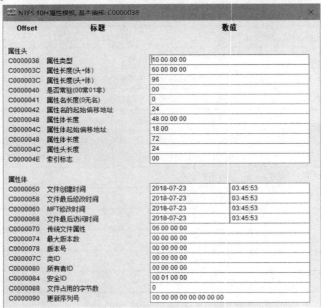

图 3-58　10H 属性的属性头部分

表 3-9　常驻有属性名的属性头结构

偏移地址	字段长度/个字节	含　义
00H	4	属性类型
04H	4	包括属性头在内的属性长度
08H	1	是否为常驻属性（00H 表示为常驻属性，01H 表示为非常驻属性）
09H	1	属性名长度（N 为 0 则表示没有属性名）
0AH	2	属性名的起始偏移地址
0CH	2	压缩、加密、稀疏标志（此处为 0001H 则表示该属性已被压缩）
0EH	2	属性 ID
10H	4	属性体长度（L）
14H	2	属性体的起始偏移地址
16H	1	索引标志
17H	1	无意义
18H	$2N$	属性名
$2N$+18H	L	属性体的内容

③ 非常驻没有属性名的属性头结构。

非常驻没有属性名的属性头结构如表 3-10 所示。

表 3-10　非常驻没有属性名的属性头结构

偏移地址	字段长度/个字节	含　义
00H	4	属性类型

偏移地址	字段长度/个字节	含　义
04H	4	包括属性头在内的属性长度
08H	1	是否为常驻属性（00H 表示为常驻属性，01H 表示为非常驻属性）
09H	1	属性名长度（为 0 则表示没有属性名）
0AH	2	属性名的起始偏移地址（没有属性名）
0CH	2	压缩、加密、稀疏标志（此处为 0001H 则表示该属性已被压缩）
0EH	2	属性 ID
10H	8	属性体的起始虚拟簇号（VCN）
18H	8	属性体的结束虚拟簇号
20H	2	Run List（Run 即 Data Run，是一个在逻辑簇号上连续的区域，它不在 MFT 中）信息的偏移地址
22H	2	压缩单位大小（2^x簇，如果为 0 表示未压缩）
24H	4	无意义
28H	8	属性体的分配大小（该属性体所有的簇所占的空间大小）
30H	8	属性体的实际大小（因为属性体长度不一定正好占满所有簇）
38H	8	属性体的初始大小
40H		属性的 Run List 信息，它记录了属性体的起始簇号、簇数等信息

④ 非常驻有属性名的属性头结构。

非常驻有属性名的属性头结构如表 3-11 所示。

表 3-11　非常驻有属性名的属性头结构

偏移地址	字段长度/个字节	含　义
00H	4	属性类型
04H	4	包括属性头在内的属性长度
08H	1	是否为常驻属性（00H 表示为常驻属性，01H 表示为非常驻属性）
09H	1	属性名长度（为 0 则表示没有属性名）
0AH	2	属性名的起始偏移地址
0CH	2	压缩、加密、稀疏标志（为 0001H 则表示该属性已被压缩）
0EH	2	属性 ID
10H	8	属性体的起始虚拟簇号（VCN）
18H	8	属性体的结束虚拟簇号
20H	2	Run List（Run 即 Data Run，是一个在逻辑簇号上连续的区域，它不存储在 MFT 中）信息的偏移地址
22H	2	压缩单位大小（2^x簇，如果为 0 表示未压缩）
24H	4	无意义
28H	8	属性体的分配大小（该属性体所有的簇所占的空间大小）
30H	8	属性体的实际大小（因为属性体长度不一定正好占满所有簇）

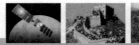

偏移地址	字段长度/个字节	含　义
38H	8	属性体的初始大小
40H	2N	属性名
2N+40H		属性的 Run List 信息，记录了属性体的起始簇号、簇数等信息

下面我们对各种类型属性的属性体进行介绍。

4．10H 属性分析

10H 属性即\$STANDARD_INFORMATION 属性，包含文件的一些基本信息，如文件的传统属性、文件的创建时间和最后修改时间以及有多少目录指向该文件（即其硬连接数）等。其属性头的结构在前面已有说明，其属性体各字段的含义如表 3-12 所示。

表 3-12　10H 属性体各字段的含义

偏移地址	字段长度/个字节	含　义
—	—	属性头
00H	8	文件创建时间
08H	8	文件最后修改时间
10H	8	MFT 修改时间
18H	8	文件最后访问时间
20H	4	传统文件属性
24H	4	最大版本数，此处为 0 则表示版本不存在
28H	4	版本数，当 24H 处为 0 时此处也为 0
2CH	4	分类 ID（一个双向的类索引）
30H	4	所有者 ID，表示文件所有者，是访问\$Quota 文件中\$O 和\$Q 索引的关键字。此处为 0 则表示没有设置配额
34H	4	安全 ID，是\$Secure 文件中\$SII 索引和\$SDS 数据流的关键字，注意不要与安全标志混淆
38H	8	配额管理，即配额占用情况，是文件所有者所占用的总字节数。此处为 0 则表示未使用磁盘配额
40H	8	更新序列号，即文件最后的更新序列号，是进入\$UsnJml 文件的直接索引。此处为 0 则表示没有更新序列号日志

下面进行几点说明。

（1）64 位时间区域。在 NTFS 中，用 64 位来表示文件时间（含日期），而在 FAT 文件系统中只用了 32 位表示文件时间（含日期）。在 NTFS 中，文件时间的 64 位数据表示有多少个千万分之一秒（100-nanosecond）。

（2）传统文件属性。这里所说的传统文件属性主要是相对较早的文件系统属性，比如 DOS 系统属性。传统文件属性标志的含义如表 3-13 所示。

表 3-13　传统文件属性标志的含义

标　　志	对应的二进制数	含　　义
0001H	0000000000000001	只读
0002H	0000000000000010	隐含
0004H	0000000000000100	系统
0020H	0000000000100000	存档
0040H	0000000001000000	设备
0080H	0000000010000000	常规
0100H	0000000100000000	临时
0200H	0000001000000000	稀疏文件
0400H	0000010000000000	重解析点
0800H	0000100000000000	压缩
1000H	0001000000000000	脱机
2000H	0010000000000000	未编入索引
4000H	0100000000000000	加密

10H 属性体如图 3-59 所示。

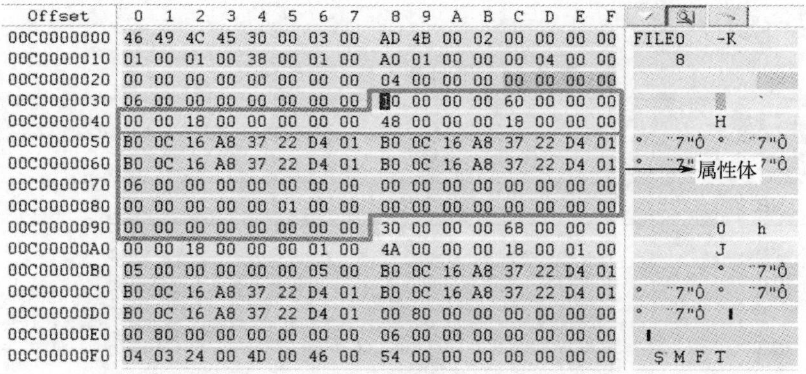

图 3-59　10H 属性体

10H 属性模板如图 3-60 所示。

5. 20H 属性分析

20H 属性即 $ATTRIBUTE_LIST 属性，为属性列表属性。该属性可以在一个文件需要多个文件记录时起到描述文件的作用。

当文件记录里的某个属性大到该文件记录不能将该属性完全存储时，系统会采用 Run List 存储这些属性，这些属性称为非常驻属性。但若在这种情况下仍没有足够的空间，那么就需要使用属性列表了。不能完全放进文件记录中的属性会被放置在一个新的文件记录中，而属性列表属性描述了应该如何找到这个新的文件记录。

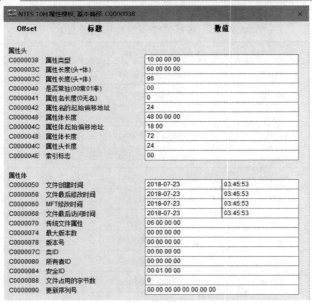

图 3-60　10H 属性模板

20H 属性包括一系列字段长度不同的记录，用于描述该文件其他属性的类型和位置。20H 属性所描述的属性可能是常驻属性，也可能是非常驻属性，并且没有大小的限制。20H 属性各字段的含义如表 3-14 所示。

表 3-14　20H 属性各字段的含义

偏移地址	字段长度/个字节	含　　义
—	—	标准属性头
00H	4	属性类型
04H	2	记录长度
06H	1	属性名长度（N，为 0 则表示没有属性名）
07H	1	属性名的起始偏移地址（如果没有属性名，则指向属性体的内容）
08H	8	属性体的起始虚拟簇号（常驻属性时为 0）
10H	8	属性的基本文件记录的文件参考号（所有 MFT 文件都有一个文件参考号，引用此文件参考号相当于引用此文件记录，此文件参考号在文件记录头中有定义）
18H	2	属性 ID（每个属性都有唯一的 ID）
1AH	2N	Unicode 属性名

20H 属性很少见，但在以下 4 种情况时系统可能需要 20H 属性。

（1）文件有很多硬连接（即有很多文件名属性存在）。

（2）文件有很多碎片，导致在文件记录中记录不了这么多的数据流。

（3）在属性中有很复杂的安全描述（不适用于 NTFSv4.0 以上版本）。

（4）在属性中有很多的命名流，如数据流。

6. 30H 属性分析

1）30H 属性的结构

30H 属性即 $FILE_NAME 属性，用于存储文件名，且总为常驻属性。它最小为 68 个字节，最大为 578 个字节，最大可容纳 255 个 Unicode 字符的文件名长度。30H 属性各字段的含义如表 3-15 所示。

表 3-15　30H 属性各字段的含义

偏移地址	字段长度/个字节	含　义
—	—	标准属性头
00H	8	父目录的文件参考号（即父目录的基本文件记录号，分为两个部分，前 6 个字节为父目录的文件记录号，后 2 个字节为序列号）
08H	8	文件创建时间
10H	8	文件修改时间
18H	8	MFT 修改时间
20H	8	文件最后访问时间
28H	8	文件分配大小
30H	8	文件实际大小
38H	4	如目录，压缩、隐含等标志
3CH	4	EAs（扩展属性）和 Reparse（重解析点）使用
40H	1	文件名长度（L）
41H	1	文件名命名空间
42H	2L	Unicode 文件名

NTFS 通过为一个文件创建多个文件名属性的方式实现了可移植操作系统接口（Portable Operating System Interface，POSIX）式的硬连接，每个文件名属性都有它自己的详细资料和父目录参考号。当一个硬连接被删除时，就从文件记录中删掉这个文件名。当最后一个硬连接也被删除时，这个文件就真正地被删除了。

如果文件有 EAs（扩展属性），则 EA 域将包含缓存所需要的空间。

如果文件是个重解析点，则会在重解析点域给出它的类型。这在后面会对重解析点属性进行详细讲解。

2）30H 属性标志的含义

30H 属性标志的含义如表 3-16 所示。

表 3-16　30H 属性标志的含义

标　志	对应的二进制数		含　义
0001H	00000000	00000001	只读
0002H	00000000	00000010	隐含
0004H	00000000	00000100	系统
0020H	00000000	00100000	存档

续表

标　志	对应的二进制数		含　义
0040H	00000000	01000000	设备
0080H	00000000	10000000	常规
0100H	00000001	00000000	临时
0200H	00000010	00000000	稀疏文件
0400H	00000100	00000000	重解析点
0800H	0000100	00000000	压缩
1000H	00010000	00000000	脱机
2000H	00100000	00000000	未编入索引
4000H	01000000	00000000	加密
10000000H	000010000　00000000（前 2 个字节）		目录（从 MFT 文件记录中复制的相应位）
20000000H	00100000　00000000（前 2 个字节）		索引视图（从 MFT 文件记录中复制的相应位）

3）30H 属性的文件命名空间

FAT 在文件名上有很多约束，比如文件名的长度不得超过 8 个字符，扩展名不得超过 3 个字符，而且许多字符在文件名中不能使用，比如不能在文件名中使用空格等；FAT32 文件系统则允许在文件名中使用较多的字符；NTFS 对文件名中字符的使用几乎没有限制。

在文件名中存在一个能指出这个文件的文件名属于哪一种命名空间的标志。为了兼容旧的文件系统，NTFS 给每个具有非 DOS 兼容文件名的文件分配了一个短的 DOS 兼容文件名。

30H 属性可能的文件命名空间如下。

（1）文件名命名空间字节的值为"00"：POSIX 文件名。Windows 2000、Windows XP 操作系统完全支持可移植操作系统接口 POSIX1003.1。在文件系统方面，NTFS 实现了 POSIX1003.1 的所有要求，例如：

① 大小写敏感。POSIX 文件名是区分大小写的，因此在 POSIX 文件名中，ABC.TXT、Abc.txt、abc.txt 并不是同一个文件。

② 通过许可。在判定用户是否可以访问某文件或目录时，需要考虑路径上的所有目录的安全许可。

③ 文件改变时间。提供文件最后被访问的时间记录。

④ 硬连接。当在不同的目录下不同文件名的两个文件指向相同的数据时，两个文件发生硬连接。

POSIX 文件名是最大的文件命名空间，允许使用除了空字符（00H）和向前的斜线以外的所有 Unicode 字符集，最大的文件名长度为 255 个字节。也有一些特例，例如，冒号":"在 NTFS 的文件名中是允许使用的，但在 Windows 操作系统文件名中是不允许使用的。

（2）文件名命名空间字节的值为"01"：Win32 文件名。Win32 文件名是 POSIX 文件名的一个子集，能使用除 """*/:<>?\|" 之外的所有 Unicode 字符集，但注意 Win32 文件名不能以"."或空格结束。

（3）文件名命名空间字节的值为"02"：DOS 文件名。DOS 文件名是 Win32 文件名的一个子集，只允许使用大写字符，不能使用空格和 """*+, /:.;<=>?\" 等字符。注意，DOS 文件

名的格式：先是 1～8 个字符的文件名，然后是一个点"."最后是 0～3 个字符的扩展名。

（4）文件名命名空间字节的值为"03"：Win32&DOS 文件名。这种文件名要符合 Win32 和 DOS 文件名的命名方式（也就是说，该文件名只符合 DOS 文件名的命名方式）。因此，这种文件名只具有 DOS 文件名属性。

将 POSIX 或 Win32 文件名转换成 DOS 兼容文件名必须遵守以下步骤。

① 去除所有的 Unicode 字符。

② 去除除最后一个外的所有的"."且这最后一个"."还不能是首字符。

③ 将所有的小写字符转换为大写字符。

④ 去除被禁止的字符。

⑤ 如果此时主文件名长度（即之前的长度）大于 8 个字符，则去除第 6 个字符后的所有字符，再在其后补上字符"~1"。

⑥ 如果扩展名长度大于 3 个字符，则只保留前 3 个字符。

⑦ 如果此文件名已经存在，则把"~1"改为"~2"；如果文件名仍然存在，则继续递增字符"~"后的数字。

30H 属性在一般情况下是常驻的，这里仍然以在$MFT 文件自身文件记录中的 30H 属性为例，其结构如图 3-61 所示。30H 属性模板如图 3-62 所示。

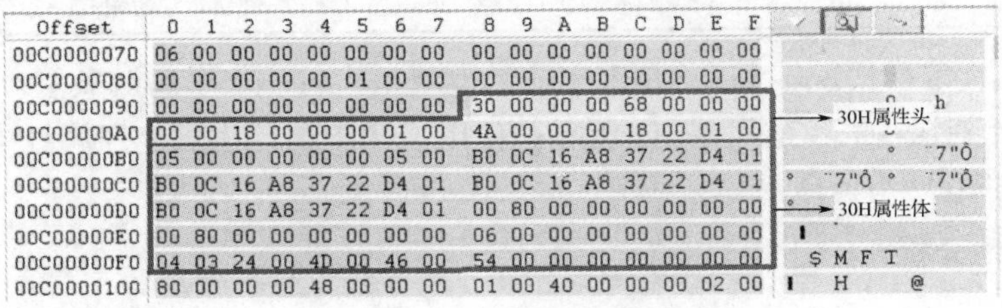

图 3-61　30H 属性的结构

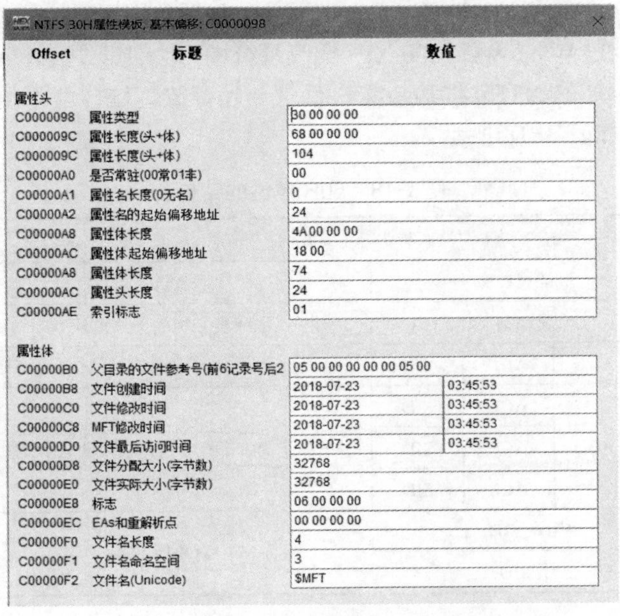

图 3-62　30H 属性模板

7. 40H 属性分析

40H 属性即$OBJECT_ID 属性，为对象 ID，是从 Windows 2000 操作系统开始引入的属性。每个 MFT 记录都会被指定全局唯一标识符（Globally Unigue Identifier，GUID）。GUID 是 Windows 操作系统为所有对象分配的全局唯一的数字标识符，占 16 个字节。此外，MFT 记录还可能包含全局原始卷 ID、全局原始对象 ID 和全局域 ID，这些都属于 GUID。NTFS 提供的 API（Application Programming Interface）就是通过这些 ID 对文件进行访问的。40H 属性最大不超过 256 个字节，其属性各字段的含义如表 3-17 所示。

表 3-17　40H 属性各字段的含义

偏移地址	字段长度/个字节	含　义
—	—	标准属性头
00H	16	全局对象 ID，即指派给文件的一个唯一 ID
10H	16	全局原始卷 ID，即创建文件的卷的 ID（永不变化）
20H	16	全局原始对象 ID，即原始对象 ID（它是曾经指派给本文件记录的第一个对象 ID，如果某种原因导致对象 ID 发生变化，此值就可以反映出对象 ID 的原始位置）
30H	16	全局域 ID（GUID D0ma1n ID），即创建对象的域 ID

40H 属性在大多数情况下只有 16 个字节，也就是只有一个全局对象 ID。如果全局原始卷 ID、全局原始对象 ID 和全局域 ID 没有被使用，40H 属性也可能在属性中占用了空间，但是其值可能是零。

8. 50H 属性分析

1）50H 属性的结构

50H 属性即$SECURITY_DESCRIPT0R 属性，为安全描述符，主要用于保护文件，防止没有授权的访问。在 Windows 2000/XP 操作系统中，为便于共享，已将安全描述符存放在$Secure 文件中（早期的 NTFS 将其与文件目录一起存放，这样就不便于共享）。

50H 属性的结构如表 3-18 所示。

表 3-18　50H 属性的结构

结　构			含　义
标准属性头			（已经分析过）
属性头			可变结构的偏移地址
审核 ACL	ACE	SID	由一些包含审核信息的 ACE 构成
权限 ACL	ACE	SID	由授予的每个组或用户权限的 ACE 构成
	ACE	SID	
	ACE	SID	
	ACE	SID	
用户 SID			对象所有者
组 SID			

在 50H 属性的结构中，标准属性头之后是属性头，其后跟一个或两个访问控制列表

（Access Control List，ACL）和两个安全标识符（Security Identifier，SID）。

ACL 即访问控制列表，赋予或拒绝特定用户或组访问某对象的权限，是由对象安全描述符组成的。只有某对象的所有者才可以更改 ACL 中赋予或拒绝的权限。这样，该对象的所有者就可以自由访问该对象。

SID 即安全标识符，用来识别用户、组和计算机账户的不同长度的数据结构。在第一次创建账户时，系统将发给网络上的每个账户唯一的 SID。Windows 操作系统中的内部进程将引用账户的 SID 而非账户的用户名或组名。

第一个 ACL 包括审核信息，即要审核访问对象的组和用户账户；第二个 ACL 包括权限，即授予权限的组或用户的每个访问事件的成功或失败属性。

每个 ACL 可能包括一个或多个 ACE（Access Control Entry）。ACE 即访问控制项，是授予用户或组权限的 ACL 中的一个项目。ACE 也是对象的系统访问控制列表（System Access Control List，SACL）中的项目。该列表指定用户或组要审核的安全事件。每个 ACE 包括一个 SID。SACL 是表示部分对象的安全描述符的列表。该安全描述符指定了每个用户或组将被审核的事件。

最后两个 SID 表示对象的所有者，即用户和组。

为防止对文件的未经授权的访问，50H 属性需要存储文件所有者授予其他用户的访问许可、何种行为需要被审核等信息。该属性没有长度要求。

2）50H 属性头

50H 属性头各字段的含义如表 3-19 所示。

表 3-19　50H 属性头各字段的含义

偏移地址	字段长度/个字节	含　义
00H	1	头 1（通常为 01H）
01H	1	头 2（通常为 00H）
02H	1	头 3（通常为 04H 或 14H，前者表示无审计，后者表示有审计）
03H	1	头 4（通常为 80H）
04H	4	用户 SID 的偏移地址
08H	4	组 SID 的偏移地址
0CH	4	ACL 审核
10H	4	ACL 权限

3）50H 属性的 ACL

50H 属性的 ACL 各字段的含义如表 3-20 所示。

4）50H 属性的 ACE

50H 属性的 ACE 各字段的含义如表 3-21 所示。50H 属性的 ACE 标志字节的含义，如表 3-22 所示。

表 3-20　50H 属性的 ACL 各字段的含义

偏移地址	字段长度/个字节	含　义
00H	1	ACL 版本
01H	1	常为"00"，无意义
02H	2	ACL 长度
04H	2	ACE 合计数
06H	2	常为"0000"，无意义

表 3-21 50H 属性的 ACE 各字段的含义

偏移地址	字段长度/个字节	含义
00H	1	类型
01H	1	标志
02H	2	大小
04H	4	访问掩码
08H	V	SID

表 3-22 50H 属性的 ACE 标志字节的含义

标志字节	含义
00H	允许访问
01H	拒绝访问
02H	需要系统审核

ACE 标志可能的取值依赖于类型的值。目录的 ACE 标志的含义如表 3-23 所示。系统审核的 ACL 标志的含义如表 3-24 所示。ACL 访问掩码用于列举所有行为。ACL 访问掩码的含义如表 3-25 所示。

表 3-23 目录的 ACE 标志的含义

标志	含义
01H	对象继承的 ACE
02H	容器继承的 ACE
04H	不传播继承的 ACB
08H	只继承 ACE

表 3-24 系统审核的 ACL 标志的含义

标志	含义
40H	审核成功
80H	审核失败

表 3-25 ACL 访问掩码的含义

位偏移	含义	描述
0~15	对象特殊访问权限	读数据、执行、添加数据
16~22	标准访问权限	删除、修改 ACL，修改所有者
23	可以访问 ACL	
24~27	保留	
28	所有操作（读、写、执行）	所有操作
29	执行	执行程序所需的所有权力
30	写	写文件所需的所有权力
31	读	读文件所需的所有权力

5）50H 属性的 SID

50H 属性典型的 SID 如 S-1-5-21-646518322-1873620750-619646970-1110，由"S-p-q-r-s-t-u-v"组成。50H 属性的 SID 的结构如表 3-26 所示。

50H 属性的 SID 在磁盘上的存储形式如 S-1-5-21-646518322-1873620750-619646970-1110，用十六进制表示就是 S-1-5-15-26891632-6fad2f0e-24ef0ffa-456（5 个子域）。50H 属性的 SID 在磁盘上

表 3-26 50H 属性的 SID 的结构

结构	含义
S	安全
p	版本号（目前为 1）
q	NT 域，该数值占 6 个字节
r~v	NT 子域（可能有几个这样的子域）

的存储如表 3-27 所示。

表 3-27 50H 属性的 SID 在磁盘上的存储

偏移地址	内　　容（十六进制）							
00H	01	05	00	00	00	00	00	05
08H	15	00	00	00	32	16	89	26
10H	0E	2F	AD	6F	FA	0F	EF	24
18H	56	04	00	00				

需要注意的是，50H 属性的 SID 是一个长度可变的结构。

例如，在 S-1-5-21-646518322-1873620750-619646970-1110 这个 50H 属性的 SID 中，"S" 是 SID 的简称；"1" 为版本号；"5" 为标识授权代码；"21" 为子授权代码；"646518322" 为安全协会（Security Association，SA）；"1873620750" 为 SA 的域 ID；"619646970" 也为 SA 的域 ID；"1110" 为用户 ID。标识授权的含义如表 3-28 所示。

子授权代码表示相关 ID，用来和标识授权代码一起组成 SID。相关 ID 的含义如表 3-29 所示。

表 3-28 标识授权的含义

标识授权的含义	SID
无效 SID	S-1-0
全球 SID	S-1-1
本地 SID	S-1-2
创建者 SID	S-1-3
非唯一 SID	S-1-4
NTSID	S-1-5

表 3-29 相关 ID 的含义

相关 ID 的含义	子授权代码	SID	相关 ID 的含义	子授权代码	SID
空	0	S-1-0-0	服务	6	S-1-5-6
全球	0	S-1-1-0	匿名登录	7	S-1-5-7
本地	0	S-1-2-0	代理	8	S-1-5-8
创建者	0	S-1-3-0	企业管理员	9	S-1-5-9
创建组	1	S-1-3-1	服务器登录	9	S-1-5-9
创建者服务器	2	S-1-3-2	负责人	10	S-1-5-10
创建组服务器	3	S-1-3-3	授权用户	11	S-1-5-11
拨号	1	S-1-5-1	受限代码	12	S-1-5-12
网络	2	S-1-5-2	终端服务器	13	S-1-5-13
批	3	S-1-5-3	本地系统	18	S-1-5-18
交互	4	S-1-5-4	NT 非独有	21	S-1-5-21
登录	5	S-1-5-5-X-Y	内建域	32	S-1-5-32

9. 60H 属性分析

60H 属性即 $VOLUME_NAME 属性，只是简单的包含卷的名称。它最小占用 2 个字节，最大占用 256 个字节。所以，卷名最长为 127 个 Unicode 字符（必须留一个 Unicode 字符作为结束标志）。60H 属性各字段的含义如表 3-30 所示。

在 60H 属性中，Unicode 字符为空表示卷名结束，长度属性存储在头部中，卷序列号存储在元文件$Boot 中。

10. 70H 属性分析

70H 属性即$VOLUME_INFORMATION 属性，用于说明卷的版本和状态，只在元文件$Volum 中出现，属性长度为 12 个字节（但实际上占用了 16 个字节，这是因为属性长度总是 8 的倍数）70H 属性各字段的含义如表 3-31 所示。

表 3-30　60H 属性各字段的含义

偏移地址	字段长度/个字节	含　义
—	—	标准属性头
00H	254	Unicode 卷名

表 3-31　70H 属性各字段的含义

偏移地址	字段长度/个字节	含　义
—	—	标准属性头（已分析过）
00H	8	总为 0
08H	1	主版本号
x09H	1	次版本号
0AH	2	标志
0CH	4	总为 0

下面进行几点说明。

1）70H 属性标志的含义

当坏区标志为 1 时，Windows NT、Windows 2000、Windows XP 操作系统就必须在下次重启时运行 Chkdsk/F 命令对卷进行修复。在这些操作系统中，可以用 fsutil 命令对该位进行坏区设置和查询等操作。fsutil 命令语法为：

```
fsutil dirty{query|set}PathName
```

其中，参数 query 用于查询指定卷是否为坏区；参数 set 用于将卷设置为坏区；参数 PathName 用于指定驱动器号（用冒号分隔）、装入点或卷名。如果设置了卷的坏区，则说明文件系统可能处于不一致的状态。

出现下述情况时可以设置坏区：卷已联机且发生了明显的变化；对卷进行了更改，但在更改写入磁盘前关闭了计算机；在卷上检测到损坏等。如果在重新启动计算机时设置了坏区，则运行 Chkdsk/F 以验证卷的一致性。在每次启动系统时，内核程序将调用 Autochk.exe 扫描所有的卷，以查看是否设置了卷的坏区。如果设置了坏区，则 autochk 将立即在卷上执行 Chkdsk/F 命令。Chkdsk/F 命令将验证文件系统的完整性并试图修复卷上的故障。

2）70H 属性的版本号及标志

70H 属性的版本号如表 3-32 所示。70H 属性的标志如图 3-63 所示。

11. 80H 属性分析

80H 属性即$DATA 属性，容纳着文件的内

表 3-32　70H 属性的版本号

操作系统	NTFS 版本（主.次）
Windows NT	1.2
Windows 2000	3.0
Windows XP	3.1
Windows 2003	3.1
Windows Vista	3.1

容。文件大小一般指未命名数据流的大小。该属性没有大小限制,最小情况是该属性为常驻属性,不占用除 MFT 以外的空间。

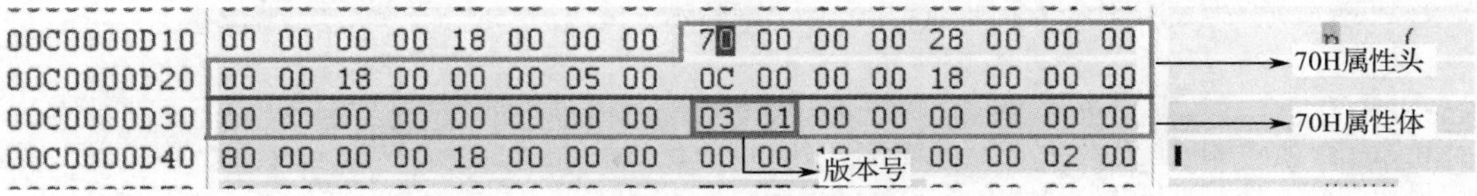

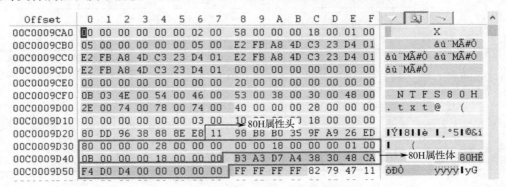

图 3-63　70H 属性的标志

1）常驻 80H 属性

常驻 80H 属性各字段的含义如表 3-33 所示,在标准属性头后面是文件的内容。当文件属性能在文件记录中完全存储下来且不需要存储到其他的数据流中时,

表 3-33　常驻 80H 属性各字段的含义

偏 移 地 址	字段长度/个字节	含　　义
—		标准属性头
00H		文件的内容

这种属性就是常驻属性。一个常驻 80H 属性的实例如图 3-64 所示,在标准属性头后面是该文件的内容,该内容以"00H"结束,这是因为文件属性长度总是 8 的整数倍。如果当属性结束时文件属性长度不能被 8 整除,就用"00H"来填充文件属性长度。

图 3-64　一个常驻 80H 属性的实例

2）非常驻 80H 属性

在 NTFS 中,常用数据流如下。

（1）[未命名]（[Unnamed]）。

（2）{4c8ccl55-6cle-11D1-8e41-00c04fb9386d}。

（3）^ESocumentSummaryInformation。

（4）^ESebiesnrMkudrfcoIaamtykdDa。

（5）^ESummaryInformation。

（6）$MountMgrDatabase。

（7）$Bad。

（8）$SDS。

（9）$J。

（10）$Max。

未命名数据流：80H 属性的第一个未命名数据流也就是文件真正的数据，由数据流来记录文件数据的具体地址。下面以$MFT 文件自身的文件记录中的 80H 属性为例，介绍其未命名数据流的结构如图 3-65 所示。

图 3-65　80H 属性未命名数据流的结构

数据流各字段的含义如表 3-34 所示。

表 3-34　数据流各字段的含义

数据流序号	偏移地址	字段长度/个字节	含　义
第一个数据流	00H	1	高 4 位为第一个数据流的起始簇号在此压缩字节中所占的字节数（N）；低 4 位为第一个数据流占用的簇数在该压缩字节中所占的字节数（L）
	01H	L	第一个数据流所占用的簇数
	L+1	N	第一个数据流的起始簇号
第二个数据流	L+N+1	1	高 4 位为第二个数据流的起始簇的相对簇数在此压缩字节中所占的字节数（N_1）；低 4 位为第二个数据流所占的簇数在该压缩数据中所占用的字节数（L_1）
	L+N+2	L_1	第二个数据流所占的簇数
	L+N+L_1+2	N_1	第二个数据流的起始簇的相对簇数加上第一个数据流的起始簇号，就是第二个数据流的起始簇号（注意该值为带符号数）
第三个及后面的数据流	……	……	含义同第二个数据流

例如，Run List 值为"320C1B00000C"，其结构含义如图 3-66 所示，

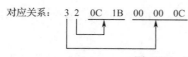

图 3-66　Run List 的含义

从图 3-66 中可以看出，压缩字节高位的"3"对应的数据流信息高位的 3 个字节"0C 00 00"，表示当前数据流的起始簇号；压缩字节低位的"2"对应的数据流信息低位的 2 个字节"1B0C"，表示当前数据流的簇数；该属性体的起始簇号为 0C0000H，占 0B0CH 簇。

12. 90H 属性分析

90H 属性即$INDEX_ROOT 属性，为索引根属性。该属性是实现 NTFS 的 B+树索引的

根节点属性，总为常驻属性。90H 属性没有长度限制，其结构如图 3-67 所示。

1）索引根

索引根各字段的含义如表 3-35 所示。

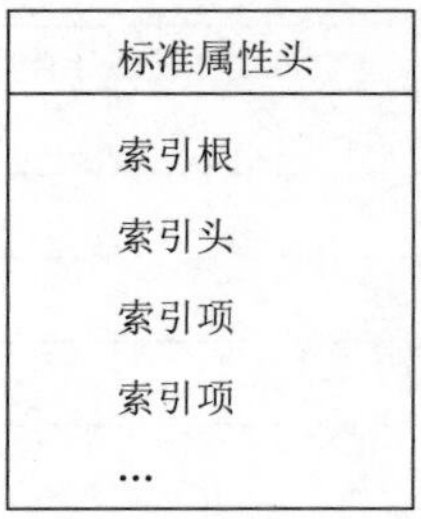

表 3-35　索引根各字段的含义

偏 移 地 址	字段长度/个字节	含　　义
—	—	标准属性头
00H	4	属性类型
04H	4	校对规则
08H	4	每个索引缓冲区的分配大小（字节数）
0CH	1	每个索引缓冲区的簇数
0DH	3	无意义（填充至属性长度能被 8 整除）

标准属性头
索引根
索引头
索引项
索引项
…

图 3-67　90H 属性的结构

2）索引头

索引头各字段的含义如表 3-36 所示。

表 3-36　索引头各字段的含义

偏移地址	字段长度/个字节	含　　义
00H	4	第一个索引项的偏移地址
04H	4	索引项的总大小
08H	4	索引项的分配大小
0CH	1	标志：此处为 00H 则表示为小索引（适合于索引根）；此处为 01H 则表示为大索引（适合于索引分配区）
0DH	3	无意义（填充至属性长度能被 8 整除）

3）索引项

索引头后面有着不同长度的索引项序列，由一个带有最后一个索引项标志的特殊索引项来结束。当一个目录比较小，可以全部存储在索引根属性中时，该目录就只需要这一个属性（90H 属性）来描述。当目录太大，不能全部存储在索引根属性中时，就会有两个附加属性出现，一个是索引分配属性，描述 B+树目录的子节点；另一个是索引位图属性，描述索引块的索引分配属性使用的虚拟簇号。$Root 文件包含其自身的一个索引项。常用索引项如表 3-37 所示。

表 3-37　常用索引项

名　　称	索 引 类 型	常用的地方	名　　称	索 引 类 型	常用的地方
$I30	文件名	目录	$O	所有者 ID	$Quota 文件
$SDH	安全描述符	$Secure 文件	$Q	配额	$Quota 文件
$SII	安全 ID	$Secure 文件	$R	重解析点	$Reparse 文件
$O	对象 ID	$Objid 文件			

索引项各字段的含义如表 3-38 所示。

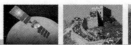

表 3-38 索引项各字段的含义

偏 移 地 址	字段长度/个字节	含 义
00H	8	MFT 文件参考号
08H	2	索引项的大小（相对索引项的起始偏移地址）
0AH	2	文件名属性体大小
0CH	2	索引标志：此处为 1 则表示此索引项包含子节点；此处为 2 则表示此索引项为最后一个项
0EH	2	用 0 填充，无意义
10H	8	父目录的 MFT 文件参考号
18H	8	文件创建时间
20H	8	文件最后修改时间
28H	8	文件记录最后修改时间
30H	8	文件最后访问时间
38H	8	文件的分配大小
40H	8	文件的实际大小
48H	8	文件标志
50H	1	文件名长度
51H	1	文件名的命名空间
52H	2F	文件名
2F+52H	P	填充至能被 8 整除（无意义）
P+2F+52H	8	子节点的索引所在的虚拟簇号（需要有子节点时才有）

13. A0H 属性分析

A0H 属性即$INDEX.ALLOCATION 属性，是索引分配属性，也是一个索引的基本结构，存储着组成索引的 B+树目录所有子节点的定位信息。它总是非常驻属性，没有大小限制。

A0H 属性的结构很简单，其属性各字段的含义如表 3-39 所示。A0H 属性的例子如图 3-68 所示。

表 3-39 A0H 属性各字段的含义

偏 移 地 址	字段长度/个字节	含 义
		标准属性头（已分析过）
0x00	—	数据流列表

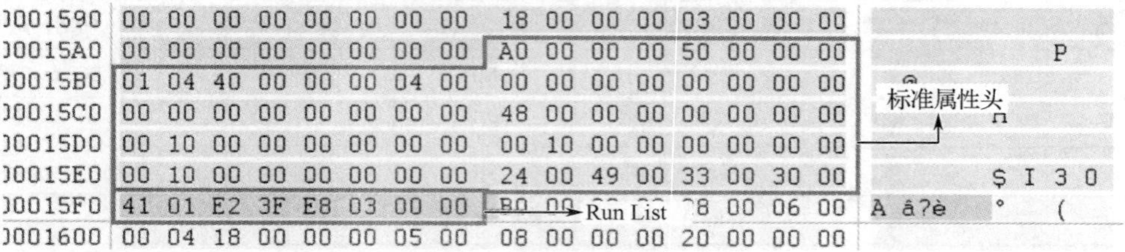

```
00001590  00 00 00 00 00 00 00 00   18 00 00 00 03 00 00 00
000015A0  00 00 00 00 00 00 00 00   A0 00 00 00 50 00 00 00            P
000015B0  01 04 40 00 00 00 04 00                          标准属性头
000015C0  00 00 00 00 00 00 00 00   48 00 00 00 00 00 00 00
000015D0  00 10 00 00 00 00 00 00   00 10 00 00 00 00 00 00
000015E0  00 10 00 00 00 00 00 00   24 00 49 00 33 00 30 00      $ I 3 0
000015F0  41 01 E2 3F E8 03 00 00   B0   Run List  28 00 06 00   A â?è  ° (
00001600  00 04 18 00 00 00 05 00   08 00 00 00 20 00 00 00
```

图 3-68 A0H 属性的例子

A0H 属性的 Run List 所描述的数据流,也就是 NTFS 的 B+树结构的索引缓冲区。

14. $MFTMirr 文件分析

在元文件中,最重要的是$MFT 文件。前面已经对其结构进行了详细分析,这里不再重复。下面分析$MFT 文件的镜像$MFTMirr 文件。

$MFTMirr 是系统以恢复为目的创建的文件。它将$MFT 文件中的几个文件记录做了备份。具体备份多少个文件记录取决在 NTFS 卷中每个簇的大小,但$MFTMirr 文件至少需要做前 4 个文件记录的备份。当卷中簇小于或等于 4 倍的文件记录大小(即小于或等于4KB)时,$MFTMirr 至少需要做前 4 个文件记录的备份。在 Windows 2003、Windows XP 操作系统中,默认的格式化簇的大小为 4KB,所以卷中的$MFTMirr 文件多数只会做前 4 个文件记录的备份。当簇的大小大于 4KB 时,$MFTMirr 文件的数据流大小就等于一个簇,且在一个簇中能备份多少个文件记录就会备份多少个$MFTMirr 文件的数据流,但一定是按文件记录的顺序进行备份的。例如,当簇的大小为 8KB 时,那么$MFTMirr 文件的数据流大小就是 8KB,从而可以做前 8 个文件记录的备份。

$MFTMirr 文件的文件记录号为 01H。$MFTMirr 文件的文件记录一般由以下 3 种属性组成,如图 3-69 所示。

图 3-69 $MFTMirr 文件的文件记录的例子

1)10H 属性

10H 属性定义了$MFTMirr 文件的创建时间、最后修改时间、文件记录的修改时间、最

后访问时间和标志等信息。

2）30H 属性

30H 属性定义了 $MFTMirr 文件的父目录的文件参考号、系统分配给整个磁盘的 $MFTMirr 文件的大小、$MFTMirr 文件的数据流实际使用的大小；定义了文件的标志为 06H，表示该文件为隐含、系统文件；定义了该文件名属性的文件名长度为 8 个字符，命名空间字节的值为"03"，即 Win32&DOS 文件名；最后定义了该文件的文件名为 Unicode 字符串"$MFTMirr"。

3）80H 属性

80H 属性定义了 $MFTMirr 文件的数据流起始虚拟簇号（在本例中为 0）、结束虚拟簇号（在本例中为 1）、起始逻辑簇号（在本例中为 10H），以及所占的簇数（在本例中为 01H）等信息。

在 80H 属性之后有 4 个字节的属性结束标志"FFFFFFFF"，至此该文件记录中的属性就结束了。

15. $LogFile 文件分析

$LogFile 文件的结构比较复杂，其中日志区域由一系列 4KB 大小的日志记录组成；记录头的固定标志是"RCRD"；重启页的头部固定标志是"RSTR"，位于重启区域的开始部分。

当文件被写到磁盘上时，NTFS 会做两件事：一是写文件本身的数据；二是更新和文件系统有关的数据（如文件创建时间）。如果 NTFS 做完这两件事，则可以确认文件被写到了存储单元上，且 NTFS 处于正常状态。如果因电源故障、操作系统崩溃等情况使 NTFS 未完成这两件事，则 NTFS 处于非正常状态。将 NTFS 从非正常状态恢复到正常状态的方法是在其特殊文件（$LogFile 文件）里记录日志。这个 $LogFile 文件会记录某个操作的成功与失败。当操作系统故障后第一次进入磁盘空间时，NTFS 将读取 $LogFile 文件并使其恢复到最后一次操作开始前的状态。NTFS 写 $LogFile 文件的操作必须是自动且即时的。NTFS 可以在很短的时间内把卷恢复到正常状态，恢复时间与磁盘大小无关，只与失败任务的复杂程度有关。

1）日志文件服务

$LogFile 文件由格式化程序和日志文件服务（Log File Service，LFS）共同创建。日志文件服务是一组 NTFS 驱动程序内的核心程序。NTFS 是通过 LFS 来访问 $LogFile 文件的。

LFS 将 $LogFile 文件分为两个区域：重启动区域和无限记录区域。NTFS 使用重启动区域来存储操作系统故障后从哪个位置进行恢复的信息。在恢复过程中，NTFS 将从该位置读取信息。由于重启动区域的重要性，在紧随其后的磁盘空间上，LFS 保存了它的一个副本。在重启动区域之后是无限记录区域，用于存放 NTFS 的日志记录。日志记录包含改变文件系统数据和卷目录结构的 1/0 操作的处理记录，并由逻辑顺序号（LogicalSequenceNumbers，LSN）标记这些日志记录。LSN 为 64 位，通过循环使用日志记录使 $LogFile 文件看起来可以保存无限多的日志记录。

NTFS 不是直接从 $LogFile 文件中读/写日志记录的，而是通过 LFS 读/写日志记录的。

LFS 提供了许多处理$LogFile 文件的功能，包括打开、写入、向前、向后、更新等。在恢复过程中，NTFS 能通过向前读取日志记录，重做已在$LogFile 文件中记录的、操作系统崩溃时未及时刷新到磁盘上的所有事务；NTFS 能通过向后读取日志记录，撤销或返回在操作系统崩溃前没有完全记录在$LogFile 文件中的事务。NTFS 如果不再需要$LogFile 文件中较早的日志记录，则会调用 LFS 将$LogFile 文件的开始部分设置为一个具有更高 LSN 的日志记录，从而实现日志记录的"无限"使用。

下面是 NTFS 恢复卷的操作步骤。

（1）NTFS 调用 LFS 在$LogFile 文件中记录所有改变卷结构的事务。

（2）NTFS 执行在高速缓存区中更改卷结构的操作。

（3）高速缓存管理器调用 LFS 将$LogFile 文件刷新到磁盘上。

（4）卷更改（事务本身）被刷新到磁盘上。

通过以上操作步骤能够保证通过$LogFile 文件恢复相应的事务。在重新引导操作系统以后的第一次使用卷时，NTFS 自动开始进行恢复工作。这样就能保证无论何时发生意外，NTFS 都可以通过在日志记录中的操作信息进行恢复。

2）日志记录类型

LFS 允许用户在$LogFile 文件中写入任何类型的记录。更新记录和检查点记录是 NTFS 所支持的两种主要类型的日志记录。这两种日志记录在 NTFS 恢复过程中起了主要作用。

（1）更新记录。

更新记录所记录的是 NTFS 的更新信息，是 NTFS 写入$LogFile 文件的最普通的日志记录类型。NTFS 会在以下事务时写入更新记录。

- 创建文件。
- 删除文件。
- 扩展文件。
- 截断文件。
- 设置文件信息。
- 重新命名文件。
- 更改应用于文件的安全信息。

在更新记录中一般包含以下两种信息。

① 重做信息。当事务在高速缓存区中的操作记录刷新到磁盘之前操作系统崩溃，如何重新执行这个操作对卷来说是已提交的事务子操作。

② 撤销信息。当操作系统崩溃时，如何撤销这个操作对卷来说是未提交的事务子操作。

其中，每个日志记录代表了该事务的一个子操作，NTFS 根据每个在更新记录中的重做项决定如何重新执行该子操作，而根据撤销项决定如何执行撤销该子操作。

当某事务的最后一个子操作被记录后，NTFS 就对在高速缓存区中的卷自身执行子操作。在完成高速缓存区的更新以后，NTFS 向$LogFile 文件写入该事务的最终记录——称为"提交一个事务"的子操作，完整地记录整个事务，完成该事务的提交。这时，即使操作系统立即发生崩溃，NTFS 也能保证卷上该事务的完整性。

当需要进行文件系统恢复时，NTFS 会根据读取的$LogFile 文件信息，重做每个已经提

交的事务。由于 NTFS 并不清楚已经提交的事务是否已从高速缓存区中得到及时更新，所以如果在事务最终提交以前操作系统发生崩溃，NTFS 会再一次执行已经提交的事务，从而保持磁盘信息的一致性。

在文件系统恢复过程中完成了重做操作之后，NTFS 会根据文件系统崩溃时未被提交的事务$LogFile 文件中的撤销信息撤销已经记录的每个子操作。

可以采用物理表达或是逻辑表达的方式进行重做和撤销信息操作。物理表达根据磁盘上特定范围的字节指定卷的更新信息，而这些字节可以被更改、移动等；逻辑表达则根据操作来表达更新信息。当在软件的最底层维护文件系统结构时，NTFS 通过物理表达方式写入更新记录。事务处理或其他应用程序级软件则可能得益于用逻辑表达方式写入更新记录，因为逻辑表达方式的更新操作比物理表达方式的更新操作更加简洁。

NTFS 设计小组对在更新记录中的重做和撤销信息结构进行了仔细而慎重的设计，从而能保持信息的完整性，以防止 NTFS 试图重做一个已经做过的事务，或相反地，试图撤销一个根本没有进行或已经撤销的事务。

类似地，NTFS 也可能试图重做在磁盘上只是部分完成的几个更新记录组成的事务。更新记录的格式必须保证执行冗余重做或撤销操作是"幂等"的。例如，设置一个已经设置的位，可以冗余重做，但切换一个已经切换的位，不可以冗余重做。

（2）检查点记录。

除了更新记录之外，NTFS 还周期性地向$LogFile 文件中写入检查点记录。NTFS 在写入检查点记录以后，还在重启动区域中存储记录的逻辑簇号。在恢复过程中，NTFS 通过存储在检查点记录中的信息定位在$LogFile 文件中的恢复点。

随着日志记录的增长，虽然 NTFS 可以不断检查并释放$LogFile 文件的空间，但$LogFile 文件依然有可能被填满，LFS 将通过跟踪以下数值做出判断。

① 可用的磁盘空间。

② 在$LogFile 文件中写入一个新的日志记录和回退该写入操作所需要的空间。

③ 回退所有未提交事务所需要的空间。

如果最后两项所需空间的总和超过了$LogFile 文件的可用空间，LFS 将返回一个"$LogFile 文件已满"的错误，并且引起一个 NTFS 异常。NTFS 异常处理程序将回退到当前事务，并将其放置在队列中，以便在调整空间以后重新启动它。

为了释放$LogFile 文件的空间，NTFS 必须暂时停止进一步的事务，例如，NTFS 要停止文件的创建和删除，然后请求获得对所有系统文件的独占访问和对所有用户文件的共享访问。之后，或是活动事务成功完成，或是因$LogFile 文件已满而引起异常。对于异常，NTFS 将回退到当前事务，并将其放置在队列中，以便重新启用。

一旦 NTFS 开始释放$LogFile 文件的空间，将调用高速缓存管理器将所有未写入的数据刷新到磁盘上。NTFS 在完成每个事务的安全刷新后，就清空失去作用的$LogFile 文件，把当前位置重新设置为$LogFile 文件的开始部分，然后重新启动已排队的事务。

3）可恢复性实现

NTFS 通过 LFS 实现可恢复性的功能。NTFS 的可恢复性确保了操作系统在发生意外时磁盘卷结果的完整性和一致性。即使对于很大的磁盘，NTFS 也能在几秒之内将其恢复。需

要注意的是，这种恢复只针对文件系统的数据，并不能保证用户数据完全被恢复。

NTFS 在内存中会维护两张表：

● 事务表。事务表会跟踪已经启动但尚未提交的事务。在恢复过程中，NTFS 必须从磁盘中删除这些事务的子操作。

● 脏页表。脏页表记录了在高速缓存区中还未写入磁盘的包含改变 NTFS 卷结构操作的页面。在恢复过程中，NTFS 必须将这些改动刷新到磁盘上。

NTFS 每隔 5 s 向$LogFile 文件写入一个检查点记录。在此之前，NTFS 会调用 LFS 在 $LogFile 文件中存储事务表和脏页表的一个当前副本。这样，NTFS 写入的检查点记录就包含了已复制的日志记录的 LSN，当操作系统崩溃后进行恢复时，NTFS 调用 LFS 来定位日志记录。这些日志记录包含了最近的检查点记录以及最近的事务表和脏页表的副本。然后，NTFS 将这些表复制到内存中。

在最近的检查点记录之后，$LogFile 文件通常包含更多的更新记录。这些更新记录显示了在最后的检查点记录写入之后卷的更改信息。为此，NTFS 必须更新事务表和脏页表，以便通过更新这些表和$LogFile 文件的内容来更新卷本身。

要想实现 NTFS 卷的恢复，NTFS 要对$LogFile 文件进行以下 3 次扫描。

（1）分析扫描。NTFS 从$LogFile 文件中最近的一个检查点操作的起点开始分析扫描。检查点操作起点之后的每一条更新记录都代表对事务表或脏页表的修改，例如，"事务提交"记录代表的事务必须从事务表中删除；"页面更新"记录则表示因为对一个文件系统数据结构做了修改，相应的脏页表也必须更新。

这两个表被复制到内存中后，NTFS 将搜索这两个表。事务表包含了未提交（不完整）事务的 LSN，脏页表则包含了在高速缓存区中还未刷新到磁盘记录的 LSN。NTFS 会根据其中的信息来确定最早的更新记录（该记录记录了在磁盘上尚未进行的操作）的 LSN，由此决定重做扫描的起点，并进入 NTFS 对$LogFile 文件的第 2 次扫描。

（2）重做扫描。在重做扫描的过程中，NTFS 将从分析扫描中得到的最早记录的 LSN 开始，在$LogFile 文件中向前扫描。NTFS 将查找"页面更新"记录。该记录包含了在操作系统崩溃前就已经写入卷的更改信息，但这些卷的更改信息可能还未刷新到磁盘。NTFS 将在高速缓存区中重做这些更新。当 NTFS 到达$LogFile 文件的末端时，它已经利用必要的卷更新了高速缓存区。高速缓存管理器的延迟写线程开始在后台向磁盘写入高速缓存区的内容。

（3）撤销扫描。NTFS 在完成重做扫描后，将开始进行撤销扫描操作。NTFS 可以在这一操作中回退在文件系统错误时任何未提交的事务。

每条更新记录包含两种信息：一种是如何重做一个子操作；另一种是如何撤销子操作。NTFS 在定位 LSN1093 后，执行撤销操作直到 LSN1089。当然，在$LogFile 文件中也要记录撤销操作，因为在撤销时也可能发生文件系统错误。

完成操作系统恢复后，NTFS 将高速缓存写入磁盘从而保证卷是最新的。最后，NTFS 写入一个"空"到 LFS 重启动区，说明卷是一致的。这时，即使操作系统再次崩溃，也不必再进行恢复了。

由于 NTFS 使用的是"延迟提交"的算法，这意味着每次"事务提交"记录被写入时，$LogFile 文件不能立即刷新到磁盘中，而是被批处理写入的。同时，多个事务可能是平行操作的。它们的事务提交记录可能一部分被写入磁盘，而另一部分没有被写入磁盘。这样就

只能保证 NTFS 恢复到某一先前存在的一致状态，而不能保证 NTFS 恢复到操作系统崩溃前时的状态。

NTFS 还能利用日志记录实现文件系统错误的恢复，因为 NTFS 日志记录了每个更改卷结构的事务，包括正常文件在 I/O 过程中发生的文件系统错误，所以$LogFile 文件可大大简化文件系统的错误处理代码。但一个程序收到的大多数 I/O 错误不是文件系统错误，调用者应视情况依次响应错误。

4）$LogFile 文件的文件记录

$LogFile 的文件记录号是 02H。$LogFile 文件的文件记录一般由 3 个属性构成，如图 3-70 所示。

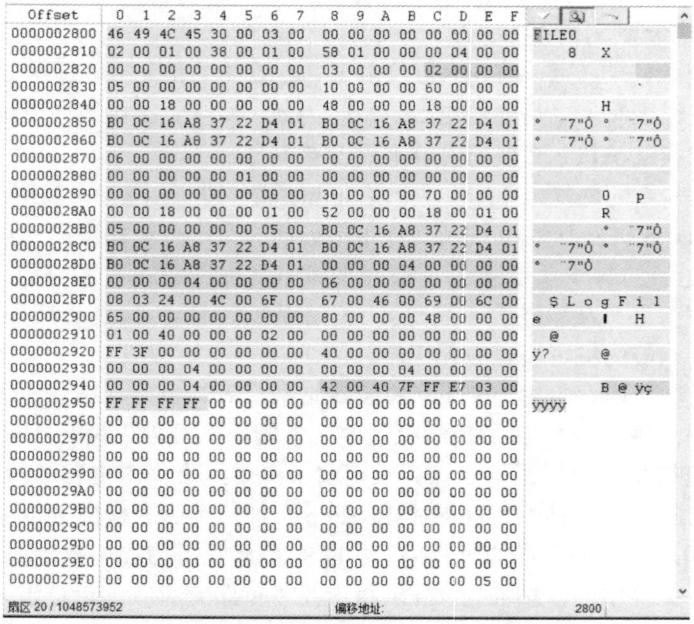

图 3-70　$LogFile 文件的文件记录的例子

（1）10H 属性。10H 属性定义了$LogFile 的创建时间、最后修改时间、记录修改时间、最后访问时间及标志等信息。

（2）30H 属性。30H 属性定义了$LogFile 文件的父目录的文件参考号为根目录；定义了系统分配给整个磁盘的$LogFile 文件的大小、实际使用的大小；再次定义了文件的标志为06H，表示其为隐含、系统文件；定义了文件名长度为 8 个字符，命名空间字节的值为"03"，即 Win32&DOS 文件名；最后定义了该文件的文件名为 Unicode 字符串"$LogFile"。

（3）80H 属性。80H 属性定义了$LogFile 文件 MFT 的起始虚拟簇号（在本例中为 0）、结束虚拟簇号（在本例中为 3FFFH）、系统分配给该$LogFile 文件的大小、$LogFile 文件实际的大小、初始的属性大小、数据流的起始逻辑簇号、所占的簇数等信息。

在 80H 属性之后有 4 个字节的"FFFFFFFF"，为属性的结束标志。

5）$LogFile 文件的数据流

NTFS 用于记录日志操作的文件是$LogFile 文件的数据流部分。从$LogFile 文件的文件

记录的 80 属性中可以看到，$LogFile 文件的数据流开始于 11H 簇，也就是十进制的 17 号簇，换算为扇区即为 136 号扇区，该扇区就是其重启动记录。

重启动区域共有两份副本，每份副本的大小为 4 KB。重启动区域各字段的含义如表 3-40 所示。

表 3-40　重启动区域各字段的含义

偏 移 地 址	字段长度/字节	含　　　义
00H	4	固定字符 "RSTR"
1EH	12	固定值
30H	4	记录序列号 A
58H	4	记录序列号 B
6CH	1	卷干净标志
90H	8	Unicode 字符形式的 "NTFS"

16. $Volume 文件分析

$Volume 文件的文件记录号是 03H。$Volume 文件是一个描述卷信息的元文件，是唯一一个包含卷名（60H 属性）和卷信息（70H 属性）这两种属性的元文件。$Volume 文件一般由 7 个属性构成，如图 3-71 所示。

Offset	0	1	2	3	4	5	6	7	8	9	A	B	C	D	E	F			
0000002C00	46	49	4C	45	30	00	03	00	DC	48	00	02	00	00	00	00	FILE0	ÜH	
0000002C10	03	00	01	00	38	00	01	00	60	01	00	00	00	04	00	00		8	
0000002C20	00	00	00	00	00	00	00	00	06	00	00	00	03	00	00	00			
0000002C30	04	00	00	00	00	00	00	00	10	00	00	00	60	00	00	00			
0000002C40	00	00	18	00	00	00	00	00	48	00	00	00	18	00	00	00		H	
0000002C50	B0	0C	16	A8	37	22	D4	01	B0	0C	16	A8	37	22	D4	01	°	7"Ô	° 7"Ô
0000002C60	B0	0C	16	A8	37	22	D4	01	B0	0C	16	A8	37	22	D4	01	°	7"Ô	° 7"Ô
0000002C70	00	00	00	00	00	00	00	00	06	00	00	00	00	00	00	00			
0000002C80	00	00	00	00	01	01	00	00	00	00	00	00	00	00	00	00			
0000002C90	00	00	00	00	00	00	00	00	30	00	00	00	68	00	00	00		0	h
0000002CA0	00	00	18	00	00	00	01	00	50	00	00	00	18	00	01	00		P	
0000002CB0	05	00	00	00	00	00	05	00	B0	0C	16	A8	37	22	D4	01		° 7"Ô	
0000002CC0	B0	0C	16	A8	37	22	D4	01	B0	0C	16	A8	37	22	D4	01	°	7"Ô	° 7"Ô
0000002CD0	B0	0C	16	A8	37	22	D4	01	00	00	00	00	00	00	00	00	°	7"Ô	
0000002CE0	00	00	00	00	00	00	00	00	06	00	00	00	00	00	00	00			
0000002CF0	07	03	24	00	56	00	6F	00	6C	00	75	00	6D	00	65	00		$ V o l u m e	
0000002D00	60	00	00	00	18	00	00	00	00	00	18	00	00	00	04	00	`		
0000002D10	00	00	18	00	00	00	05	00	70	00	00	00	28	00	00	00		p (	
0000002D20	00	00	18	00	00	00	05	00	0C	00	00	00	18	00	00	00			
0000002D30	00	00	00	00	00	00	00	00	03	01	00	00	00	00	00	00			
0000002D40	80	00	00	00	18	00	00	00	00	00	18	00	00	00	02	00			
0000002D50	00	00	00	00	00	00	00	00	FF	FF	FF	FF	00	00	00	00		ÿÿÿÿ	
0000002D60	20	02	00	00	00	00	00	00	60	00	00	00	18	00	00	00		`	
0000002D70	00	00	18	00	00	00	04	00	00	00	18	00	00	00	18	00			
0000002D80	70	00	00	00	28	00	00	00	00	00	18	00	00	00	05	00	p	(	
0000002D90	0C	00	00	00	18	00	00	00	00	00	00	00	00	00	00	00			
0000002DA0	03	01	00	00	00	00	00	00	80	00	00	00	18	00	00	00			
0000002DB0	00	00	18	00	00	00	02	00	00	00	00	00	18	00	00	00			
0000002DC0	FF	FF	FF	FF	00	00	00	00	00	00	00	00	00	00	00	00	ÿÿÿÿ		
0000002DD0	00	00	00	00	00	00	00	00	00	00	00	00	00	00	00	00			
0000002DE0	00	00	00	00	00	00	00	00	00	00	00	00	00	00	00	00			
0000002DF0	00	00	00	00	00	00	00	00	00	00	00	00	00	00	04	00			

扇区 22 / 1048573952　　　　偏移地址　　　　2C10

图 3-71　$Volume 文件的文件记录的例子

1）10H 属性

10H 属性定义了$Volume 文件的创建时间、最后修改时间、MFT 修改时间、最后访问时间和标志等信息。

2）30H 属性

30H 属性定义了$Volume 文件的父目录的文件参考号作为根目录；定义了系统分配给$Volume 文件的大小（一般为 0）、实际使用的大小（一般为 0）；并再次定义了文件的标志为 06H，表示其为隐含、系统文件；定义了文件名长度为 7 个字符，命名空间字节的值为"03"，即 Win32&DOS 文件名；最后定义了该文件的文件名为 Unicode 字符串"$Volume"。

3）40H 属性

40H 属性定义了$Volume 文件的全局对象 ID，即指派给该文件的唯一 ID。

4）50H 属性

50H 属性定义了卷的安全信息。

5）60H 属性

60H 属性定义了卷的卷标，是$Volume 文件特有的属性。这个属性只是简单地包含卷的名称，以 00H 表示属性的结束，其卷标为 Unicode 字符串"Win2003"。

6）70H 属性

70H 属性只在元文件$Volume 中才有。该属性定义了该卷的版本和状态，其属性长度为 12 个字节，后 4 个字节无意义。由该属性可知卷的主版本号是 3，次版本号为 1，操作系统是 Windows XP 以上的版本。70H 类型属性的标志为十六进制数"0000"，表示该卷不需要进行修复坏区、调整$LogFile 文件大小、更新装载信息、装载到 NT4、删除进行中的 USN、修复 IDS 和用 Chkdsk 修正卷等操作。

7）80H 属性

80H 属性是数据属性，但其元文件$Volume 没有数据流，所以该属性没有属性体。

17．$AttrDef 文件分析

$AttrDef 文件定义了在卷中所有可用文件属性的信息，并由 4 个属性构成。$AttrDef 文件的文件记录的例子如图 3-72 所示。

1）10H 属性

10H 属性定义了$AttrDef 文件的创建时间、最后修改时间、MFT 的修改时间、最后访问时间和标志等信息。

2）30H 属性

30H 属性定义了$AttrDef 文件的父目录文件参考号为根目录本身；定义了该文件的一些时间属性、系统分配给$AttDef 文件的大小及实际使用的大小；定义了文件的标志为 06H，表示其为隐含、系统文件；定义了文件名长度为 8 个字节、命名空间字节的值为"03"，即 Win32&DOS 文件名；最后定义了该文件的文件名为 Unicode 字符串"$AttrDef"。

3）50H 属性

50H 属性定义了该文件的安全信息。

4）80H 属性

在本例中，该属性为非常驻属性，数据流的起始和结束虚拟簇号为 0，占用一个簇，

系统分配的大小为 4096 个字节，实际使用了 2560 个字节，起始逻辑簇号为 4011H，占用一个簇。

```
Offset     0  1  2  3  4  5  6  7  8  9  A  B  C  D  E  F
00C0001000 46 49 4C 45 30 00 03 00 00 00 00 00 00 00 00 00  FILE0
00C0001010 04 00 01 00 38 00 01 00 C0 01 00 00 00 04 00 00    8    À
00C0001020 00 00 00 00 00 00 00 00 04 00 00 00 04 00 00 00
00C0001030 05 00 00 00 00 00 00 00 10 00 00 00 48 00 00 00                H
00C0001040 00 00 18 00 00 00 00 00 00 00 00 00 00 00 00 00         0
00C0001050 B0 0C 16 A8 37 22 D4 01 B0 0C 16 A8 37 22 D4 01  °  ¨7"Ô °  ¨7"Ô
00C0001060 B0 0C 16 A8 37 22 D4 01 B0 0C 16 A8 37 22 D4 01  °  ¨7"Ô °  ¨7"Ô
00C0001070 06 00 00 00 00 00 00 00 00 00 00 00 00 00 00 00
00C0001080 30 00 00 00 70 00 00 00 00 00 18 00 00 00 01 00  0   p
00C0001090 52 00 00 00 18 00 01 00 05 00 00 00 00 00 05 00  R
00C00010A0 B0 0C 16 A8 37 22 D4 01 B0 0C 16 A8 37 22 D4 01  °  ¨7"Ô °  ¨7"Ô
00C00010B0 B0 0C 16 A8 37 22 D4 01 B0 0C 16 A8 37 22 D4 01  °  ¨7"Ô °  ¨7"Ô
00C00010C0 00 10 00 00 00 00 00 00 0A 00 00 00 00 00 00 00
00C00010D0 06 00 00 00 00 00 00 00 08 03 24 00 41 00 74 00           $ A t
00C00010E0 74 00 72 00 44 00 65 00 66 00 00 00 00 00 00 00  t r D e f
00C00010F0 50 00 00 00 80 00 00 00 00 00 18 00 00 00 03 00  P     
00C0001100 64 00 00 00 18 00 00 00 01 00 04 80 48 00 00 00  d         H
00C0001110 54 00 00 00 01 00 00 00 14 00 00 00 02 00 34 00  T             4
00C0001120 02 00 00 00 00 00 14 00 89 00 12 00 01 01 00 00
00C0001130 00 00 00 05 12 00 00 00 00 00 18 00 89 00 12 00
00C0001140 01 02 00 00 00 00 00 05 20 00 00 00 20 02 00 00
00C0001150 01 01 00 00 00 00 00 05 12 00 00 00 01 02 00 00
00C0001160 00 00 00 05 20 00 00 00 20 02 00 00 00 00 00 00
00C0001170 80 00 00 00 48 00 00 00 01 00 40 00 00 00 02 00     H   @
00C0001180 40 00 00 00 00 00 00 00 10 00 00 00 00 00 00 00  @
00C0001190 40 00 00 00 00 00 00 00 10 00 00 00 00 00 00 00  @
00C00011A0 00 0A 00 00 00 00 00 00 0A 00 00 00 00 00 00 00
00C00011B0 41 01 80 3F E8 03 00 00 FF FF FF FF 00 00 00 00  A  ?è    yyyy
00C00011C0 00 00 00 00 00 00 00 00 00 00 00 00 00 00 00 00
00C00011D0 00 00 00 00 00 00 00 00 00 00 00 00 00 00 00 00
00C00011E0 00 00 00 00 00 00 00 00 00 00 00 00 00 00 00 00
00C00011F0 00 00 00 00 00 00 00 00 00 00 00 00 00 00 05 00
```

扇区 6291464 / 1048573952　　　偏移地址：　　　C0001060

图 3-72　$AttrDef 文件的文件记录的例子

该文件的数据流由一系列记录组成，每条记录定义了一个文件属性。数据流的一条记录所定义的一个文件属性如表 3-41 所示。对 10H 属性的定义如表 3-42 所示。

表 3-41　数据流的一条记录所定义的一个文件属性

偏 移 地 址	字段长度/个字节	含　义		
00H	128	Unicode 字符的标签		
80H	4	类型		
84H	4	显示规则（总为 0）		
88H	4	校对规则（目前总为 0，但也可能取其他值）	00H	二进制
			01H	文件名
			02H	Unicode 字符串
			10H	无符号长整数
			11H	SID
			12H	安全哈希值
			13H	整数倍的无符号长整数
8CH	4	标志	02H	索引（I）
			40H	常驻（R）
			80H	非常驻（N）
90H	8	最小尺寸		
98H	8	最大尺寸		

117

表 3-42 对 10H 属性的定义

偏 移 地 址	字段长度/个字节	含 义	数值/字符
00H	128	Unicode 字符的标签	SSTANDARDJNF0RMATION
80H	4	类型	10H
84H	4	显示规则（总为0）	00H
88H	4	校对规则	00H
8CH	4	标志	40H（表示常驻属性）
90H	8	最小尺寸	30H
98H	8	最大尺寸	48H

18. $Root 文件分析

在 NTFS 中，根目录是一个普通的目录，如果卷有一个重解析点，那么根目录就会有一个命名数据流；如果卷没有重解析点，则没有此命名数据流。

$Root 文件是用来管理根目录的，包含 7 个属性，其文件名实际上是 "."。$Root 文件的文件记录的例子如图 3-73 所示。

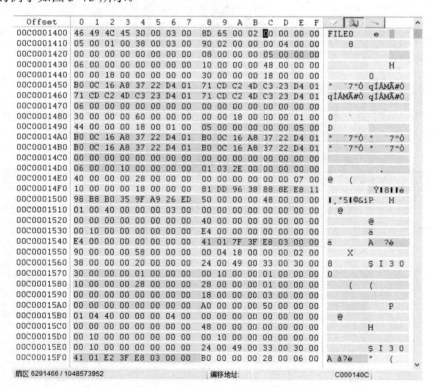

图 3-73 $Root 文件的文件记录的例子

1）10H 属性

10H 属性定义了根目录的创建时间、最后修改时间、MFT 的修改时间、最后访问时间和标志等信息。

2）30H 属性

30H 属性定义了根目录的父目录文件参考号为根目录、根目录的时间属性、系统分配给根目录的大小（这里为 0 个字节）、实际使用的大小（这里为 0 个字节）；定义了文件的标志为 10000006H，表示其为目录、存档、隐含、系统文件；定义了该文件的文件名长度为 1 个字符，命名空间字节的值为"03"；最后定义了该文件的文件名为 Unicode 字符串"."。

3）50H 属性

50H 属性定义了该文件的安全信息。

4）80H 类型属性

80H 属性只有当卷有重解析点时才存在，在本例中并没有该数据流。当卷上有一个重解析点时，$Root 文件就会有一个名为"$MountMgrDatabase"的命名数据流。它由一些重复的组组成。$MountMgrDatabase 数据流各字段的含义如表 3-43 所示。

表 3-43　$MountMgrDatabase 数据流各字段的含义

偏 移 地 址	字段长度/个字节	含　　义
00H	4	入口大小
04H	4	标志
08H	2	UNC 路径偏移地址
0AH	2	UNC 路径大小
0CH	2	数据偏移地址
0EH	2	数据大小

5）90H 属性

90H 属性是索引根属性，为非常驻属性，属性名为"$I30"，表示其为文件名索引。90H 属性定义了 90H 属性的索引属性类型为 30H；定义了单位字节的索引分配的大小（在本例中为 1000H）、每个索引记录的簇数（在本例中为 01H）等。

6）A0H 属性

A0H 属性是根目录的索引分配属性，定义了根目录索引缓冲区的起始虚拟簇号和结束虚拟簇号，以及数据流的起始逻辑簇号和占用的簇数。在本例中，根目录索引缓冲区起始于 4014H 簇，占一个簇。A0H 属性的数据流是一些索引项的集合。

7）B0H 属性

B0 属性被命名为"$I30"，表示其为目录。该属性是由一系列的位构成的虚拟簇使用情况表。它标记了在根目录中哪些虚拟簇已被使用。由于当前属性的属性体为"01H"，也就是说只有 0 号（虚拟簇号）簇被占用。

19. $Bitmap 文件分析

$Bitmap 文件用来管理卷上簇的使用情况。它的数据流由一系列的位构成，每位代表一个逻辑簇号，且低位代表前面的簇，高位代表后面的簇。它的数据流的第一个字节的第 0

位代表了卷的 0 号簇的使用情况、第 1 位代表了卷中 1 号簇的使用情况、第 2 位代表了卷中 2 号簇的使用情况，以此类推。当该位为 1 时则表示其对应的簇已经被分配给文件使用了。

$Bitmap 文件一般由 3 个属性构成。$Bitmap 文件的文件记录的例子如图 3-74 所示。

Offset	0	1	2	3	4	5	6	7	8	9	A	B	C	D	E	F				
00C0001800	46	49	4C	45	30	00	03	00	00	00	00	00	00	00	00	00	FILE0			
00C0001810	06	00	01	00	38	00	01	00	50	01	00	00	00	04	00	00		8	P	
00C0001820	00	00	00	00	00	00	00	00	03	00	00	00	06	00	00	00				
00C0001830	07	00	00	00	00	00	00	00	10	00	00	00	60	00	00	00				
00C0001840	00	00	18	00	00	00	00	00	48	00	00	00	18	00	00	00		H		
00C0001850	B0	0C	16	A8	37	22	D4	01	B0	0C	16	A8	37	22	D4	01				
00C0001860	B0	0C	16	A8	37	22	D4	01	B0	0C	16	A8	37	22	D4	01				
00C0001870	06	00	00	00	00	00	00	00	00	00	00	00	00	00	00	00				
00C0001880	00	00	00	00	00	01	00	00	00	00	00	00	00	00	00	00				
00C00018A0	00	00	18	00	00	00	01	00	50	00	00	00	18	00	01	00		P		
00C00018B0	05	00	00	00	00	00	00	00	B0	0C	16	A8	37	22	D4	01				
00C00018C0	B0	0C	16	A8	37	22	D4	01	B0	0C	16	A8	37	22	D4	01				
00C00018D0	B0	0C	16	A8	37	22	D4	01	00	00	FA	00	00	00	00	00				
00C00018E0	E0	FF	F9	00	00	00	00	00	E0	FF	F9	00	00	00	00	00	àÿù			
00C00018F0	07	03	24	00	42	00	69	00	74	00	6D	00	61	00	70	00	$ B i t m a p			
00C0001900	80	00	00	00	48	00	00	00	01	00	40	00	00	00	02	00				
00C0001910	00	00	00	00	00	00	00	00	9F	0F	00	00	00	00	00	00				
00C0001920	40	00	00	00	00	00	00	00	00	00	FA	00	00	00	00	00				
00C0001930	E0	FF	F9	00	00	00	00	00	E0	FF	F9	00	00	00	00	00	àÿù	àÿù		
00C0001940	12	A0	0F	03	00	00	00	00	FF	FF	FF	FF	00	00	00	00		ÿÿÿÿ		
00C0001950	00	00	00	00	00	00	00	00	00	00	00	00	00	00	00	00				
...																				
00C00019F0	00	00	00	00	00	00	00	00	00	00	00	00	00	00	07	00				

图 3-74　$Bitmap 文件的文件记录的例子

1）10H 属性

10H 属性定义了 $Bitmap 文件的创建时间、最后修改时间、MFT 的修改时间、最后访问时间和标志等信息。

2）30H 属性

30H 属性定义了 $Bitmap 文件的父目录文件参考号为根目录、时间属性、系统分配给 $Bitmap 文件的大小，实际使用的大小；定义了文件的标志为 06H，表示其为隐藏、系统文件；定义了该文件的文件名长度为 7 个字符、命名空间字节的值为"03"，即 Win32&DOS 文件名；最后定义了该文件的文件名为 Unieode 字符串"$Bitmap"。

3）80H 属性

80H 属性定义了位图文件数据的数据流在卷中的位置；再次定义了系统分配给该属性的大小和实际使用的大小。在本例中，$Bitmap 文件的起始虚拟簇号为 0，最后虚拟簇号为 75H，起始逻辑簇号为 4015H，共占用 76H 个簇。

20．$Boot 文件分析

$Boot 文件是用于系统启动的元文件。该文件的数据流指向卷的启动扇区，包含卷的大小、簇的大小和 MFT 等信息。它是唯一不能重新部署的文件，其位置一旦确定就不能再次

移动。$Boot 文件由 4 个属性构成。$Boot 文件的文件记录的例子如图 3-75 所示。

```
Offset    0  1  2  3  4  5  6  7   8  9  A  B  C  D  E  F   ／　　　
00C0001C00 46 49 4C 45 30 00 03 00  00 00 00 00 00 00 00 00  FILE0
00C0001C10 07 00 01 00 38 00 01 00  B8 01 00 00 00 04 00 00  ......8.........  8
00C0001C20 00 00 00 00 00 00 00 00  04 00 00 00 07 00 00 00
00C0001C30 05 00 00 00 00 00 00 00  10 00 00 00 48 00 00 00  ............H...
00C0001C40 00 00 18 00 00 00 00 00  30 00 00 00 18 00 00 00  ........0.......
00C0001C50 B0 0C 16 A8 37 22 D4 01  B0 0C 16 A8 37 22 D4 01  °...7"Ô...°...7"Ô
00C0001C60 B0 0C 16 A8 37 22 D4 01  B0 0C 16 A8 37 22 D4 01  °...7"Ô...°...7"Ô
00C0001C70 06 00 00 00 00 00 00 00  00 00 00 00 00 00 00 00
00C0001C80 30 00 00 00 68 00 00 00  00 00 18 00 00 00 01 00  0...h...........
00C0001C90 4C 00 00 00 18 00 01 00  05 00 00 00 00 00 05 00  L...............
00C0001CA0 B0 0C 16 A8 37 22 D4 01  B0 0C 16 A8 37 22 D4 01  °...7"Ô...°...7"Ô
00C0001CB0 B0 0C 16 A8 37 22 D4 01  B0 0C 16 A8 37 22 D4 01  °...7"Ô...°...7"Ô
00C0001CC0 00 20 00 00 00 00 00 00  00 20 00 00 00 00 00 00
00C0001CD0 06 00 00 00 00 00 00 00  05 03 24 00 42 00 6F 00  ..........$.B.o.
00C0001CE0 6F 00 74 00 00 00 00 00  50 00 00 00 80 00 00 00  o.t.....P.......
00C0001CF0 00 00 18 00 00 00 03 00  64 00 00 00 18 00 00 00  ........d.......
00C0001D00 01 00 04 80 48 00 00 00  54 00 00 00 00 00 00 00  ....H...T.......
00C0001D10 14 00 00 00 00 00 34 00  20 00 00 00 00 00 14 00  ......4.........
00C0001D20 89 00 12 00 01 01 00 00  00 00 00 05 12 00 00 00  ....
00C0001D30 00 00 18 00 89 00 12 00  01 02 00 00 00 00 00 05  ....
00C0001D40 20 00 00 00 20 02 00 00  01 01 00 00 00 00 00 05
00C0001D50 12 00 00 00 01 02 00 00  00 00 00 05 20 00 00 00
00C0001D60 20 02 00 00 00 00 00 00  80 00 00 00 48 00 00 00  ............H
00C0001D70 01 00 40 00 00 00 02 00  00 00 00 00 00 00 00 00  ..@.
00C0001D80 01 00 00 00 00 00 00 00  40 00 00 00 00 00 00 00  ........@
00C0001D90 00 20 00 00 00 00 00 00  00 20 00 00 00 00 00 00
00C0001DA0 00 20 00 00 00 00 00 00  11 02 00 00 00 00 00 00
00C0001DB0 FF FF FF FF 00 00 00 00  00 00 00 00 00 00 00 00  ÿÿÿÿ
00C0001DC0 00 00 00 00 00 00 00 00  00 00 00 00 00 00 00 00
00C0001DD0 00 00 00 00 00 00 00 00  00 00 00 00 00 00 00 00
00C0001DE0 00 00 00 00 00 00 00 00  00 00 00 00 00 00 00 00
00C0001DF0 00 00 00 00 00 00 00 00  00 00 00 00 00 00 05 00
扇区 6291470 / 1048573952      偏移地址          C0001C0C
```

图 3-75　$Boot 文件的文件记录的例子

1）10H 属性

10H 属性定义了$Boot 文件的创建时间、最后修改时间、MFT 的修改时间、最后访问时间和标志等信息。

2）30H 属性

30H 属性定义了$Boot 文件的父目录文件参考号为根目录、时间属性、系统分配给 $Boot 文件的大小、实际使用的大小；定义了文件的标志为 06H，表示其为隐含、系统文件；定义了该文件的文件名长度为 5 个字符、命名空间字节的值为 "03"，即 Win32 & DOS 文件名；最后定义了该文件的文件名为 Unieode 字符串 "$Boot"。

3）50H 属性

50H 属性定义了$Boot 文件的安全信息。

4）80H 属性

80H 属性定义了引导文件的数据流在卷中的位置；再次定义了系统分配给该属性的大小和实际使用的大小。$Boot 文件在一般情况下占 16 个扇区，从卷的逻辑 0 扇区到 15 扇区，且其位置是不能移动的。在本例中，$Boot 文件的起始虚拟簇号为 0，结束虚拟簇号为 1，占两个簇；起始逻辑簇号为 0，引导文件在磁盘中的起始逻辑簇号总为 0。

21. $BadClus 文件分析

$BadClus 文件用于记录卷上的所有坏簇，是一个稀疏文件，只有指向坏簇的数据流，

且应用程序不可访问该文件。$BadClus 文件一般由 4 个属性构成。$BadClus 文件的文件记录的例子如图 3-76 所示。

Offset	0 1 2 3 4 5 6 7 8 9 A B C D E F	
00C0002000	46 49 4C 45 30 00 03 00 00 00 00 00 00 00 00 00	FILE0
00C0002010	08 00 01 00 38 00 01 00 78 01 00 00 00 04 00 00	8 x
00C0002020	00 00 00 00 00 00 00 00 04 00 00 00 08 00 00 00	
00C0002030	06 00 00 00 00 00 00 00 10 00 00 00 60 00 00 00	
00C0002040	00 00 18 00 00 00 00 00 48 00 00 00 18 00 00 00	H
00C0002050	B0 0C 16 A8 37 22 D4 01 B0 0C 16 A8 37 22 D4 01	° ¨7"Ô ° ¨7"Ô
00C0002060	B0 0C 16 A8 37 22 D4 01 B0 0C 16 A8 37 22 D4 01	° ¨7"Ô ° ¨7"Ô
00C0002070	06 00 00 00 00 00 00 00 00 00 00 00 00 00 00 00	
00C0002080	00 00 00 00 00 01 00 00 00 00 00 00 00 00 00 00	
00C0002090	00 00 00 00 00 00 00 00 30 00 00 00 70 00 00 00	0 p
00C00020A0	00 00 18 00 00 00 01 00 52 00 00 00 18 00 01 00	R
00C00020B0	05 00 00 00 00 00 05 00 B0 0C 16 A8 37 22 D4 01	° ¨7"Ô
00C00020C0	B0 0C 16 A8 37 22 D4 01 B0 0C 16 A8 37 22 D4 01	° ¨7"Ô ° ¨7"Ô
00C00020D0	B0 0C 16 A8 37 22 D4 01 00 00 00 00 00 00 00 00	° ¨7"Ô
00C00020E0	00 00 00 00 00 00 00 00 06 00 00 00 00 00 00 00	
00C00020F0	08 03 24 00 42 00 61 00 64 00 43 00 6C 00 75 00	$ B a d C l u
00C0002100	73 00 00 00 00 00 00 00 80 00 00 00 18 00 00 00	s
00C0002110	00 00 18 00 00 00 02 00 00 00 00 00 18 00 00 00	
00C0002120	80 00 00 00 50 00 00 00 01 04 00 00 00 00 03 00		P @
00C0002130	00 00 00 00 00 00 00 00 FE FE CF 07 37 22 D4 01	þþÏ
00C0002140	48 00 00 00 00 00 00 00 00 F0 EF FF 7C 00 00 00	H ðïÿ|
00C0002150	00 F0 EF FF 7C 00 00 00 00 00 00 00 00 00 00 00	ðïÿ|
00C0002160	24 00 42 00 61 00 64 00 04 FF FE CF 07 00 00 00	$ B a d ýþÏ
00C0002170	FF FF FF FF 00 00 00 00 00 00 00 00 00 00 00 00	ÿÿÿÿ
00C0002180	00 00 00 00 00 00 00 00 00 00 00 00 00 00 00 00	
00C0002190	00 00 00 00 00 00 00 00 00 00 00 00 00 00 00 00	
00C00021A0	00 00 00 00 00 00 00 00 00 00 00 00 00 00 00 00	
00C00021B0	00 00 00 00 00 00 00 00 00 00 00 00 00 00 00 00	
00C00021C0	00 00 00 00 00 00 00 00 00 00 00 00 00 00 00 00	
00C00021D0	00 00 00 00 00 00 00 00 00 00 00 00 00 00 00 00	
00C00021E0	00 00 00 00 00 00 00 00 00 00 00 00 00 00 00 00	
00C00021F0	00 00 00 00 00 00 00 00 00 00 00 00 00 00 06 00	

扇区 6291472 / 1048573952 　　　　偏移地址：　　　　C000200C

图 3-76　$BadClus 文件的文件记录的例子

1）10H 属性

10H 属性定义了$BadClus 文件的创建时间、最后修改时间、MFT 的修改时间、最后访问时间和标志等信息。

2）30H 属性

30H 属性定义了$BadClus 文件的父目录文件参考号为根目录、时间属性、系统分配给 $BadClus 文件的大小（这里为 0 个字节）、实际使用的大小（这里为 0 个字节）；定义了文件的标志为 06H，表示其为隐含、系统文件；定义了该文件的文件名长度为 8 个字符、命名空间字节的值为"03"，即 Win32&DOS 文件名；最后定义了该文件的文件名为 Unicode 字符串"$BadClus"。

3）未命名 80H 属性

80H 属性的未命名数据流总是 0 个字节，只有一个属性头，没有属性体。

4）命名 80H 属性

80H 属性名为$Bad，其数据流是与卷大小相对应的文件，如果簇没有问题，就用 0 表示，否则即为一个坏簇。在一个簇中，只要有一个扇区是坏的，则整个簇就是坏簇。所有坏簇在$Bitmap 文件中都被标记成已使用，这样就不会再被文件使用。

NTFS 支持热修复功能，不会像 FAT 文件系统那样出现"Abort，Retry，Fail?"。在操作系统运行时如果发现一个坏簇，该坏簇将自动被添加到$BadClus 文件中，且不会给出任

何提示。如果某个簇位于容错卷上，容错卷的驱动器（FtDisk）将重新组织数据，并自动将数据存储在其他空闲簇中。

22. $Secure 文件分析

在最初的 NTFS 版本中，每个文件都有一个$SECURITY_DESCRIPTOR（安全描述符）属性，即 50H 属性。由于大多数文件的安全描述符都是一样的，因此检查每个文件的访问权限将会造成效率低下。所以，在 NTFS3.0 版本中新引入了一个元文件$Secure。同时，在$STANDAREL_INFORMATION（标准信息）属性中新增了一个数据——安全 ID。这个 ID 是$Secure 文件的一个索引，具有一个数据流（$SDD）和两个索引（$SII、$SDH）。该数据流是卷上各种安全描述符的一个备份，而这两个索引是所有事物的交叉参考。元文件$Secure 由很多属性构成。$Secure 文件的文件记录的例子如图 3-77 所示。

Offset	0 1 2 3 4 5 6 7 8 9 A B C D E F		
00C0002400	46 49 4C 45 30 00 03 00 DF 63 00 02 00 00 00 00	FILE0	ßc
00C0002410	09 00 01 00 38 00 09 00 F8 02 00 00 04 00 00 00	8	ø
00C0002420	00 00 00 00 00 00 00 00 0B 00 00 00 09 00 00 00		
00C0002430	05 00 00 00 00 00 00 00 10 00 00 00 60 00 00 00		
00C0002440	00 00 18 00 00 00 00 00 48 00 00 00 18 00 00 00		H
00C0002450	B0 0C 16 A8 37 22 D4 01 B0 0C 16 A8 37 22 D4 01	° ¨7"Ô ° ¨7"Ô
00C0002460	B0 0C 16 A8 37 22 D4 01 B0 0C 16 A8 37 22 D4 01	° ¨7"Ô ° ¨7"Ô
00C0002470	06 00 00 00 20 00 00 00 00 00 00 00 00 00 00 00	
00C0002480	00 00 00 00 01 01 00 00 00 00 00 00 00 00 00 00	
00C0002490	00 00 00 00 00 00 00 00 30 00 00 00 68 00 00 00	0 h
00C00024A0	00 00 18 00 00 00 01 00 50 00 00 00 18 00 01 00	P
00C00024B0	05 00 00 00 00 00 05 00 B0 0C 16 A8 37 22 D4 01	° ¨7"Ô
00C00024C0	B0 0C 16 A8 37 22 D4 01 B0 0C 16 A8 37 22 D4 01	° ¨7"Ô ° ¨7"Ô
00C00024D0	B0 0C 16 A8 37 22 D4 01 00 00 00 00 00 00 00 00	° ¨7"Ô
00C00024E0	00 00 00 00 00 00 00 00 06 00 00 00 20 00 00 00	
00C00024F0	07 03 24 00 53 00 65 00 63 00 75 00 72 00 65 00	$ S e c u r e
00C0002500	80 00 00 00 50 00 00 00 01 04 40 00 00 00 04 00	I P @
00C0002510	00 00 00 00 00 00 00 00 40 00 00 00 00 00 00 00	@
00C0002520	48 00 00 00 00 00 00 00 00 10 04 00 00 00 00 00	H
00C0002530	64 07 04 00 00 00 00 00 64 07 04 00 00 00 00 00	d d
00C0002540	24 00 53 00 44 00 53 00 41 41 81 3F E8 03 00 00	$ S D S AA ?è
00C0002550	90 00 00 00 58 00 00 00 00 04 18 00 00 00 07 00	X
00C0002560	38 00 00 00 20 00 00 00 24 00 53 00 44 00 48 00	8 $ S D H
00C0002570	00 00 00 00 12 00 00 00 10 00 00 00 01 00 00 00	
00C0002580	10 00 00 00 28 00 00 00 28 00 00 00 01 00 00 00	((
00C0002590	00 00 00 00 00 00 00 00 18 00 00 00 03 00 00 00	
00C00025A0	00 00 00 00 00 00 00 00 90 00 00 00 58 00 00 00	X
00C00025B0	00 04 18 00 00 00 0A 00 38 00 00 00 20 00 00 00	8
00C00025C0	24 00 53 00 49 00 49 00 00 00 00 00 10 00 00 00	$ S I I
00C00025D0	01 00 00 00 10 00 00 00 10 00 00 00 28 00 00 00	(
00C00025E0	28 00 00 00 01 00 00 00 00 00 00 00 00 00 00 00	(
00C00025F0	18 00 00 00 03 00 00 00 00 00 00 00 00 00 05 00	

扇区 6291474 / 1048573952　　　　偏移地址　　　　C000240C

图 3-77　$Secure 文件的文件记录的例子

1）10H 属性

10H 属性用来定义$Secure 文件的创建时间、最后修改时间、MFT 的修改时间、最后访问时间和标志等信息。

2）30H 属性

30H 属性定义了$Secure 文件的父目录文件参考号为根目录、一些时间属性、系统分配给$Secure 文件的大小（这里为 0 个字节）、实际使用的大小（这里为 0 个字节）、文件的标志；定义了该文件的文件名长度为 7 个字符、命名空间字节的值为"03"，即 Win32 & DOS 文件名；最后定义了该文件的文件名为 Unicode 字符串"$Secure"。

3）80H 属性

80H 属性是命名数据流，属性名为$SDS，即$SDS 数据流，包含卷上所有安全描述符的一个列表，每个条目都补足为 16 个字节，并有一个用于索引的哈希表。$SDS 数据流各字段的含义如表 3-44 所示。

表 3-44　$SDS 数据流各字段的含义

偏 移 地 址	字段长度/个字节	含　义
00H	4	安全描述的哈希表
04H	4	安全 ID
08H	8	本条目在文件中的偏移地址
10H	4	本条目的长度
04H	V	相关的（参考）安全描述符 1
V+04H	P16	用于填充到 16 个字节（无意义）

4）第一个 90H 属性

第一个 90H 属性的属性名为$SDH，即$SDH 索引是安全描述符的哈希索引。$SDH 索引各字段的含义表 3-45 所示。

表 3-45　$SDH 索引各字段的含义

偏 移 地 址	字段长度/个字节	数　值	含　义
—	—	—	标准索引头
00H	2	18H	数据偏移地址
02H	2	14H	数据大小
04H	4	00H	填充
08H	2	30H	索引入口大小
0AH	2	08H	索引关键词大小
0CH	2		标志
0EH	2	00H	填充
10H	4		关键词安全描述符的哈希值
14H	4		关键词安全 ID
18H	4		安全描述符的哈希值
1CH	4		安全 ID
20H	8		安全描述符的偏移地址（$SDS 数据流中）
28H	4		安全描述符的大小（$SDS 数据流中）
2CH	4		用 Unicode 字符中"II"填充

5）第二个 90H 属性

第二个 90H 属性的属性名为$SII，是安全 ID 索引。$SII 索引各字段的含义如表 3-46 所示。文件以哈希方式存储，安全描述符存储在$SDS 数据流中。

表 3-46　$SII 索引各字段的含义

偏 移 地 址	字段长度/个字节	数 　值	含 　义
—	—	—	标准索引头
00H	2	14H	数据偏移地址
02H	2	14H	数据大小
04H	4	00H	填充
08H	2	28H	索引入口大小
0AH	2	04H	索引关键词大小
0CH	2		标志
0EH	2	00H	填充
10H	4		关键词安全 ID
14H	4		安全描述符的哈希值
0\18H	4		安全 ID
1CH	8		安全描述符的偏移地址（$SDS 数据流中）
24H	4		安全描述符的大小（$SDS 数据流中）

6）第一个 A0H 属性

第一个 A0H 属性的属性名为$SDH。关于$SDH 索引各字段的含义如表 3-46 所示。

7）第二个 A0H 属性

第二个 A0H 属性的属性名为$SII。关于$SII 索引各字段的含义如表 3-47 所示。

8）第一个 B0H 属性

第一个 B0H 属性的属性名为$SDH。第一个 B0H 属性定义了$SDH 索引的逻辑簇号的使用情况，在本例中为 01H，表示用了一个簇。

9）第二个 B0H 属性

第二个 B0H 属性的属性名为$SII。第二个 B0H 属性定义了$SII 索引的逻辑簇号的使用情况，在本例中为 01H，表示用了一个簇。

23. $UpCase 文件分析

$UpCase 文件是一个完整的大写字母组成的 128KB 大小的文件。在 Unicode 字母表中的每个字符在该文件中都有一个对应的条目，用于比较和对文件名进行排序。

$UpCase 文件一般有 3 个属性。$UpCase 文件的文件记录的例子如图 3-78 所示。

1）10H 属性

10H 属性用来定义$UpCase 文件的创建时间、最后修改时间、MFT 的修改时间、最后访问时间和标志等信息。

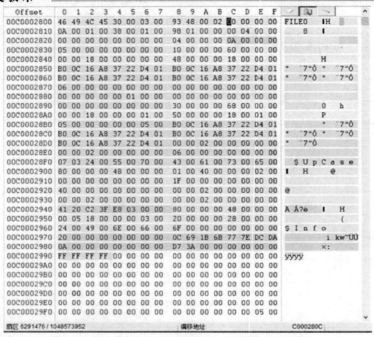

图 3-78 $UpCase 文件的文件记录的例子

2）30H 属性

30H 属性定义了$UpCase 文件的父目录文件参考号为根目录、时间属性；定义了系统分配给$UpCase 文件的大小，其大小一般为 20000H 个字节，即 128 KB，文件的实际使用大小一般也是 128 KB；定义了文件的标志；定义了该文件的文件名长度为 7 个字符、命名空间字节的值为"03"，即 Win32&DOS 文件名；最后定义了该文件的文件名为 Unicode 字符串"$UpCase"。

3）80H 属性

80H 属性是个未命名数据流。该属性定义了文件数据流在卷中的位置，在本例中为 408BH，共占了 20H 个簇。在其数据流中记载的是所有的 Unicode 字符列表，共 65 536 个字符，每个 Unicode 字符占 2 个字节。

24. $Extend 文件分析

$Extend 文件是包含$ObjId、$Quota、$Reparse 和$USnJml 4 个元文件的目录。$Extend 文件一般包含 3 个属性。$Extend 文件的文件记录的例子如图 3-79 所示。

1）10H 属性

10H 属性定义了$Extend 文件的创建时间、最后修改时间、MFT 的修改时间、最后访问时间和标志等信息。

2）30H 属性

30H 属性定义了$Extend 文件的父目录文件参考号为根目录、时间属性、系统分配给$Extend 文件的大小；定义了文件的标志为 06000010H，表示其为目录、系统、隐含文件；

定义了该文件的文件名长度为 7 个字符，命名空间字节的值为"03"，即 Win32&DOS 文件名；最后定义了该文件的文件名为 Unicode 字符串"$Extend"。

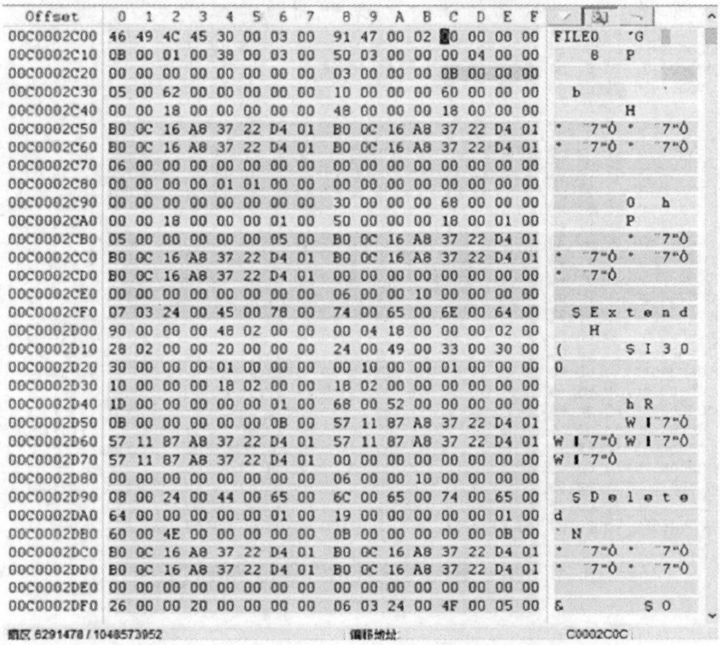

图 3-79　$Extend 文件的文件记录的例子

3）90H 属性

90H 属性定义了该文件是一个普通目录，包含了$ObjId、$Quota、$Reparse 和$UsnJml 4 个元文件的索引。

90H 属性是常驻属性，而属性体就在该属性中。因为只有 4 个元文件的索引位于该目录下，所以不需要索引分配和位图属性，只需要一个包含 4 个索引的索引根属性（90H 属性）即可。

25. $ObjId 文件分析

在卷中的每个文件都有唯一的 ID，$ObjId 文件存放着该卷上使用的所有$Object_ID 属性的一个索引。$ObjId 文件一般有 4 个属性。$ObjId 文件的文件记录的例子如图 3-80 所示。

1）10H 属性

10H 属性定义了$ObjId 文件的创建时间、最后修改时间、MFT 的修改时间、最后访问时间和标志等信息。

2）30H 属性

30H 属性定义了$ObjId 文件的父目录文件参考号为$Extend、一些时间属性、系统分配给$ObjId 文件的大小（这里为 0 个字节）、实际使用的大小（这里也是 0 个字节）；定义了文件的标志为 20000026H，表示其为索引视图、存档、系统、隐含文件）；定义了该文件的文件名长度为 6 个字符，命名空间字节的值为"03"，即 Win32 & DOS 文件名；最后定义了该文件的文件名为 Unicode 字符串"$ObjId"。

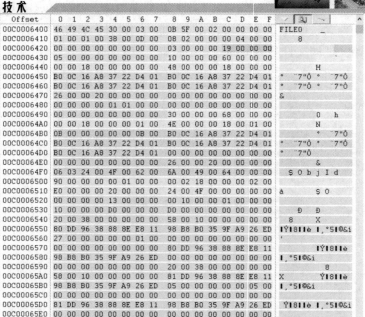

图 3-80 $ObjId 文件的文件记录的例子

3）90H 属性

90H 属性的属性名为$O。$O 属性是对象 ID 的索引，不要与元文件$Quota 中同样名称的索引相混淆。$O 属性用 GUID 存储，这种规则与索引根不一样。当一个文件中有 GUID 的对象 ID 时，可在 90H 属性中找到。索引数据提供了一个返回到文件的 MFT 参考号。$O 属性各字段的含义如表 3-47 所示。

表 3-47 $O 属性各字段的含义

偏 移 地 址	字段长度/个字节	数　值	含　　义	
—	—	—	标准索引头	
00H	2	20H	数据偏移地址	
02H	2	38H	数据大小	
04H	4	00H	填充（无意义）	
08H	2	58H	索引入口大小	
0AH	2	10H	索引关键词大小	
0CH	2	01H	标志	条目还有子节点
		02H		最后一个条目
0EH	2	00H	填充（无意义）	
10H	16		GUID 对象 ID	
20H	8		MFT 参考	
28H	16		GUID 产生卷 ID	
38H	16		GUID 产生对象 ID	
48H	16		GUID 域 ID	

4）A0H 属性

A0H 属性也是$O 索引，但是和 90H 属性不同，它是非常驻属性，其索引项在属性的数据流中存储。

5）B0H 属性

A0H 属性后必然会有 B0H 属性。B0H 属性一般用来描述其索引的虚拟簇号使用情况。

26. $Quota 文件分析

$Quota 文件最初出现在 Window NT 操作系统中，但没有被使用。在操作系统 Windows 2000 及其后续版本中，$Quota 文件用于跟踪磁盘配额，以用户和卷来进行计算。该文件一般包含 4 个属性。$Quota 文件的文件记录的例子如图 3-81 所示。

Offset	0	1	2	3	4	5	6	7	8	9	A	B	C	D	E	F			
00C0006000	46	49	4C	45	30	00	03	00	00	00	00	00	00	00	00	00	FILE0		
00C0006010	01	00	01	00	38	00	0D	00	70	02	00	00	00	04	00	00	8 p		
00C0006020	00	00	00	00	00	00	00	00	04	00	00	00	18	00	00	00			
00C0006030	05	00	02	00	00	00	00	00	10	00	00	00	60	00	00	00			
00C0006040	00	00	18	00	00	00	00	00	48	00	00	00	18	00	00	00	H		
00C0006050	B0	0C	16	A8	37	22	D4	01	B0	0C	16	A8	37	22	D4	01	° ¨7"Ô ° ¨7"Ô		
00C0006060	B0	0C	16	A8	37	22	D4	01	B0	0C	16	A8	37	22	D4	01	° ¨7"Ô ° ¨7"Ô		
00C0006070	26	00	00	00	00	00	00	00	00	00	00	00	00	00	00	00	&		
00C0006080	00	00	00	00	01	01	00	00	00	00	00	00	00	00	00	00			
00C0006090	00	00	00	00	00	00	00	00	30	00	00	00	68	00	00	00	0 h		
00C00060A0	00	00	18	00	00	00	01	00	4E	00	00	00	18	00	01	00	N		
00C00060B0	0B	00	00	00	00	00	0B	00	B0	0C	16	A8	37	22	D4	01	° ¨7"Ô		
00C00060C0	B0	0C	16	A8	37	22	D4	01	B0	0C	16	A8	37	22	D4	01	° ¨7"Ô ° ¨7"Ô		
00C00060D0	B0	0C	16	A8	37	22	D4	01	00	00	00	00	00	00	00	00	° ¨7"Ô		
00C00060E0	00	00	00	00	00	00	00	00	26	00	20	00	00	00	00	00	&		
00C00060F0	06	03	24	00	51	00	75	00	6F	00	74	00	61	00	00	00	$ Q u o t a		
00C0006100	90	00	00	00	78	00	00	00	00	02	18	00	00	00	02	00	x		
00C0006110	58	00	00	00	20	00	00	00	24	00	4F	00	00	00	00	00	X $ O		
00C0006120	00	00	00	00	11	00	00	00	00	10	00	00	01	00	00	00			
00C0006130	10	00	00	00	48	00	00	00	48	00	00	00	00	00	00	00	H H		
00C0006140	20	00	04	00	00	00	00	00	28	00	00	00	00	00	00	00	(		
00C0006150	01	00	00	00	00	00	00	05	20	00	00	00	20	02	00	00			
00C0006160	00	01	00	00	20	00	00	00	00	00	00	00	00	00	00	00			
00C0006170	10	00	00	00	02	00	00	00	90	00	00	00	F0	00	00	00	ð		
00C0006180	00	02	18	00	00	00	03	00	D0	00	00	00	20	00	00	00	Ð		
00C0006190	24	00	51	00	00	00	00	00	00	00	00	00	10	00	00	00	$ Q		
00C00061A0	00	10	00	00	01	00	00	00	10	00	00	00	C0	00	00	00	À		
00C00061B0	C0	00	00	00	00	00	00	00	14	00	30	00	00	00	00	00	À 0		
00C00061C0	48	00	04	00	00	00	00	00	01	00	00	00	02	00	00	00	H		
00C00061D0	01	00	00	00	00	00	00	00	00	00	00	00	41	25	67	84	A%g|		
00C00061E0	E8	94	CB	01	FF	FF	FF	FF	FF	FF	FF	FF	BF	FF	FF	FF	èÉ yyyyyyyyyyyy		
00C00061F0	FF	FF	FF	FF	00	00	00	00	00	00	00	00	00	00	05	00	yyyy		

扇区 6291504 / 1048573952　　　偏移地址:　　　　　　　　C00061EC

图 3-81　$Quota 文件的文件记录的例子

1）10H 属性

10H 属性定义了$Quota 文件的创建时间、最后修改时间、MFT 的修改时间、最后访问时间和标志等信息。

2）30H 属性

30H 属性记录了文件名等信息，该文件名为$Quota。

3）第一个 90H 属性

第一个 90H 属性的属性名为$O，注意不要和元文件$ObjId 中同名称的属性混淆。

$Quota 文件中的$O 属性各字段的含义如表 3-48 所示。

表 3-48　$Quota 文件中的$O 属性各字段的含义

偏 移 地 址	字段长度/个字节	数　　值	含　　义
—	—	—	标准索引头
00H	2	1CH	数据偏移地址
02H	2	04H	数据大小
04H	4	00H	填充，无意义
08H	2	20H	索引入口大小
0AH	2	0CH	索引关键词大小
0CH	2		标志
0EH	2	00H	填充
10H	K		关键词安全 ID
K+10H	4		所有者 ID
K+14H	P		填充到 8 个字节

4）第二个 90H 属性

第二个 90H 属性的属性名为$Q。文件所有者 ID 存储在文件的标准信息属性中，可以通过查找在$O 属性中的所有者 ID 获得安全 ID，也可以通过查找在$Q 属性中的所有者 ID 获得有关磁盘配额信息。$Quota 文件中的$Q 属性各字段的含义如表 3-49 所示。

表 3-49　$Quota 文件中的$Q 属性各字段的含义

偏 移 地 址	字段长度/个字节	数　　值	含　　义
—	—	—	标准索引头
00H	2	14H	数据偏移地址
02H	2		数据大小
04H	4	00H	填充
08H	2		索引入口大小
0AH	2	04H	索引关键词大小
0CH	4	00H	填充（最后一个条目一定是空条目，为 02H）
10H	4		所有者 ID
14H	4	02H	版本
18H	4	0001H	默认限制
		0002H	限制延伸
		0004H	ID 删除
		0010H	跟踪允许标志
		0020H	强制允许标志
		0040H	跟踪请求标志

续表

偏 移 地 址	字段长度/个字节	数　　值	含　　义
18H	4	0080H	开始记录日志
		0100H	日志限制
		0200H	过期
		0400H	中止
		0800H	即将删除
1CH	8		使用字节
24H	8		变化时间
2CH	8		警告界限
34H	8		界限
3CH	8		超出时间
44H	V		安全 ID
V+44H	P	00H	填充到 8 个字节

27. $Reparse 文件分析

$Reparse 文件是重解析点文件。Windows 2003、Windows XP 等操作系统可以将卷装载在目录中进行重新解析。$Reparse 文件一般包含 3 个属性。$Reparse 文件的文件记录的例子如图 3-82 所示。

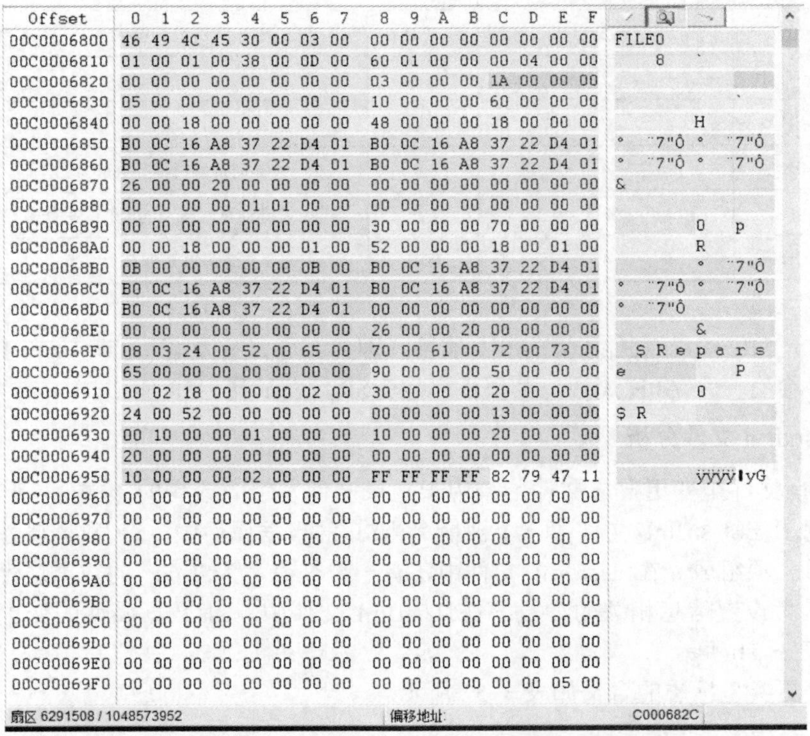

图 3-82　$Reparse 文件的文件记录的例子

1）10H 属性

10H 属性用来定义$Repares 文件的创建时间、最后修改时间、MFT 的修改时间、最后访问时间和标志等信息。

2）30H 属性

30H 属性定义了$Repares 文件的父目录文件参考号为$Extend、时间属性、系统分配给 $Reparse 文件的大小（这里为 0 个字节）、实际使用的大小（这里为 0 个字节）、文件的标志；定义了该文件的文件名长度为 8 个字符，命名空间字节的值为"03"，即 Win32&DOS 文件名；最后定义了该文件的文件名为 Unicode 字符串"$Repares"

3）90H 属性

90H 属性的属性名为$R，也就是$R 索引。$R 属性各字段的含义如表 3-50 所示。

表 3-50 $R 属性各字段的含义

偏 移 地 址	字段长度/个字节	数　值	含　义
—	—	—	标准索引头
00H	2	1CH	数据偏移地址
02H	2	00H	数据大小
04H	4	00H	填充
08H	2	20H	索引入口大小
0AH	2	0CH	索引关键词大小
0CH	2		标志
0EH	2	00H	填充
10H	4		关键词重解析标签（和标志）
14H	8		关键词重解析点的 MFT 参考号
1CH	4	00H	关键词填充到 8 个字节

在本例中，$Repares 文件没有 A0H 属性，因为其卷没有重解析点。在有重解析点的卷中，其元文件会有一个 A0H 属性，其属性名也为$R，表示其为$R 索引。

28. $UsnJrnl 文件分析

$UsnJrnl1 文件是变更日志文件，是用于记录文件发生的改变的。文件一旦发生改变，其变化便会记录在$UsnJml 文件中一个被命名为$J 的数据属性中。$J 数据属性具备稀疏属性，由变更日志项组成。在$UsnJml 文件中还有一个被命名为$Max 的数据属性，用来记录与用户日志最大设置信息相关的参数。在$UsnJml 文件中，$J 数据属性的变更日志项各字段的含义如表 3-51 所示。

其中，变更类型标志的含义如表 3-52 所示。

表 3-51　$J 数据属性的变更日志项各字段的含义

偏移地址	字段长度/个字节	含　义	偏移地址	字段长度/个字节	含　义
00H	4	日志项长度	28H	4	变更类型标志
04H	2	主版本号	2CH	4	源信息
06H	2	次版本号	30H	4	安全 ID
08H	8	生成该文件的 MFT 参考号	34H	4	文件属性
10H	8	生成该文件的父目录 MFT 参考号	38H	2	文件名长度
18H	8	日志项的更新序列号（USN）	3AH		文件名
20H	8	时间戳			

表 3-52　变更类型标志的含义

标　志	含　义	标　志	含　义
00000001H	默认数据属性被覆写	00002000H	变更日志项使用了新的名称
00000002H	默认数据属性被扩充	00004000H	内容索引状态发生改变
00000004H	默认数据属性被从头覆写	00008000H	基本文件或目录属性发生改变
00000010H	命名数据属性被覆写	00010000H	硬连接被新建或删除
00000020H	命名数据属性被扩充	00020000H	压缩状态发生改变
00000040H	命名数据属性被从头覆写	00040000H	加密状态发生改变
00000100H	文件或目录被创建	00080000H	对象 ID 发生改变
00000200H	文件或目录被删除	00100000H	重解析点位发生改变
00000400H	文件的扩展属性被改变	00200000H	命名数据属性被创建、删除或修改
00000800H	安全描述符被改变	80000000H	文件或目录已关闭
00001000H	变更日志项使用了原有名称		

在被命名为$Max 的数据属性中包含基本的变更日志管理信息。$Max 数据属性各字段的含义如表 3-53 所示。

表 3-53　$Max 数据属性各字段的含义

偏移地址	字段长度/个字节	含　义	偏移地址	字段长度/个字节	含　义
00H	8	最大长度	10H	8	ID 的更新序列号 1
08H	8	分配长度	18H	8	最低更新序列号

3.2.3　从 NTFS 中提取数据

要想在 NTFS 中提取数据，就要先找到记录存放该数据的文件的 MFT。接下来，我们就以"File Extrac2"盘中的 6 号文件为例，看看如何在 NTFS 中找到自己所需的数据并提取出来。

"File Extrac2"盘如图 3-83 所示。6 号文件如图 3-84 所示。

图 3-83 "File Extrac2"盘

名称	修改日期	类型	大小
1.doc	2018/8/9 15:46	Microsoft Word ...	14 KB
2.doc	2018/8/9 15:47	Microsoft Word ...	27 KB
3.doc	2018/8/9 15:48	Microsoft Word ...	27 KB
4.doc	2018/8/9 15:50	Microsoft Word ...	27 KB
5.doc	2018/8/9 15:50	Microsoft Word ...	27 KB
6.doc	2018/8/9 15:51	Microsoft Word ...	27 KB
7.doc	2018/8/9 15:52	Microsoft Word ...	27 KB
8.doc	2018/8/9 15:53	Microsoft Word ...	27 KB
9.doc	2018/8/9 15:54	Microsoft Word ...	27 KB
10.doc	2018/8/9 15:55	Microsoft Word ...	27 KB

图 3-84 6号文件

第 1 步，定位 DBR。通过分区表定位 DBR 的位置，通过 DBR 的 PBP 参数就可以定位这个分区\$MFT 的位置。DBR 的 PBP 参数如图 3-85 所示。

NTFS 引导扇区,基本偏移: 100000

Offset	标题	数值
100000	跳转指令	EB 52 90
100003	文件系统ID	NTFS
10000B	扇区大小(字节/扇区)	512
10000D	簇大小(扇区/簇)	8
10000E	保留扇区数	0
100010	(始终为0)	00 00 00
100013	(未使用)	00 00
100015	介质描述符	F8
100016	(未使用)	00 00
100018	每磁头扇区数	63
10001A	每柱面磁头数	255
10001C	隐含扇区数	2048
100020	(未使用)	00 00 00 00
100024	(总是80 00 80 00)	80 00 80 00
100028	扇区总数(即分区大小)	1048573951
100030	\$MFT文件的起始簇号	786432
100038	\$MFT文件 mirr 的起始簇号	2
100040	每个MFT记录的簇数	-10
100041	(未使用)	0
100044	每索引的簇数	1
100045	(未使用)	0
100048	32位序列号(Hex)	72 E1 CD 69
100048	32位序列号(Hex,保留)	69CDE172
100048	64位序列号(Hex)	72 E1 CD 69 DD A2 7E A4
100050	校验和	0
1001FE	结束标志(55 AA)	55 AA

图 3-85 DBR 的 PBP 参数

第 2 步，定位 MFT。根据 DBR 的 PBP 参数可以知道 MFT 的起始位置在 786432 号簇（注意，这里是以簇来记录的），知道 MFT 的起始簇就可以计算它的位置了。其计算公式为

MFT 的起始位置=MFT 的起始簇号×每簇扇区数（2G 以上硬盘都是 8）+隐含扇区数

计算结果为 MFT 在 6 293 504 扇区，如图 3-86 所示。

第 3 步，定位根目录位置。NTFS 的根目录记录在 MFT 的 05 表项，如图 3-87 所示。

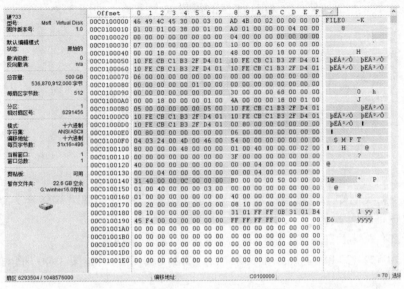

图 3-86　$MFT 文件的起始位置

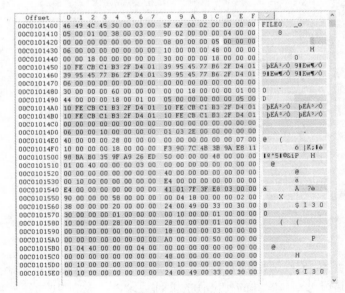

图 3-87　05 表项

找到 05 表项，就可以开始定位根目录所在的位置了。先在 05 表项中找到 A0H 属性，如图 3-88 所示。

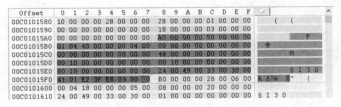

图 3-88　05 表项的 A0H 属性

计算机数据恢复技术

根目录所在簇记录在 05 表项 A0H 属性的最后 8 个字节，如图 3-89 所示。

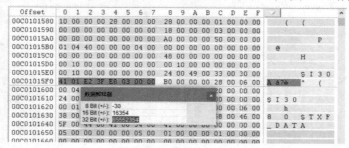

图 3-89　根目录所在簇

通过图 3-89 我们知道了根目录在 65 552 354 号簇。现在，要将簇转换为扇区来计算。根目录所在位置计算公式为

根目录所在位置=根目录起始簇号×每簇扇区数+隐含扇区数。

计算结果为 524 420 880，所以根目录在 524 420 880 扇区，如图 3-90 所示。

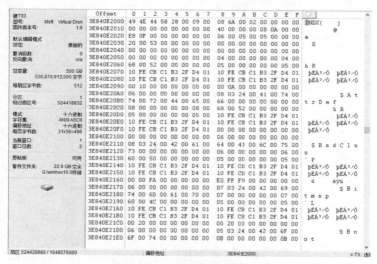

图 3-90　根目录所在位置

第 4 步，定位记录 6 号文件的元文件。找到根目录就可以定位记录 6 号文件的元文件了。向下翻找，找到记录 6 号文件的元文件的文件记录，如图 3-91 所示。

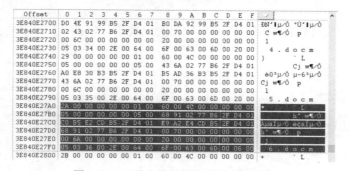

图 3-91　6 号文件的元文件的文件记录

136

　　NTFS 根目录中的文件记录一般是 6 行 96 个字节。找到 6 号文件的元文件的文件的记录后，看记录的第一个字节。从图 3-91 中我们可以看到 6 号文件的元文件的文件记录的第一个字节是 2A。这说明 6 号文件的元文件在 2A 表项。接下来，跳转到 MFT，用查找十六进制数值功能搜索 2A，如图 3-92 所示。6 号文件的元文件如图 3-93 所示。

图 3-92　搜索 2A

　　第 5 步，提取 6 号文件。找到记录 6 号文件的元文件的 80H 属性。6 号文件的大小和起始位置记录在 80H 属性的最后 8 个字节里。6 号文件数据流如图 3-94 所示。

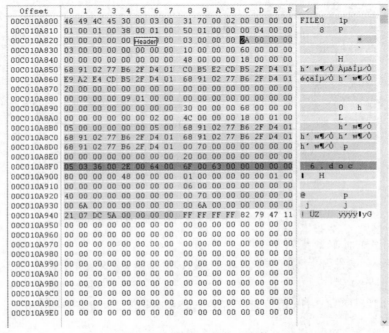

图 3-93　6 号文件的元文件

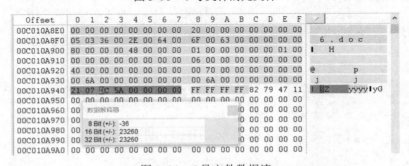

图 3-94　6 号文件数据流

　　从图 3-94 中可以看出，6 号文件的起始簇为 23 260 号簇。6 号文件占了 7 个簇。知道了起始簇的位置和大小后，就可以开始提取数据了。先计算 6 号文件开头在第几个扇区，其计算公式为

137

文件起始扇区=文件起始簇×每簇扇区数（这里是 8）+隐含扇区（这里是 2048）

计算结果为 188 128，所以 6 号文件开头在 188 128 扇区，如图 3-95 所示。

Offset	0	1	2	3	4	5	6	7	8	9	A	B	C	D	E	F	
0005BDC000	D0	CF	11	E0	A1	B1	1A	E1	00	00	00	00	00	00	00	00	ÐÏ à± á
0005BDC010	00	00	00	00	00	00	00	00	3E	00	03	00	FE	FF	09	00	> þÿ
0005BDC020	06	00	00	00	00	00	00	00	00	00	00	00	01	00	00	00	
0005BDC030	30	00	00	00	00	00	00	00	00	10	00	00	32	00	00	00	0 2
0005BDC040	01	00	00	00	FE	FF	FF	FF	00	00	00	00	2F	00	00	00	þÿÿÿ /
0005BDC050	FF	FF	FF	FF	FF	FF	FF	FF	FF	FF	FF	FF	FF	FF	FF	FF	ÿÿÿÿÿÿÿÿÿÿÿÿÿÿÿÿ
0005BDC060	FF	FF	FF	FF	FF	FF	FF	FF	FF	FF	FF	FF	FF	FF	FF	FF	ÿÿÿÿÿÿÿÿÿÿÿÿÿÿÿÿ
0005BDC070	FF	FF	FF	FF	FF	FF	FF	FF	FF	FF	FF	FF	FF	FF	FF	FF	ÿÿÿÿÿÿÿÿÿÿÿÿÿÿÿÿ
0005BDC080	FF	FF	FF	FF	FF	FF	FF	FF	FF	FF	FF	FF	FF	FF	FF	FF	ÿÿÿÿÿÿÿÿÿÿÿÿÿÿÿÿ
0005BDC090	FF	FF	FF	FF	FF	FF	FF	FF	FF	FF	FF	FF	FF	FF	FF	FF	ÿÿÿÿÿÿÿÿÿÿÿÿÿÿÿÿ
0005BDC0A0	FF	FF	FF	FF	FF	FF	FF	FF	FF	FF	FF	FF	FF	FF	FF	FF	ÿÿÿÿÿÿÿÿÿÿÿÿÿÿÿÿ
0005BDC0B0	FF	FF	FF	FF	FF	FF	FF	FF	FF	FF	FF	FF	FF	FF	FF	FF	ÿÿÿÿÿÿÿÿÿÿÿÿÿÿÿÿ
0005BDC0C0	FF	FF	FF	FF	FF	FF	FF	FF	FF	FF	FF	FF	FF	FF	FF	FF	ÿÿÿÿÿÿÿÿÿÿÿÿÿÿÿÿ
0005BDC0D0	FF	FF	FF	FF	FF	FF	FF	FF	FF	FF	FF	FF	FF	FF	FF	FF	ÿÿÿÿÿÿÿÿÿÿÿÿÿÿÿÿ
0005BDC0E0	FF	FF	FF	FF	FF	FF	FF	FF	FF	FF	FF	FF	FF	FF	FF	FF	ÿÿÿÿÿÿÿÿÿÿÿÿÿÿÿÿ
0005BDC0F0	FF	FF	FF	FF	FF	FF	FF	FF	FF	FF	FF	FF	FF	FF	FF	FF	ÿÿÿÿÿÿÿÿÿÿÿÿÿÿÿÿ
0005BDC100	FF	FF	FF	FF	FF	FF	FF	FF	FF	FF	FF	FF	FF	FF	FF	FF	ÿÿÿÿÿÿÿÿÿÿÿÿÿÿÿÿ
0005BDC110	FF	FF	FF	FF	FF	FF	FF	FF	FF	FF	FF	FF	FF	FF	FF	FF	ÿÿÿÿÿÿÿÿÿÿÿÿÿÿÿÿ
0005BDC120	FF	FF	FF	FF	FF	FF	FF	FF	FF	FF	FF	FF	FF	FF	FF	FF	ÿÿÿÿÿÿÿÿÿÿÿÿÿÿÿÿ
0005BDC130	FF	FF	FF	FF	FF	FF	FF	FF	FF	FF	FF	FF	FF	FF	FF	FF	ÿÿÿÿÿÿÿÿÿÿÿÿÿÿÿÿ
0005BDC140	FF	FF	FF	FF	FF	FF	FF	FF	FF	FF	FF	FF	FF	FF	FF	FF	ÿÿÿÿÿÿÿÿÿÿÿÿÿÿÿÿ
0005BDC150	FF	FF	FF	FF	FF	FF	FF	FF	FF	FF	FF	FF	FF	FF	FF	FF	ÿÿÿÿÿÿÿÿÿÿÿÿÿÿÿÿ
0005BDC160	FF	FF	FF	FF	FF	FF	FF	FF	FF	FF	FF	FF	FF	FF	FF	FF	ÿÿÿÿÿÿÿÿÿÿÿÿÿÿÿÿ
0005BDC170	FF	FF	FF	FF	FF	FF	FF	FF	FF	FF	FF	FF	FF	FF	FF	FF	ÿÿÿÿÿÿÿÿÿÿÿÿÿÿÿÿ
0005BDC180	FF	FF	FF	FF	FF	FF	FF	FF	FF	FF	FF	FF	FF	FF	FF	FF	ÿÿÿÿÿÿÿÿÿÿÿÿÿÿÿÿ
0005BDC190	FF	FF	FF	FF	FF	FF	FF	FF	FF	FF	FF	FF	FF	FF	FF	FF	ÿÿÿÿÿÿÿÿÿÿÿÿÿÿÿÿ
0005BDC1A0	FF	FF	FF	FF	FF	FF	FF	FF	FF	FF	FF	FF	FF	FF	FF	FF	ÿÿÿÿÿÿÿÿÿÿÿÿÿÿÿÿ
0005BDC1B0	FF	FF	FF	FF	FF	FF	FF	FF	FF	FF	FF	FF	FF	FF	FF	FF	ÿÿÿÿÿÿÿÿÿÿÿÿÿÿÿÿ
0005BDC1C0	FF	FF	FF	FF	FF	FF	FF	FF	FF	FF	FF	FF	FF	FF	FF	FF	ÿÿÿÿÿÿÿÿÿÿÿÿÿÿÿÿ
0005BDC1D0	FF	FF	FF	FF	FF	FF	FF	FF	FF	FF	FF	FF	FF	FF	FF	FF	ÿÿÿÿÿÿÿÿÿÿÿÿÿÿÿÿ
0005BDC1E0	FF	FF	FF	FF	FF	FF	FF	FF	FF	FF	FF	FF	FF	FF	FF	FF	ÿÿÿÿÿÿÿÿÿÿÿÿÿÿÿÿ
0005BDC1F0	FF	FF	FF	FF	FF	FF	FF	FF	FF	FF	FF	FF	FF	FF	FF	FF	ÿÿÿÿÿÿÿÿÿÿÿÿÿÿÿÿ

左侧信息栏：

硬?33
型号： Msft Virtual Disk
固件版本号： 1.0

默认编辑模式
状态： 原始的

撤消级数： 0
反向撤消： n/a

总容量： 500 GB
536,870,912,000 字节

每扇区字节数： 512

分区： 1
相对扇区号： 186080

模式： 十六进制
字符集： ANSI ASCII
偏移地址： 十六进制
每页字节数： 32×16=512

当前窗口： 1
窗口总数： 2

剪贴板： 可用
暂存文件夹： 22.6 GB 空余
G:\winhex16.0存储

扇区 188128 / 1048576000   偏移地址：   5BDC000   = 208   选块

图 3-95　6 号文件开头的位置

文件结束扇区的计算公式为

文件结束扇区=文件开始扇区（这里是 188 128 扇区）+文件所占簇数（这里是 7）×每簇扇区数（这里是 8）

计算结果为 188 184，所以 6 号文件结尾在 188 184 扇区，如图 3-96 所示。

Offset	0	1	2	3	4	5	6	7	8	9	A	B	C	D	E	F	
0005BE27E0	FF	FF	FF	FF	FF	FF	FF	FF	FF	FF	FF	FF	FF	FF	FF	FF	ÿÿÿÿÿÿÿÿÿÿÿÿÿÿÿÿ
0005BE27F0	FF	FF	FF	FF	FF	FF	FF	FF	FF	FF	FF	FF	FF	FF	FF	FF	ÿÿÿÿÿÿÿÿÿÿÿÿÿÿÿÿ
0005BE2800	01	00	FE	FF	03	0A	00	00	FF	FF	FF	FF	06	09	02	00	þÿ ÿÿÿÿ
0005BE2810	00	00	00	00	C0	00	00	00	00	00	00	46	1C	00	00	00	À F
0005BE2820	4D	69	63	72	6F	73	6F	66	74	20	57	6F	72	64	20	39	Microsoft Word 9
0005BE2830	37	2D	32	30	30	33	20	CE	C4	B5	B5	00	0A	00	00	00	7-2003 ÎÄµµ
0005BE2840	4D	53	57	6F	72	64	44	6F	63	00	10	00	00	00	57	6F	MSWordDoc Wo
0005BE2850	72	64	2E	44	6F	63	75	6D	65	6E	74	2E	38	00	F4	39	rd.Document.8 ô9
0005BE2860	B2	71	00	00	00	00	00	00	00	00	00	00	00	00	00	00	²q
0005BE2870	00	00	00	00	00	00	00	00	00	00	00	00	00	00	00	00	
0005BE2880	00	00	00	00	00	00	00	00	00	00	00	00	00	00	00	00	
0005BE2890	00	00	00	00	00	00	00	00	00	00	00	00	00	00	00	00	

图 3-96　6 号文件结尾的位置

当 6 号文件头尾位置都知道后，就可以把 6 号文件提取出来了。先跳转到 6 号文件开头的位置，选中第一个字节并右击，选择"选块起始位置"命令，如图 3-97 所示。

再跳转到 6 号文件结尾的位置，在 6 号文件结尾后任意一空白处右击，选择"选块尾部"命令，如图 3-98 所示。

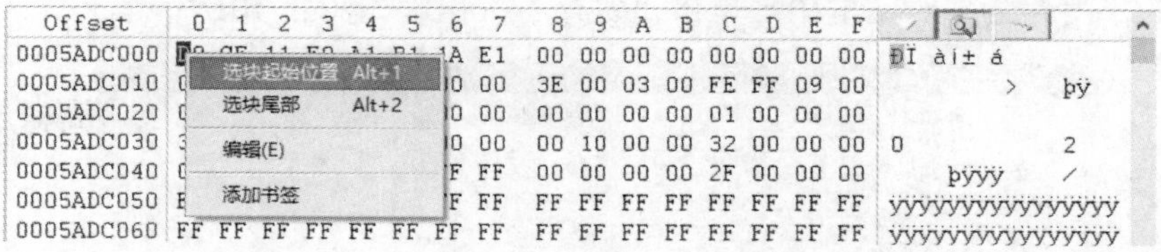

图 3-97　选择"选块起始位置"命令

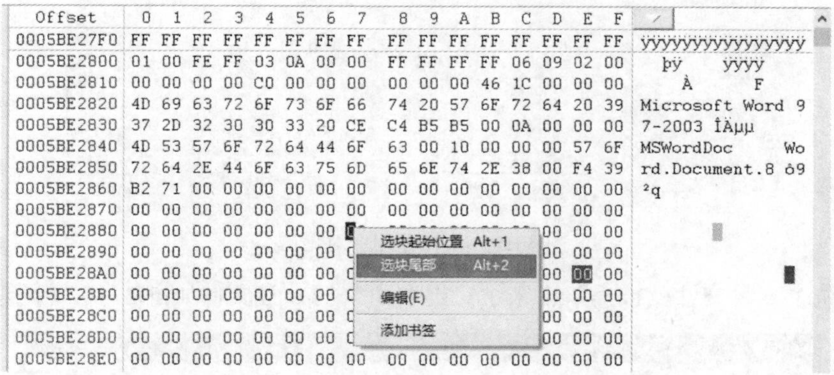

图 3-98　选择"选块结尾"命令

然后，右击，选择"编辑"命令，如图 3-99 所示。

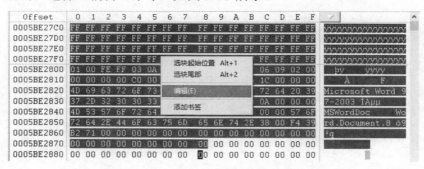

图 3-99　选择"编辑"命令

在打开的菜单中，选择"复制选块"→"至新文件"命令，如图 3-100 所示。

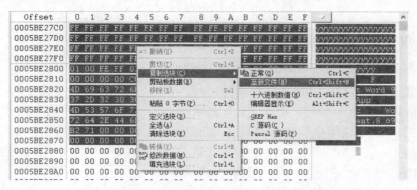

图 3-100　选择"复制选块""至新文件"命令

在打开的"另存为"对话框中,单击"保存"按钮,如图 3-101 所示。

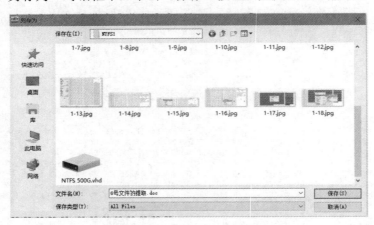

图 3-101 "另存为"对话框

这样,整个 6 号文件就被提取出来了。提取出来的 6 号文件如图 3-102 所示。

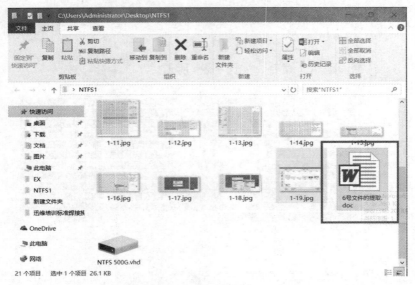

图 3-102 提取出来的 6 号文件

3.2.4 NTFS DBR 遭破坏后的恢复

如果双击 NTFS 分区"K"盘时出现如图 3-103 所示的提示信息,当"K"盘没有任何物理故障时,不要单击"格式化磁盘"按钮,否则"K"盘中的数据会被清空。这种故障很明显是文件系统遭到了破坏。

用 WinHex 打开"K"盘,检查发现"K"盘 DBR 遭到了破坏,如图 3-104 所示。

图 3-103 双击 NTFS 分区"K"盘时出现的提示信息

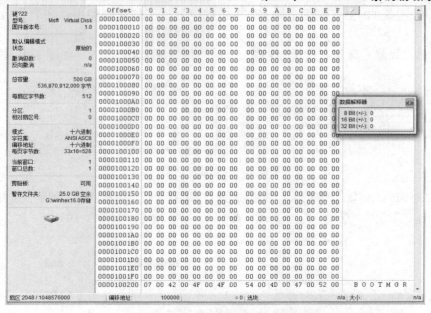

图 3-104　"K"盘 DBR 遭到了破坏

从图 3-104 中可以看出,"K"盘 DBR 已经被清零。DBR 是文件系统中一个非常重要的扇区。这个扇区被破坏后分区将无法打开。一般修复 DBR 扇区的方法有两种:第一种是找到 DBR 的备份,然后将整个扇区复制到 DBR 的位置(NTFS DBR 的备份一般在分区的最后扇区);第二种为手工修复。手工修复的方法如下。

首先,自建一个 NTFS 格式的磁盘,然后把自建盘 DBR 复制到故障盘 DBR 的位置(复制快捷键为"Ctrl+C"组合键,填入快捷键为"Ctrl+B"组合键),如图 3-105 所示。

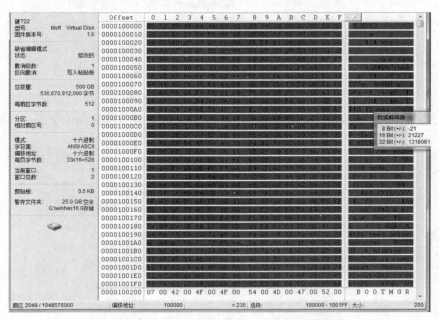

图 3-105　把自建盘 DBR 复制到故障盘 DBR 的位置

其次，自建盘 DBR 复制到故障盘 DBR 的位置后不能直接使用，还要修改其中几个重要参数。

（1）0DH：每簇扇区数。对于 2G 以上分区，每簇扇区数均为 8，如图 3-106 所示。

图 3-106　每簇扇区数

（2）1CH～1FH：隐含扇区数。隐含扇区数可以在分区表中查看。如果分区表被破坏，隐含扇区可以在 EBR 中查看。这里将隐含扇区数改为 2048，如图 3-107 所示。

图 3-107　隐含扇区数

（3）28H～2BH：分区大小。分区大小可以在分区表中查看，也可以用分区的最后一个扇区偏移地址减去隐含扇区偏移地址得到。这里将分区大小改为 4 095 992 个扇区，如图 3-108 所示。

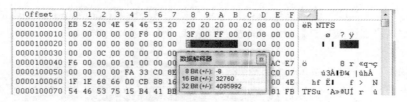

图 3-108　分区大小

（4）30H～33H：$MFT 文件的起始簇号，如图 3-109 所示。

$MFT 文件的起始簇号可以在 DBR 后第 16 个扇区 MFT 备份 80H 属性中查到，如图 3-110 所示。

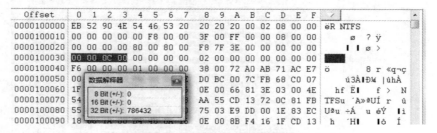

图 3-109　$MFT 文件的起始簇号

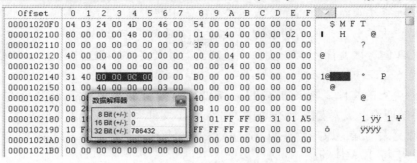

图 3-110　MFT 备份 80H 属性

（5）38H～3BH：$MFTmirr 文件的起始簇号，如图 3-111 所示。

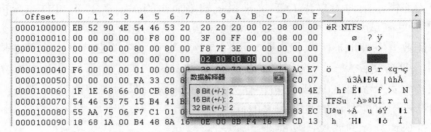

图 3-111　$MFTmirr 文件的起始簇号

DBR 修复结束后保存即可。

3.3　exFAT 文件系统下的数据恢复

3.3.1　exFAT 文件系统的使用与特点

exFAT 文件系统全称为 Extended File Allocation Table File System，即扩展文件分配表文件系统，是 Windows Embeded6.0（包括 Windows CE6.0 和 Windows Mobile）平台中引入的一种适合闪存的文件系统。

1. 如何使用 exFAT 文件系统

微软公司在 Windows CE6.0 操作系统中首次推出 exFAT 文件系统后，也逐渐把 exFAT 文件系统应用于桌面操作系统中。桌面操作系统从 Windows Vista SP1 版本起开始支持 exFAT 文件系统，而 Windows XP 操作系统目前还没有直接提供对 exFAT 文件系统的支持。如果想在 Windows XP 操作系统中使用 exFAT 文件系统，用户需要到微软公司官方网站下载一个特殊补丁。该补丁不是必备的补丁，仅仅是为了提供对 exFAT 文件系统格式的支持。在 Windows XP 操作系统中支持 exFAT 文件系统的补丁名称为"KB955704"。

2. exFAT 文件系统的特点

exFAT 文件系统是为闪存介质而生的。现在闪存介质的容量越来越大，FAT 文件系统能够管理的空间有限，NTFS 由于其系统性质又不适合使用于闪存介质，所以微软公司推出了 exFAT 文件系统。

计算机数据恢复技术

exFAT 文件系统跟原来的 FAT 文件系统相比，主要有以下特点。

（1）支持更大的分区。原来的 FAT16 文件系统最大支持 4GB 的分区，FAT32 文件系统最大支持 32GB 的分区，而 exFAT 文件系统理论上最大支持 64ZB 的分区，exFAT 文件系统建议最大支持 512TB 的分区。

（2）支持更大的文件。原来的 FAT16、FAT32 文件系统最大支持 4GB 的单个文件，而 exFAT 文件系统理论上最大支持 64ZB 的文件，exFAT 文件系统建议最大支持 512TB 的文件。

（3）支持更大的簇。原来的 FAT16、FAT32 文件系统最大支持 64 KB 的簇，而 exFAT 文件系统最大支持 32 MB 的簇。

（4）支持访问控制列表。访问控制列表是类似于在 NTFS 中一种控制权限的功能。

（5）支持安全 FAT（Transaction-safe FAT，TFAT）文件系统。TFAT 文件系统的作用是保证操作的完整性，是为了弥补 FAT 文件系统缺陷而生的。就拿 FAT 文件系统格式的优盘举例，如果在复制或移动文件时，突然将优盘拔掉或出现断电等情况都会造成数据的中断，无法保证数据完整地被写入优盘中。而在 TFAT 文件系统的支持下，文件在传输时采用双索引机制，即当文件从一个设备移动到另一个设备时，首先在目标设备中建立一个临时索引，直到传输完毕后该临时索引才转存为标准的索引，最后再将原文件删去，这样就避免了在移动过程中可能遭遇的数据丢失的问题。

（6）支持快速分配的簇位图功能。

（7）拥有更好的磁盘连续布局功能。

（8）支持通用协调时间的时间戳。

（9）增加了台式计算机与移动媒体之间的兼容性。

虽然 exFAT 文件系统有这么多特点，但要被广泛接受还需要较长的时间。它更多意义上是一项立足于未来的技术。在操作系统方面，只有 Windows Vista SP1 和 Windows CE6.0 才可以支持 exFAT 文件系统，而 Windows XP 操作系统则需要打专门的补丁后才能支持 exFAT 文件系统，而 Mac、Linux、UNIX 等操作系统暂时还不能支持 exFAT 文件系统。至于数码相机、智能手机等设备，可以通过固件升级来支持 exFAT 文件系统，但这也得等到厂商推出相应的固件才能实现。

3.3.2 exFAT 文件系统的结构

exFAT 文件系统由 DBR 及其保留扇区、FAT、簇位图文件、大写字符文件、用户数据区 5 个部分组成，如图 3-112 所示。

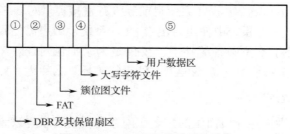

图 3-112 exFAT 文件系统的结构

这些结构是在分区被格式化时被创建出来的。它们的含义如下。

（1）DBR 及其保留扇区。DBR 的全称为 DOS Boot Record，含义是 DOS 引导记录，又称操作系统引导记录。在 DBR 之后往往有一些保留扇区，其中 12 号扇区为 DBR 的备份。

（2）FAT。FAT 的全称为 File Allocation Table，含义是文件分配表。

提示：FAT 文件系统般有 FAT1 和 FAT2 两个 FAT，而 exFAT 文件系统一般情况下只有一个 FAT。

（3）簇位图文件。簇位图文件是 exFAT 文件系统中的一个元文件，类似于 NTFS 中的元文件$Bitmap，用来管理分区中簇的使用情况。

（4）大写字符文件。大写字符文件是 exFAT 文件系统中的第二个元文件，类似于 NTFS 中的元文件$UpCase。Unicode 字母表中每个字符在这个文件中都有一个对应的条目，以用于比较、排序和计算 Hash 值等。

（5）用户数据区。用户数据区是 exFAT 文件系统的主要区域，用来存放用户的文件及目录。

1．exFAT 文件系统的 DBR 分析

DBR 开始于 exFAT 文件系统的第一个扇区。当计算机启动时首先由 BIOS 读入主引导盘 MBR 的内容，以确定各个逻辑驱动器及其起始地址，然后调入活动分区的 DBR，将控制权交给 DBR，并由 DBR 来引导操作系统。

exFAT 文件系统的 DBR 由 6 个部分组成，分别为跳转指令、OEM 代号、保留区、BPB、引导程序和结束标志。如图 3-113 所示为一个完整的 exFAT 文件系统的 DBR。

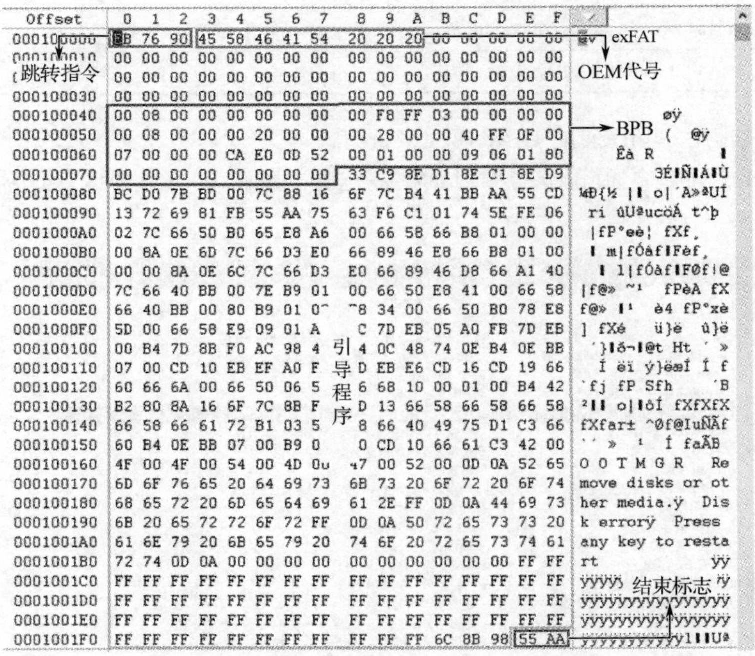

图 3-113　一个完整的 exFAT 文件系统的 DBR

1）跳转指令

跳转指令占用 2 个字节，用于将程序执行流程跳转到引导程序处。当前 DBR 中的

计算机数据恢复技术

"EB76"就是代表汇编语言的"JMP76"。该指令因本身占用 2 个字节,在计算跳转目标地址时以该指令的下一个字节为基准,所以实际执行的下一条指令应位于 78H。在这之后跳转的是一条空指令 NOP(90H)。

2)OEM 代号

OEM 代号占用 8 个字节,并由创建该文件系统的 OEM 厂商具体安排其内容。例如,微软公司的 Windows Vista 操作系统将此处设置为文件系统类型"exFAT"。

3)保留区

DBR 的 0BH~3FH 是原来的 FAT 文件系统 BPB 所占用的空间,而 exFAT 文件系统不使用这些字节。

4)BPB

exFAT 文件系统的 BPB 是从 DBR 的 40BH 偏移地址开始的,占用 56 个字节,记录了有关 exFAT 文件系统的重要信息。exFAT 文件系统的 BPB 各字段的含义如表 3-54 所示。

表 3-54　exFAT 文件系统的 BPB 各字段的含义

偏 移 地 址	字段长度/个字节	含　　义	偏 移 地 址	字段长度/个字节	含　　义
40H	8	隐含扇区数	5CH	4	卷内总簇数
48H	8	分区大小	60H	4	根目录起始簇号
50H	4	FAT 起始扇区号	64H	4	卷 ID
54H	4	FAT 扇区数	6CH	1	扇区大小
58H	4	2 号簇起始扇区号	6DH	1	每簇扇区数

BPB 也可以使用 WinHex 的 DBR 模板来查看。

打开 WinHex 的"模板管理器"对话框,选择"exFAT 引导扇区"选项,如图 3-114 所示。

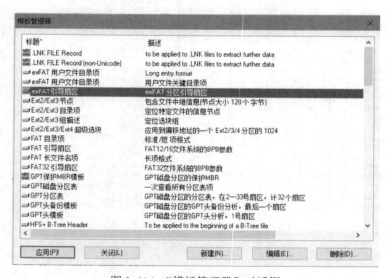

图 3-114　"模板管理器"对话框

单击"应用"按钮后，就可以查看 exFAT 文件系统的 DBR 模板，如图 3-115 所示。

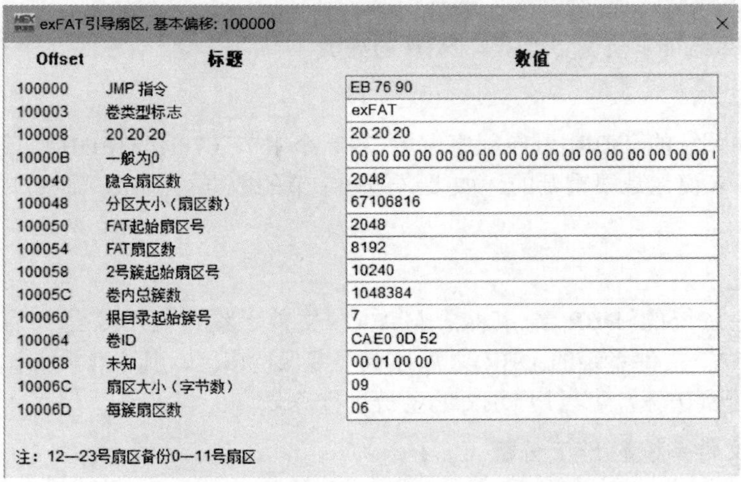

Offset	标题	数值
100000	JMP 指令	EB 76 90
100003	卷类型标志	exFAT
100008	20 20 20	20 20 20
10000B	一般为0	00 00 00 00 00 00 00 00 00 00 00 00 00 00 00 00 00 00
100040	隐含扇区数	2048
100048	分区大小（扇区数）	67106816
100050	FAT起始扇区号	2048
100054	FAT扇区数	8192
100058	2号簇起始扇区号	10240
10005C	卷内总簇数	1048384
100060	根目录起始簇号	7
100064	卷ID	CAE0 0D 52
100068	未知	00 01 00 00
10006C	扇区大小（字节数）	09
10006D	每簇扇区数	06

注：12—23号扇区备份0—11号扇区

图 3-115　exFAT 文件系统的 DBR 模板

（1）40H～47H：隐含扇区数。隐含扇区数是指在本分区之前使用的扇区数，与在分区表中所描述的该分区的起始扇区号一致。对于主磁盘分区来讲，隐含扇区数是 MBR 到该分区 DBR 之间的扇区数；对于扩展分区中的逻辑驱动器来讲，隐含扇区数是 EBR 到该分区 DBR 之间的扇区数。

（2）48H～4FH：分区大小。分区大小是指分区的总扇区数，由 8 个字节组成，也就是 64 位，所以能管理的最大分区为 $2^{64} \times 512B = 2^{73}B = 8ZB$。微软公司官方网站提供的信息称，exFAT 文件系统理论上最大可以支持 64ZB 的分区，但从这里只能算出最大分区为 8ZB。

（3）50H～53H：FAT 起始扇区号。FAT 起始扇区号为从 DBR 到 FAT 之间的扇区数。

（4）54H～57H：FAT 扇区数。FAT 扇区数是指 FAT 包含的扇区数。

（5）58H～5BH：2 号簇起始扇区号。2 号簇起始扇区号用来描述在文件系统中的第一个簇的起始扇区号。与传统 FAT 文件系统一样，exFAT 文件系统的第一个簇是 2 号簇，通常 2 号簇会分配给簇位图文件使用。因此，2 号簇起始扇区号也就是簇位图文件的起始扇区号。

（6）5CH～5FH：卷内总簇数。卷内总簇数是指从卷内的第一个簇算起，到卷末尾所包含的簇的总数。

（7）60H～63H：根目录起始簇号。分区在格式化为 exFAT 文件系统时，格式化程序会在数据区中指派一个簇作为 exFAT 文件系统的根目录区的开始，并把该簇号记录在 BPB 中。通常分区的第一个簇被分配给簇位图文件使用。簇位图文件后面是大写字符文件。大写字符文件的下一个簇就是根目录的起始位置了。

（8）64H～67H：卷 ID。卷 ID 是格式化程序在创建文件系统时生成的一组 4 个字节的随机数值。

（9）6C：扇区大小。扇区大小用来描述每扇区包含的字节数。其描述方法为：假设此处值为 N，则每扇区字节数为 2^N。例如，如果这个字节为"09"，即每扇区字节数为 $2^9 = 512$。

（10）6D：每簇扇区数。每簇扇区数用来描述每簇包含的扇区数。其描述方法为：

假设此处值为 N，则每簇扇区数为 2^N。例如，如果这个字节为"06"，即每簇扇区数为 $2^6 = 64$。

exFAT 文件系统能够支持 512B～32MB 的簇大小。

5）引导程序

exFAT 文件系统的 DBR 引导程序占用 390 个字节（78H～1FDH）。这部分字节对于 exFAT 文件系统来说也是很重要的。如果这部分字节的数据被破坏，则 exFAT 文件系统将无法使用。

6）结束标志

exFAT 文件系统的 DBR 结束标志与 FAT 文件系统的 DBR 结束标志一样，均为"55AA"。在 exFAT 文件系统的 DBR 之后还有很多保留扇区，其中 12 号扇区为 DBR 的备份。如果 DBR 遭到破坏，可以用 DBR 的备份进行修复。

2. exFAT 文件系统的 FAT 分析

1）FAT 的作用及结构特点

FAT（File Allocation Table）即文件分配表，对于 ExFAT 文件系统来讲也是很重要的一个组成部分，其主要作用及结构特点如下。

（1）exFAT 文件系统一般只有一个 FAT。这个 FAT 是格式化程序对分区进行格式化时创建的。

（2）FAT 跟在 DBR 之后，其具体地址由 DBR 的 BPB 中偏移地址为 50H～53H 的 4 个字节描述。

（3）FAT 是由 FAT 表项构成的。我们把 FAT 表项简称为 FAT 项。exFAT 文件系统的每个 FAT 项由 4 个字节构成，也就是 32 位的表项。

（4）每个 FAT 项都有一个固定的编号，这个编号从 0 开始，也就是说，第一个 FAT 项是 0 号 FAT 项，第二个 FAT 项是 1 号 FAT 项，以此类推。

（5）FAT 的前两个 FAT 项有专门的用途：0 号 FAT 项通常用来存放分区所在的介质类型，比如硬盘的介质类型为"F8"，那么硬盘上分区 FAT 的第一个 FAT 项就以"F8"开始；1 号 FAT 项一般都是 4 个"FF"。

（6）在数据区中每一个簇都会映射到 FAT 中的唯一一个 FAT 项。因为 0 号 FAT 项和 1 号 FAT 项有特殊用途，无法与在数据区中的簇形成映射，只能从 2 号 FAT 项开始与在数据区中的第一个簇映射，所以在数据区中的第一个簇也就编号为 2 号簇，这也是在数据区中没有 0 号簇和 1 号簇的原因。然后，3 号簇与 3 号 FAT 项映射，4 号簇与 4 号 FAT 项映射，以此类推。

（7）分区格式化后，分区的两个元文件及用户文件都以簇为单位存放在数据区中，一个文件至少占用一个簇。当一个文件占用多个簇时，这些簇的簇号可能是不连续的，也可能是连续的。如果文件存放在不连续的簇中，这些簇的簇号就以簇链的形式登记在 FAT 中；如果文件存放在连续的簇中，FAT 则不登记这些连续的簇链。

（8）综合上面的说明可以看出，exFAT 文件系统 FAT 的功能主要是记录不连续存储的文件的簇链，所以在 FAT 中看到数值为 0 的 FAT 项并不能说明该 FAT 项对应的簇是可用簇。

2）FAT 的实际应用

要分析 FAT，首先需要找到 FAT。下面模拟一下操作系统定位 FAT 的方法。下面以图 3-113 所示的 DBR 所在分区为例介绍定位 FAT 的方法。

系统通过该分区的分区表信息，定位到其 DBR 扇区。

读取 DBR 的 BPB，主要读取"FAT 起始扇区号"参数，它在 DBR 的 50H～53H 偏移地址处，当前值为 2048（具体参数可以查看如图 3-115 所示的 DBR 模板信息）。

读取"FAT 起始扇区号"参数的值为 2048 后，跳转到该分区的 2048 号扇区，这里就是 FAT 的开始位置。

下面跳转到 2048 号扇区来具体分析这个扇区的数据结构。

该分区是刚格式化的一个分区。当把分区格式化为 exFAT 文件系统时，格式化程序会把分配给 FAT 的第一个扇区清零，然后写入 0 号 FAT 项和 1 号 FAT 项，另外还会写入簇位图文件、大写字符文件及根目录所占簇对应的 FAT 项。exFAT 文件系统的 FAT 如图 3-116 所示。

Offset	0 1 2 3	4 5 6 7	8 9 A B	C D E F	
000100000	F8 FF FF FF	FF FF FF FF	FF FF FF FF	FF FF FF FF	øÿÿÿÿÿÿÿÿÿÿÿÿÿÿÿ
000100010	FF FF FF FF	00 00 00 00	00 00 00 00	00 00 00 00	ÿÿÿÿ
000100020	00 00 00 00	00 00 00 00	00 00 00 00	00 00 00 00	
0号FAT项	4号FAT项	1号FAT项	2号FAT项	3号FAT项	
000100040	0U UU UU 00	0U UU UU 00	0U UU UU 00	00 UU U0	
000100050	00 00 00 00	00 00 00 00	00 00 00 00	00 00 00 00	
000100060	00 00 00 00	00 00 00 00	00 00 00 00	00 00 00 00	

图 3-116　exFAT 文件系统的 FAT

从图 3-116 中可以看出，每个 FAT 项占用 4 个字节。其中，0 号 FAT 项描述介质类型，其首字节为"F8"，表示介质类型为硬盘；1 号 FAT 项写入 4 个"FF"；2 号 FAT 项对应 2 号簇；3 号 FAT 项对应 3 号簇，直至最后一个簇。目前，在 2、3、4 这 3 个 FAT 项中都是 4 个"FF"，说明簇位图文件、大写字符文件、根目录各占一个簇。

3. exFAT 文件系统的簇位图文件分析

exFAT 文件系统的 FAT 后面就是数据区，但数据区不一定会紧跟在 FAT 的后面。FAT 后面可能还会有一些保留扇区，每个分区不一样，要看实际情况。数据区的开始位置在 DBR 的 BPB 中有描述，"2 号簇起始扇区号"参数的值就是数据区的开始位置。2 号簇一般会分配给簇位图文件使用。

簇位图文件是在分区格式化时创建的。该文件不允许用户访问和修改。

在图 3-113 所示的 DBR 所在分区，从偏移地址 58H～5BH 处可以看到，"2 号簇起始扇区号"是 10 240，跳转到 10 240 扇区，如图 3-117 所示。

Offset	0 1 2 3 4 5 6 7	8 9 A B C D E F	
000500000	FF 01 00 00 00 00 00 00	00 00 00 00 00 00 00 00	ÿ
000500010	00 00 00 00 00 00 00 00	00 00 00 00 00 00 00 00	
000500020	00 00 00 00 00 00 00 00	00 00 00 00 00 00 00 00	
000500030	00 00 00 00 00 00 00 00	00 00 00 00 00 00 00 00	
000500040	00 00 00 00 00 00 00 00	00 00 00 00 00 00 00 00	
000500050	00 00 00 00 00 00 00 00	00 00 00 00 00 00 00 00	

图 3-117　2 号簇起始扇区

该扇区中"FF01"为簇位图文件的内容。簇位图文件是 exFAT 文件系统中的一个元文件，类似于 NTFS 中的元文件$Bitmap，是用来管理分区中簇的使用情况的。在簇位图文件中，每一位映射到数据区中的每一个簇。如果某个簇分配给了文件，该簇在簇位图文件中对应的位就会被填入"1"，表示该簇已经被占用；如果没有使用的空簇，它们在簇位图文件中对应的位就是"0"。

在图 3-117 中簇位图文件的内容为"FF01"，换算成二进制数为"00000111"，这 8 位二进制数对应着数据区 2 号簇到 9 号簇这 8 个簇，从"00000111"这个数值中能够很明确地看出 2、3、4 这 3 个簇是被使用的，其他 5 个簇未被使用，而 2、3、4 这 3 个簇正是被簇位图文件、大写字符文件、根目录所占用的。

4. exFAT 文件系统的大写字符文件分析

大写字符文件是在分区被格式化时创建的。该文件不允许用户访问和修改。

簇位图文件结束后的下一个簇一般会分配给大写字符文件使用。在图 3-113 所示的 DBR 所在分区中，簇位图文件只占用一个簇，当前分区为每簇 8 个扇区，开始位置往后跳转 8 个扇区就到了大写字符文件的开始位置了，也就是 3 号簇的开始位置。

大写字符文件第一个扇区的前半部分如图 3-118 所示，其内容均为在 Unicode 字母表中的字符，每个字符占用 2 个字节。

大写字符文件的大小固定为 5836 个字节。

Offset	0 1 2 3 4 5 6 7	8 9 A B C D E F	
000520000	00 00 01 00 02 00 03 00	04 00 05 00 06 00 07 00	
000520010	08 00 09 00 0A 00 0B 00	0C 00 0D 00 0E 00 0F 00	
000520020	10 00 11 00 12 00 13 00	14 00 15 00 16 00 17 00	
000520030	18 00 19 00 1A 00 1B 00	1C 00 1D 00 1E 00 1F 00	
000520040	20 00 21 00 22 00 23 00	24 00 25 00 26 00 27 00	! " # $ % & '
000520050	28 00 29 00 2A 00 2B 00	2C 00 2D 00 2E 00 2F 00	( ) * + , - . /
000520060	30 00 31 00 32 00 33 00	34 00 35 00 36 00 37 00	0 1 2 3 4 5 6 7
000520070	38 00 39 00 3A 00 3B 00	3C 00 3D 00 3E 00 3F 00	8 9 : ; < = > ?
000520080	40 00 41 00 42 00 43 00	44 00 45 00 46 00 47 00	@ A B C D E F G
000520090	48 00 49 00 4A 00 4B 00	4C 00 4D 00 4E 00 4F 00	H I J K L M N O
0005200A0	50 00 51 00 52 00 53 00	54 00 55 00 56 00 57 00	P Q R S T U V W
0005200B0	58 00 59 00 5A 00 5B 00	5C 00 5D 00 5E 00 5F 00	X Y Z [\ ] ^ _

图 3-118　大写字符文件第一个扇区的前半部分

5. exFAT 文件系统的目录项分析

1）目录项的作用及结构特点

目录项对于 exFAT 文件系统说是非常重要的组成部分，其主要作用及结构特点如下。

（1）在分区中，每个文件和文件夹（又称目录）都被分配多个大小为 32 个字节的目录项。这些目录项用来描述文件或文件夹的属性、大小、起始簇号、时间和日期等信息。文件名或目录名会被一起记录在目录项中。

（2）在 exFAT 文件系统中，目录也被视为特殊类型的文件，所以每个目录都与文件一样有目录项。

（3）在 exFAT 文件系统下，分区根目录下的文件及文件夹的目录项存放在根目录区中，而分区子目录下的文件及文件夹的目录项存放在数据区相应的簇中。

（4）exFAT 文件系统目录项的第一个字节用来描述目录项的类型，剩下的 31 个字节用来记录文件的相关信息。

（5）根据目录项的作用和结构特点，可以把目录项分为卷标的目录项、簇位图文件的目录项、大写字符文件的目录项和用户文件的目录项 4 种类型。

2）卷标的目录项

卷标就是一个分区的名字，可以在格式化分区时创建，也可以随时修改。exFAT 文件系统把卷标当成文件，并用文件目录项对其进行管理。exFAT 文件系统为卷标建一个目录项，并将其放在根目录区中。

卷标的目录项占用 32 个字节。其中，第一个字节是特征值，用来描述类型。卷标的目录项的特征值为 "83H"。如果没有卷标或者将卷标删除，该特征值为 "03H"。

卷标的目录项有以下特点。

（1）对于 exFAT 格式的分区，卷标的字符数理论上要求在 11 个之内，但最多可以达到 15 个。卷标使用 Unicode 字符。

（2）在卷标的目录项中不记录起始簇号和大小。

（3）在卷标的目录项中不记录时间戳。

3）簇位图文件的目录项

exFAT 文件系统在格式化时会创建一个簇位图文件，并为其建一个目录项，放在根目录区中。

簇位图文件的目录项占用 32 个字节。其中，第一个字节是特征值，用来描述类型。簇位图文件的目录项的特征值为 "81H"。

簇位图文件的目录项如图 3-119 所示。

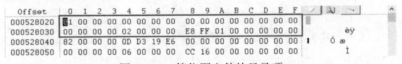

图 3-119　簇位图文件的目录项

exFAT 簇位图文件的目录项各字段的含义如表 3-55 所示。

表 3-55　exFAT 簇位图文件的目录项各字段的含义

偏 移 地 址	字段长度/个字节	含　　义
00H	1	目录项的类型
0IH	1	保留
02H	18	保留
14H	4	起始簇号
18H	8	文件大小

簇位图文件的目录项有以下特点。

（1）对于 exFAT 格式的分区，簇位图文件的起始簇号一般都为 2。

（2）在簇位图文件的目录项中不记录时间戳。

4）大写字符文件的目录项

exFAT 文件系统在格式化时会创建一个大写字符文件，并为其建一个目录项。该目录项放在根目录区中。

大写字符文件的目录项占用 32 个字节。其中，第一个字节是特征值，用来描述类型。大写字符文件的目录项的特征值为"82H"。

大写字符文件的目录项如图 3-120 所示。

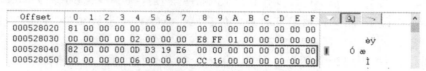

图 3-120　大写字符文件的目录项

大写字符文件的目录项各字段的含义如表 3-56 所示。

表 3-56　大写字符文件的目录项各字段的含义

偏 移 地 址	字段长度/个字节	含 义
00H	1	目录项的类型
0lH	3	保留
08H	14	保留
14H	4	起始簇号
18H	8	文件大小

大写字符文件的目录项有以下特点。

（1）对于 exFAT 格式的分区，大写字符文件的目录项一般都跟在簇位图文件的目录项之后。

（2）在大写字符文件的目录项中不记录时间戳。

5）用户文件的目录项

在 exFAT 文件系统中，每个用户文件至少有 3 个目录项。第一个目录项称为"属性 1"目录项，其特征值为"85H"；第二个目录项称为"属性 2" 目录项，其特征值为"C0H"；第三个目录项称为"属性 3"目录项，其特征值为"C1H"。

（1）"属性 1"目录项。"属性 1"目录项用来记录该目录项的附属目录项数、校验和、属性、时间戳等信息。"属性 1"目录项如图 3-121 所示。

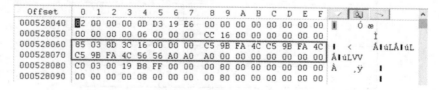

图 3-121　"属性 1"目录项

"属性 1"目录项各字段的含义如表 3-57 所示。

下面通过 WinHex 查看"属性 1"目录项的模板，如图 3-122 所示。

00H：类型。该参数为目录项类型的特征值。

表 3-57　"属性 1"目录项各字段的含义

偏移地址	字段长度/个字节	含　义
00H	1	类型
01H	1	附属目录项数
02H	2	校验和
04H	4	属性
08H	4	文件创建时间
0CH	4	文件最后修改时间
10H	4	文件最后访问时间
14H	1	文件创建时间（精确至 10ms）
15H	3	保留
18H	8	保留

文件属性1			
528060	类型	85	
528061	附属目录项数	03	
528062	校验和	8D 3C	
528064	属性（- -a-dir-vol-s-h-r）	00010110	
528068	文件创建时间	2018-07-26	19:30:10
52806C	文件最后修改时间	2018-07-26	19:30:10
528070	文件最后访问时间	2018-07-26	19:30:10
528074	文件创建时间(精确到10ms)	86	

图 3-122　"属性 1"目录项的模板

01H：附属目录项数。该参数指该文件除此目录项外，还有几个目录项。该参数当前值为 2，说明该文件除了"属性 1"目录项外，后面还有两个目录项，即"属性 2"目录项和"属性 3"目录项。

02H～03H：校验和。该参数是通过校验算法算出来的目录项的校验和。

04H～07H：文件属性。该参数描述文件的常规属性。"文件属性"参数值对应属性的具体含义如表 3-58 所示。

表 3-58　"文件属性"参数值对应属性的具体含义

参数值（二进制）	含　义	参数值（二进制）	含　义
00000000	读写	00001000	卷标
00000001	只读	00010000	子目录
00000010	隐含	00100000	存档
00000100	系统		

08H～0BH：文件创建时间。该参数是文件的具体创建时间。其格式为 32 位的 DOS 时间，包括年、月、日、时、分、秒。其具体表示方法与 FAT 文件系统的一样，这里不再重复讲述。

0CH～0FH：文件最后修改时间。该参数是文件最后一次修改的具体时间。其格式为 32 位的 DOS 时间，包括年、月、日、时、分、秒。其具体表示方法跟 FAT 文件系统的一样，这里不再重复讲述。

10H～13H：文件最后访问时间。该参数是文件最后一次访问的具体时间，其格式为 32 位的 DOS 时间，包括年、月、日、时、分、秒。其具体表示方法跟 FAT 文件系统的不一样。在 FAT 文件系统中，文件最后访问时间只有年、月、日，没有时、分、秒。

14H：文件创建时间。该参数是文件的具体创建时间，精确到 10ms。

（2）"属性 2"目录项。"属性 2"目录项用来记录文件是否有碎片、文件名的字符数、

计算机数据恢复技术

文件名 Hash 值、文件的起始簇号及大小等信息。

"属性 2"目录项如图 3-123 所示。

Offset	0 1 2 3 4 5 6 7 8 9 A B C D E F	刘
000528040	82 00 00 00 0D D3 19 E6 00 00 00 00 00 00 00 00	Ó æ
000528050	00 00 00 00 06 00 00 00 CC 16 00 00 00 00 00 00	Ì
000528060	85 03 8D 3C 16 00 00 00 C5 9B FA 4C C5 9B FA 4C	< ÅúLÅúL
000528070	C5 9B FA 4C 56 56 A0 A0 A0 00 00 00 00 00 00 00	ÅúLVV
000528080	C0 03 00 19 B8 FF 00 00 80 00 00 00 00 00 00 00	À ¸ÿ
000528090	00 00 00 00 08 00 00 00 00 00 00 00 00 00 00 00	
0005280A0	81 00 53 00 79 00 73 00 74 00 65 00 6D 00 20 00	System
0005280B0	56 00 6F 00 6C 00 75 00 6D 00 65 00 20 00 49 00	Volume I

图 3-123 "属性 2"目录项

"属性 2"目录项各字段的含义如表 3-59 所示。

表 3-59 "属性 2"目录项各字段的含义

偏移地址	字段长度/个字节	含义
00H	1	类型
01H	1	文件碎片标志
02H	1	保留
03H	1	文件名字符数（N）
04H	2	文件名 Hash 值
06H	2	保留
08H	8	文件大小 1
10H	4	保留
14H	4	起始簇号
18H	8	文件大小 2

下面通过 WinHex 查看"属性 2"目录项的模板，如图 3-124 所示。

00H：类型。目录项类型的特征值，"属性 2"目录项的特征值为"C0H"。

01H：文件碎片标志。该参数能够反映出文件是否连续存放。如果连续存放、没有碎片，则该标志为 03H；如果非连续存放、文件有碎片，则该标志为 01H。

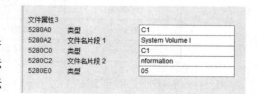

图 3-124 "属性 2"目录项的模板

03H：文件名字符数。该参数用来说明文件名长度。exFAT 文件系统的文件名用 Unicode 字符表示，每个字符占用 2 个字节。

04H～05H：文件名 Hash 值。该参数是根据相应算法算出的文件名的校验值。当文件名发生改变时，该参数也会发生改变；当文件移动时，该参数不会改变。

08H～0FH：文件大小 1。该参数是文件的总字节数，用 64 位记录文件大小。

14H～17H：起始簇号。该参数是描述文件的起始簇号，用 32 位记录起始簇的地址。

18H～1FH：文件大小 2。该参数也是文件的总字节数，是为 NTFS 的压缩属性准备的，在一般情况下与"文件大小 1"参数值保持一致。

（3）"属性 3"目录项。"属性 3"目录项用来记录文件名。如果文件名较长，"属性 3"

目录项可以包含多个目录项，且每个目录项称为一个片段，从上到下依次记录文件名的每一个字符，记录的方向刚好与 FAT 文件系统中长文件名目录项从下到上的顺序相反。

"属性 3"目录项如图 3-125 所示。

```
Offset    0  1  2  3  4  5  6  7   8  9  A  B  C  D  E  F
000528040 82 00 00 00 0D D3 19 E6  00 00 00 00 00 00 00 00   Ì  Ó æ
000528050 00 00 00 00 CC 16 00 00  00 00 00 00 00 00 00 00          Ì
000528060 85 03 8D 3C 16 00 00 00  C5 9B FA 4C C5 9B FA 4C   I  <    ÅíúLÅíúL
000528070 C5 9B FA 4C 56 56 A0 A0  A0 00 00 4C 00 00 00 00   ÅíúLVV
000528080 C0 03 00 19 B8 FF 00 00  00 80 00 00 00 00 00 00   À    ¸ÿ
000528090 00 00 00 00 00 00 00 00  00 80 00 00 00 00 00 00
0005280A0 C1 00 53 00 79 00 73 00  74 00 65 00 6D 00 20 00   Á S y s t e m
0005280B0 56 00 6F 00 6C 00 75 00  6D 00 65 00 20 00 49 00   V o l u m e   I
```

图 3-125　"属性 3"目录项

"属性 3"目录项各字段的含义如表 3-60 所示。

下面通过 WinHex 查看"属性 3"目录项的模板，如图 3-126 所示。

表 3-60　"属性 3"目录项各字段的含义

偏 移 地 址	字段长度/个字节	含　　义
00H	1	类型
01H	1	保留
02H	2N	文件名（片段）

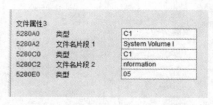

图 3-126　"属性 3"目录项的模板

6. exFAT 文件系统根目录与子目录的管理

1）根目录的管理

exFAT 文件系统会统一在数据区的根目录区中为文件创建目录项，并由簇位图文件为用户文件的内容分配簇存放数据。而根目录区的首簇会由格式化程序指派，被指派的簇号会被记录在 DBR 的 BPB 中。如果根目录下的文件数目过多，文件的目录项在根目录区的首簇中存放不下，簇位图文件就会为根目录分配新的簇来存放根目录下的文件及文件夹的目录项，并在 FAT 中记录簇链。

2）子目录的管理

exFAT 文件系统的根目录、子目录及数据都是存放在数据区的。

3.3.3　从 exFAT 文件系统中提取数据

要想在 exFAT 文件系统中提取自己想要的数据，首先要找到记录文件的目录项。下面以在"FileExtrac"盘中的 File2.doc 文件为例，具体介绍如何直接用 WinHex 提取数据。

"File Extrac"盘如图 3-127 所示。File2.doc 文件如图 3-128 所示。

图 3-127　"File Extrac"盘

现在，我们用 WinHex 打开"File Extrac"盘，如图 3-129 所示。

图 3-128　File2.doc 文件

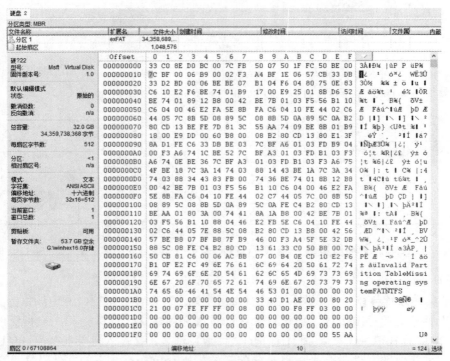

图 3-129　用 WinHex 打开"File Extrac"盘

在提取数据前要先找到根目录。接下来，我们看一下如何在 WinHex 中定位根目录。

第 1 步，定位 DBR。

通过 MBR 分区表可以知道，"FileExtrac"盘的开始位置在 2048 扇区。这个扇区就是 DBR 扇区。

第 2 步，定位根目录首簇。

访问 DBR 的 PBP，如图 3-130 所示。

通过"2 号簇起始扇区号""根目录起始簇号""每簇扇区数"3 个参数的值就可以算出根目录所在的扇区。其具体算法为

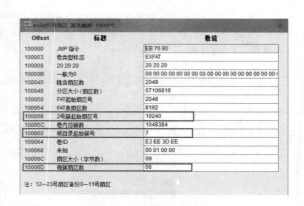

图 3-130　DBR 的 PBP

根目录所在的扇区号=DBR 的起始扇区号+2 号簇起始扇区号+（根目录起始簇号-2）×

每簇扇区数

　　这里的计算结果为 12 608，所以根目录的起始扇区号为 12 608，如图 3-131 所示。

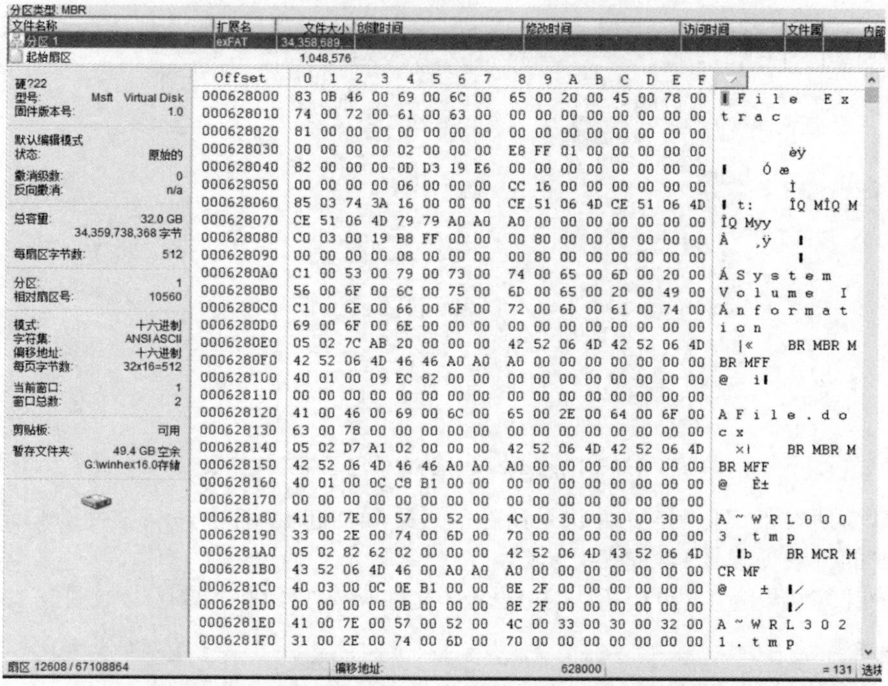

图 3-131　根目录

　　接下来，在根目录项中寻找记录 File2.doc 文件的目录项。在 exFAT 文件系统的目录项中，文件是用 6 行 96 个字节来记录的，一般以"85"开头，如图 3-132 所示。

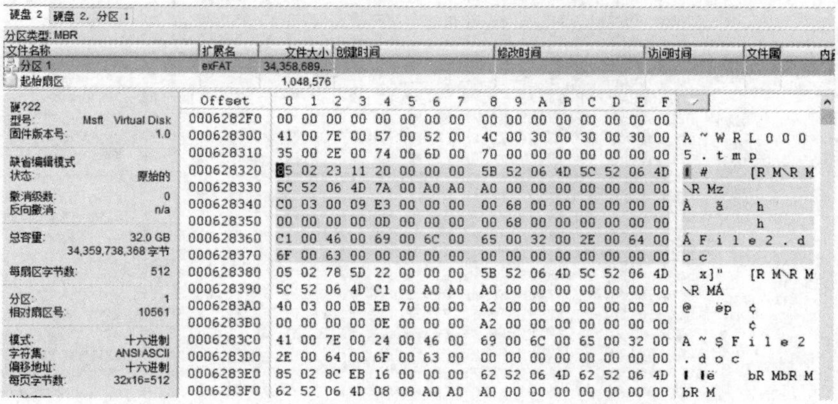

图 3-132　File2.doc 文件的文件记录项

　　File2.doc 文件的文件记录项具体参数如图 3-133 所示。

　　找到 File2.doc 文件的文件记录项后，就可以找 File2.doc 文件数据所在的扇区了。先找到 File2.doc 文件数据的起始扇区。从图 3-133 中我们可以看到，File2.doc 文件的起始簇号是 13，然后可以算出 File2.doc 文件开头所在的扇区号，其计算公式为

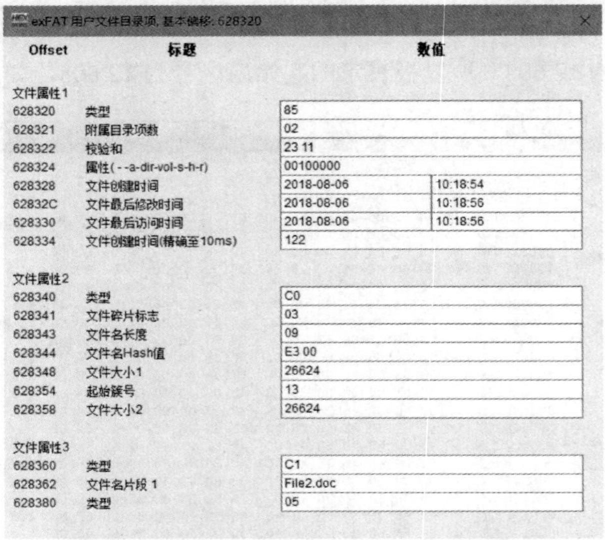
exFAT 用户文件目录项, 基本偏移: 628320
Offset 标题 数值
文件属性1
628320 类型 85
628321 附属目录项数 02
628322 校验和 23 11
628324 属性(--a-dir-vol-s-h-r) 00100000
628328 文件创建时间 2018-08-06 10:18:54
62832C 文件最后修改时间 2018-08-06 10:18:56
628330 文件最后访问时间 2018-08-06 10:18:56
628334 文件创建时间(精确至10ms) 122
文件属性2
628340 类型 C0
628341 文件碎片标志 03
628343 文件名长度 09
628344 文件名Hash值 E3 00
628348 文件大小1 26624
628354 起始簇号 13
628358 文件大小2 26624
文件属性3
628360 类型 C1
628362 文件名片段 1 File2.doc
628380 类型 05

图 3-133　File2.doc 文件的文件记录项具体参数

文件开头所在的扇区号=文件记录所在的目录项的起始扇区号+（文件的起始簇号-文件记录所在的目录项簇号）×每簇扇区数

这里的计算结果为 12 992，所以 File2.doc 文件开头在 12 992 扇区，如图 3-134 所示。

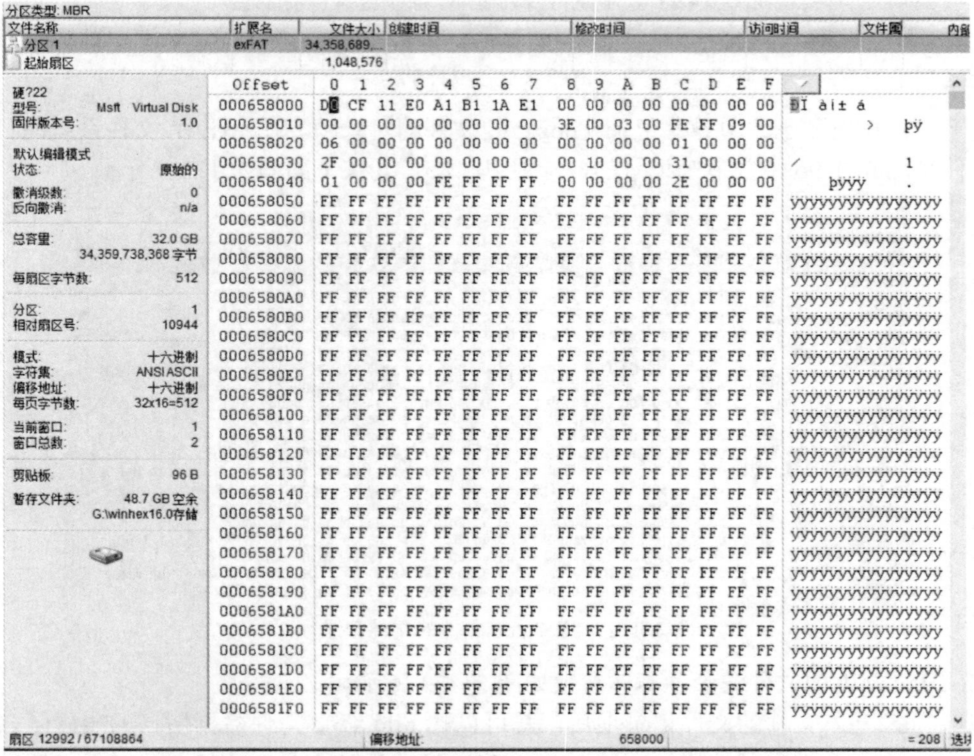
分区类型: MBR
文件名称 扩展名 文件大小 创建时间 修改时间 访问时间 文件属
分区 1 exFAT 34,358,689,...
起始扇区 1,048,576
硬?22
型号: Msft Virtual Disk
固件版本号: 1.0
默认编辑模式
状态: 原始的
撤消级数: 0
反向撤消: n/a
总容量: 32.0 GB
34,359,738,368 字节
每扇区字节数: 512
分区: 1
相对扇区号: 10944
模式: 十六进制
字符集: ANSI ASCII
偏移地址: 十六进制
每页字节数: 32x16=512
当前窗口: 1
窗口总数: 2
剪贴板: 96 B
暂存文件夹: 48.7 GB 空余
G:\winhex16.0存储
Offset 0 1 2 3 4 5 6 7 8 9 A B C D E F
000658000 D0 CF 11 E0 A1 B1 1A E1 00 00 00 00 00 00 00 00
000658010 00 00 00 00 00 00 00 00 3E 00 03 00 FE FF 09 00
000658020 06 00 00 00 00 00 00 00 00 00 00 00 01 00 00 00
000658030 2F 00 00 00 00 00 00 00 00 10 00 00 31 00 00 00
000658040 01 00 00 00 FE FF FF FF 00 00 00 00 2E 00 00 00
000658050 FF FF FF FF FF FF FF FF FF FF FF FF FF FF FF FF
扇区 12992 / 67108864
偏移地址: 658000
= 208

图 3-134　File2.doc 文件开头所在扇区

知道文件开头所在扇区，接下来就要找文件结尾所在扇区了。文件结尾所在的扇区号可以通过文件大小计算出来。从图 3-133 中可以看到，File2.doc 文件大小为 26 624 字节。在 exFAT 文件系统中，文件的大小是通过字节记录的。要想计算文件结尾所在扇区，要先把文件大小转换为扇区数。字节转换扇区数的计算公式为

　　　　扇区数=文件大小（字节数）/512

　　这里的计算结果为 52，说明 File2.doc 文件在"File Extrac"盘中占用 52 个扇区。知道了文件大小就可以计算文件结尾所在扇区号了，其计算公式为

　　　　文件结尾所在扇区号=文件开头所在扇区号+文件所占用的扇区数-1，

　　这里的计算结果为 13 043，File2.doc 文件结尾在 13 043 扇区，如图 3-135 所示。

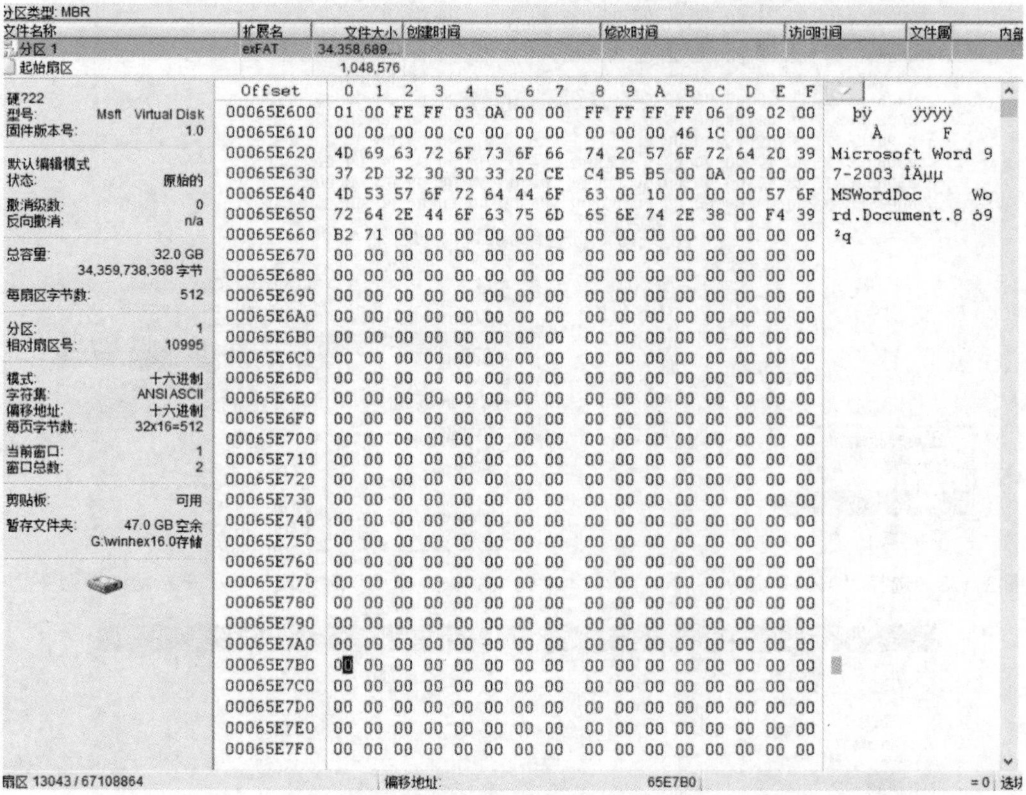

图 3-135　File2.doc 文件结尾所在扇区

　　知道文件开头和文件结尾所在扇区，就可以直接提取数据了。先跳转到 File2.doc 文件开头所在扇区（12 992 扇区）第一个字节，右击，选择"选块起始位置"命令，如图 3-136 所示。再跳转到 File2.doc 文件结尾所在扇区，（13 044 扇区）后任意空白处右击，选择"选块尾部"命令，如图 3-137 所示。

　　然后，右击，选择"编辑"命令，如图 3-138 所示。在打开的菜单中，选择"复制选块"→"至新文件"命令，如图 3-139 所示。在打开的"另存为"对话框中单击"保存"按钮，如图 3-140 所示。这样 File2.doc 文件就被提取出来了，如图 3-141 所示。

图 3-136　选择"选块起始位置"命令

Offset	0	1	2	3	4	5	6	7	8	9	A	B	C	D	E	F	
00065E600	01	00	FE	FF	03	0A	00	00	FF	FF	FF	FF	06	09	02	00	þÿ ÿÿÿÿ
00065E610	00	00	00	00	C0	00	00	00	00	00	46	1C	00	00	À F
00065E620	4D	69	63	72	6F	73	6F	66	74	20	57	6F	72	64	20	39	Microsoft Word 9
00065E630	37	2D	32	30	30	33	20	CE	C4	B5	B5	00	0A	00	00	00	7-2003 ÎÄµµ
00065E640	4D	53	57	6F	72	64	44	6F	63	00	10	00	00	00	57	6F	MSWordDoc Wo
00065E650	72	64	2E	44	6F	63	75	6D	65	6E	74	2E	38	00	F4	39	rd.Document.8 ô9
00065E660	B2	71	00	00	00	00	00	00	00	00	00	00	00	00	00	00	²q
00065E670	00	00	00	00	00	00	00	00	00	00	00	00	00	00	00	00	
00065E680	00	00	00	00	00	00	00	00	00	00	00	00	00	00	00	00	
00065E690	00	00	00	00	00	00	00	00	00	00	00	00	00	00	00	00	
00065E6A0	00	00	00	00	00	00	00	00	00	00	00	00	00	00	00	00	
00065E6B0	00	00	00	00	00	00	00	00	00	00	00	00	00	00	00	00	
00065E6C0	00	00	00	00	00	00	00	00	00	00	00	00	00	00	00	00	
00065E6D0	00	00	00	00	00	00	00	00	00	00	00	00	00	00	00	00	
00065E6E0	00	00	00	00	00	00	00	00	00	00	00	00	00	00	00	00	
00065E6F0	00	00	00	00	00	00	00	00	00	00	00	00	00	00	00	00	

图 3-137　选择"选块尾部"命令

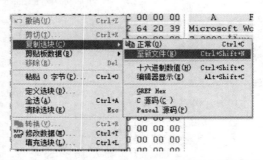

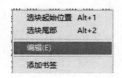

图 3-138　选择"编辑"命令　　　　图 3-139　选择"复制选块"→"至新文件"命令

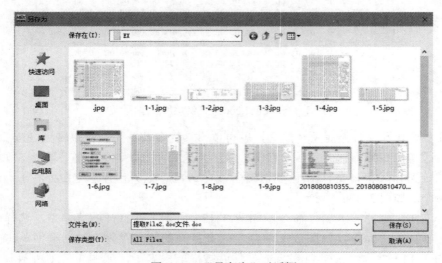

图 3-140　"另存为"对话框

图 3-141　提取出来的 File2.doc 文件

3.3.4　exFAT 文件系统 DBR 遭破坏后的恢复

如果双击 exFAT 分区"J"盘时出现如图 3-142 所示的提示信息，当"J"盘没有任何物理故障时，不要单击"格式化磁盘"按钮，否则磁盘中的数据会被清空。这种故障明显是文件系统遭到了破坏。

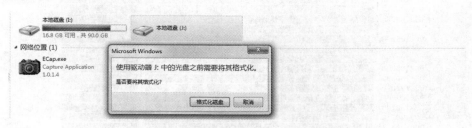

图 3-142　双击 exFAT 分区"J"盘时出现的提示信息

用 WinHex 打开"J"盘，检查发现"J"盘 DBR 遭到了破坏，如图 3-143 所示。

从图 3-143 中可以看出，"J"盘 DBR 已经被清零。DBR 是文件系统中一个非常重要的扇区。这个扇区被破坏后分区将无法打开。一般修复 DBR 扇区的方法有两种：第一种是找到 DBR 的备份，然后将整个扇区复制到 DBR 的位置（exFAT 文件系统 DBR 的备份一般在 DBR 后面第 12 个扇区）；第二种为手工修复。手工修复步骤如下：

计算机数据恢复技术

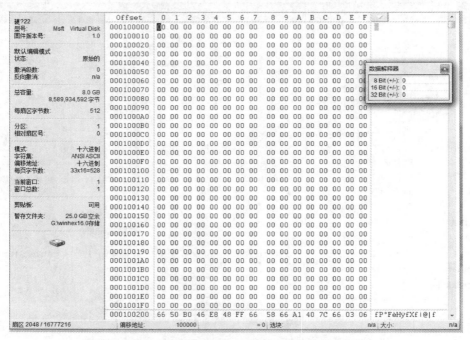

图 3-143 "J"盘 DBR 遭到破坏

首先，自建一个 exFAT 文件系统格式的磁盘，然后把自建盘 DBR 复制到故障盘 DBR 的位置（复制快捷键为"Ctrl+C"组合键，填入快捷键为"Ctrl+B"组合键），如图 3-144、图 3-145 所示。

图 3-144 复制自建盘 DBR

162

```
Offset     0  1  2  3  4  5  6  7   8  9  A  B  C  D  E  F    /
000100000  EB 76 90 45 58 46 41 54  20 20 20 00 00 00 00 00   ëv EXFAT
000100010  00 00 00 00 00 00 00 00  00 00 00 00 00 00 00 00
000100020  00 00 00 00 00 00 00 00  00 00 00 00 00 00 00 00
000100030  00 00 00 00 00 00 00 00  00 00 00 00 00 00 00 00
000100040  00 08 00 00 00 00 00 00  00 F8 FF 00 00 00 00 00            øÿ
000100050  00 08 00 00 00 00 00 00  00 10 00 00 A0 FF 03 00              ÿ
000100060  04 00 00 00 47 AE C3 82  00 01 00 00 09 06 01 80      G®Ã
000100070  00 00 00 00 00 00 00 00  33 C9 8E D1 8E C1 8E D9          3ÉÑÁÙ
000100080  BC D0 7B 8D 00 7C 88 16  6F 7C B4 41 BB AA 55 CD   ¼Ð{  | o|´A»ªUÍ
000100090  13 72 69 81 FB 55 AA 75  63 F6 C1 01 74 5E FE 06   ri ûUªucöÁ t^þ
0001000A0  02 7C 66 50 B0 65 E8 A6  00 66 58 66 B8 01 00 00    |fP°eè¦ fXf¸
0001000B0  00 8A 0E 0E 7C 66 D3 E0  66 89 46 E6 66 B8 01 00    |fÓàf‰Fæf¸
0001000C0  00 00 8A 0E 6C 7C 66 D3  E0 66 89 46 D8 66 A1 40     l|fÓàf‰FØf¡@
0001000D0  7C 66 40 BB 00 7E E9 01  00 66 58 66 E8 41 00 66   |f@» ~é fXfèA f
0001000E0  66 40 BB 00 80 B9 01 00  E8 34 00 66 50 B0 78 E8   f@» €¹ è4 fP°xè
0001000F0  5D 00 66 58 E9 09 01 A0  FC 7D EB 05 A0 FB 7D EB   ] fXé  ü}ë û}ë
000100100  00 B4 7D 8B F0 AC 98 40  74 0C 48 74 0E BB 07 00    ´}‹ð¬˜@t Ht »
000100110  07 00 CD 10 EB EF A0 FD  7D EB E6 CD 16 CD 19 66    Í ëï ý}ëæÍ Í f
000100120  60 66 6A 00 66 50 06 53  66 68 10 00 01 00 B4 42   `fj fP S fh    ´B
000100130  B2 80 8A 16 6F 7C 8B F4  CD 13 66 58 66 58 66 58   ²€Š o|‹ôÍ fXfXfX
000100140  66 58 66 61 72 B1 03 5E  D8 66 40 49 75 D1 C3 66   fXfar±^Øf@IuÑÃf
000100150  66 60 1E CE BB 07 00 B9  00 01 CD 66 61 C7 06 a4   f` Î»  ¹  Ífaç ¤
000100160  4F 00 4F 00 54 00 4D 00  47 00 52 00 0D 0A 52 65   O O T M G R  Re
000100170  6D 6F 76 65 20 64 69 73  6B 73 20 6F 72 20 6F 74   move disks or ot
000100180  68 65 72 20 6D 65 64 69  61 2E FF 0D 0A 44 69 73   her media.ÿ  Dis
000100190  6B 20 65 72 72 6F 72 FF  0D 0A 50 72 65 73 73 20   k errorÿ  Press
0001001A0  61 6E 79 20 6B 65 79 20  74 6F 20 72 65 73 74 61   any key to resta
0001001B0  72 74 0D 0A 00 00 00 00  00 00 00 00 00 00 FF FF   rt            ÿÿ
0001001C0  FF FF FF FF FF FF FF FF  FF FF FF FF FF FF FF FF   ÿÿÿÿÿÿÿÿÿÿÿÿÿÿÿÿ
0001001D0  FF FF FF FF FF FF FF FF  FF FF FF FF FF FF FF FF   ÿÿÿÿÿÿÿÿÿÿÿÿÿÿÿÿ
0001001E0  FF FF FF FF FF FF FF FF  FF FF FF FF FF FF FF FF   ÿÿÿÿÿÿÿÿÿÿÿÿÿÿÿÿ
0001001F0  FF FF FF FF FF FF FF FF  FF FF FF FF 6C 8B 98 55 AA ÿÿÿÿÿÿÿÿÿÿÿÿl‹˜Uª
```

图 3-145　把自建盘 DBR 粘贴到故障盘

其次，自建盘 DBR 粘贴到故障盘后不能直接使用，还要修改其中几个重要参数。

（1）40H～43H：隐含扇区数（在磁盘中从 MBR 到 DBR 的扇区数）。这里将隐含扇区数改为 2048，如图 3-146 所示。

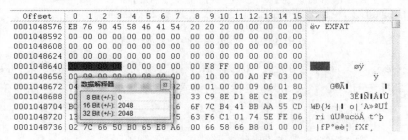

图 3-146　隐含扇区数

（2）48H～4BH：分区大小。分区大小可以在分区表中查看。这里将分区大小改为 16 775 168 个扇区，如图 3-147 所示。

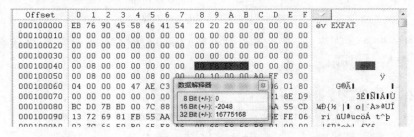

图 3-147　分区大小

（3）50H～53H：FAT 起始扇区号。FAT 起始扇区号可以用十六进制数搜索，如图 3-148 所示。

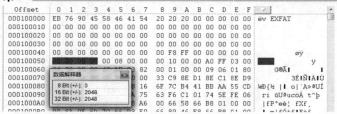

图 3-148　FAT 起始扇区号

（4）54H～57H：FAT 大小，如图 3-149 所示。

图 3-149　FAT 大小

（5）58H～5BH：首簇起始扇区号。要计算首簇起始扇区号，就要先找到簇位图文件的开始位置。搜索"FFFF"来寻找簇位图文件的开始位置，如图 3-150 所示。

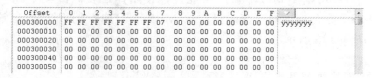

图 3-150　簇位图文件的开始位置

在这里，将簇位图文件的开始位置（6144）减去隐含扇区数（2048）的结果 4096（首簇起始扇区号）填入 58H～5BH 处（注：4096 要转换为十六进制数，且要倒着填），如图 3-151 所示。

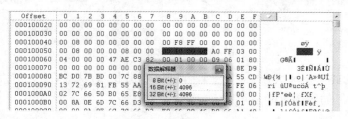

图 3-151　首簇起始扇区号

（6）5CH～5FH：总簇数。用分区大小除以每簇扇区数就能得到总簇数（这里为 262 048），如图 3-152 所示。

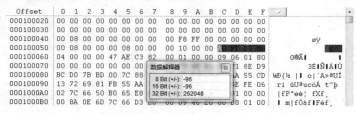

图 3-152　总簇数

（7）60H～63H：根目录首簇。根目录首簇可以在 FAT 中查看（此处为 4 号簇，从簇位图文件所在簇开始数，簇位图文件在 2 号簇），如图 3-153 所示。

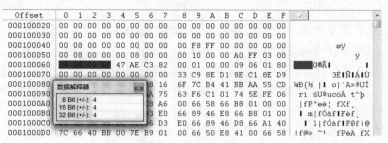

图 3-153　根目录首簇

（8）6DH：每簇扇区数。要计算每簇扇区数，可以先找到大写字符文件的开始位置。大写字符文件的大小是固定的，可以通过搜索"00000100"搜到。大写字符文件开始于 4160 扇区。用大写字符文件的开始位置（4160）减去首簇起始扇区号（4096），就得到簇位图文件所占扇区数为 64，同时簇位图文件占 1 个簇，所以每簇扇区数为 64。在 6DH 处填入"06"（2^6=64），每簇扇区数如图 3-154 所示。

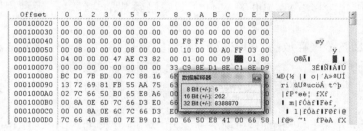

图 3-154　每簇扇区数

将这些参数修改后保存，"J"盘就可以被打开了。修复好的扇区如图 3-155 所示。

图 3-155　修复好的扇区

思考与练习 3

1．结合前面所学知识点，设置以下故障，思考应如何恢复数据。

（1）将 U 盘某个根目录下的某一部分文本和 Word 文件的 MBR、DBR，以及它们的备份清零，观察故障现象，然后利用工具软件分别恢复根目录和子目录下的一个文件。

（2）将一个根目录下存有文件的 U 盘格式化，观察故障现象，然后利用工具软件分别恢复根目录和子目录下的一个文件。

（3）将一个文件先删除到回收站，然后清空回收站，观察删除后的目录项、FAT 项及数据区的变化。彻底删除某个文件，观察删除后的目录项、FAT 项及数据区的变化。对比这两种删除文件的结果，思考它们有何区别。

2．结合前面所学知识点，设置以下故障，思考应如何恢复数据。

（1）将 U 盘某个根目录下的某一部分文本和 Word 文件的 MBR、DBR，以及它们的备份清零，观察故障现象，然后利用工具软件将 MBR 和 DBR 修复好至能完整打开 U 盘上的所有文件。

（2）将某个硬盘分区存放 100 个文件，彻底删除某个文件，然后利用工具软件恢复这个删除的文件。

（3）将某个 U 盘分区存放的 100 个文件格式化，再利用工具软件恢复 U 盘格式化数据。

3．结合前面所学知识点，设置以下故障，思考应如何恢复数据。

（1）将 U 盘某分区里的几个文件格式化，观察故障现象，然后利用工具软件恢复格式化的文件。

（2）将 U 盘某个根目录下的某一部分文本和 Word 文件的 MBR、DBR，以及它们的备份清零，然后利用工具软件恢复格式化丢失的文件。

4．结合前面所学知识点，设置以下故障，思考应如何恢复数据。

（1）将硬盘某分区里的几个文件彻底删除，然后利用工具软件恢复已删除的文件。

（2）将某分区格式化，然后利用工具软件恢复格式化丢失的文件。

（3）利用工具软件恢复硬盘数据、存储卡和 U 盘的受损数据。

第4章

Linux 系统的数据恢复

  Linux 系统是一种自由软件和开放源代码软件的类 Unix 操作系统。Linux 系统的内核由林纳斯·托瓦兹于 1991 年 10 月 5 日首次发布,加上用户空间的应用程序之后就成为了 Linux 系统。Linux 系统也是在自由软件和开放源代码软件发展中著名的例子。只要遵循 GNU 通用公共许可协议(General Public license,GPL),任何个人和机构就都可以自由地使用 Linux 系统的所有底层源代码,也可以自由地对其进行修改和再发布。大多数的 Linux 系统版本还包括像提供 GUI(Graphical User Interface)的 X Window 之类的程序。除一部分专家外,大多数人使用 Linux 系统时会直接使用 Linux 系统发行版,而无须自己设置和选择每一样组件。

  以前,Linux 系统单指操作系统的内核,因为在操作系统中包含了许多用户图形接口和其他实用工具。如今,Linux 系统常指完整操作系统,其内核则称为 Linux 内核。由于这些支持用户空间的系统工具和库主要由理查德·斯托曼于 1983 年发起的 GNU 计划提供,因此自由软件基金会提议将其组合系统命名为 GNU/Linux,但因为 Linux 系统不属于 GNU 计划,所以这个名称并没有得到社会的一致认同。

  Linux 系统最初是作为支持英特尔 x86 架构的个人计算机的一个自由软件操作系统。如今,Linux 系统已经被移植到更多的计算机硬件平台上,也可以运行在服务器和其他大型平台之上,如大型计算机和超级计算机。世界上 90%以上的超级计算机运行 Linux 系统发行版或变种系统。Linux 系统还被广泛应用在嵌入式系统上,如手机、平板电脑、路由器、电视和电子游戏机等。在移动设备上广泛使用的 Android 操作系统就是创建在 Linux 内核基础上的。

  通常情况下,Linux 系统被打包成供个人计算机和服务器使用的 Linux 系统发行版。一些流行的主流 Linux 系统发行版本包括 Debian(及其派生版本 Ubuntu、Linux Mint)、Fedora(及其相关版本 Red Hat Enterprise Linux、CentOS)和 openSUSE 等。Linux 系统发行版包含 Linux 内核,以及支撑内核的实用程序和库,通常还带有大量可以满足各类需求的应用程序。个人计算机使用的 Linux 系统发行版通常包含 X Window 程序和一个相应的 Linux 桌面操作系统,如

GNOME（GNU Network Object Model Environment）或 KDE（K Desktop Environment）。Linux 桌面操作系统的常用应用程序包括 Firefox 火狐浏览器、LibreOffice 软件、GIMP（GNU Image Manipulation Program）等。由于 Linux 系统是自由软件，所以任何人都可以创建符合自己需求的 Linux 系统发行版。

4.1 Linux 系统的分区结构

4.1.1 MBR 分区结构分析

通过主引导记录的结构可知，它仅包含一个 64 字节的分区表。因为每个分区信息需要 16 字节，所以对于 MBR 分区结构，最多只能识别 4 个主分区。对于一个采用此种分区结构的磁盘，要想得到 4 个以上的主分区是不可能的，因此就需要引出扩展分区的概念了。扩展分区也是主分区的一种，但它与主分区的不同是，可以从理论上划分为无数个逻辑分区。

在扩展分区中，逻辑驱动器的引导记录是链式的。每个逻辑分区都有一个和 MBR 分区结构类似的扩展引导记录（Extended Boot Record，EBR）。在 EBR 分区表中，第一项指向该逻辑分区本身的引导扇区；第二项指向下一个逻辑驱动器的 EBR；第三项、第四项目前没有用到。

Windows 系统在默认情况下一般只为系统划分一个主分区，剩余的部分全部划入扩展分区。这里需要注意以下几点。

在 MBR 分区表中，最多存在 4 个主分区或 3 个主分区+1 个扩展分区，也就是说，扩展分区只能存在一个，但是可以在此基础上细分出多个逻辑分区。

在 Linux 系统中，磁盘分区命名为 sda1～sda4 或 hda1～hda4（其中 a 表示磁盘编号，而磁盘编号可能是 a、b、c 等）。在 MBR 分区中，主分区（或扩展分区）号为 1～4，逻辑分区号只能从 5 开始。

在 MBR 分区表中，一个分区的最大空间为 2TB，且每个分区的起始柱面必须在这个磁盘的前 2TB 空间内。例如，现有一个 3TB 的磁盘，根据要求应至少将其划分为两个分区，且最后一个分区的起始扇区要位于磁盘的前 2TB 空间内。如果磁盘太大则必须改用 GPT。

与支持最大卷为 2TB 且每个磁盘最多有 4 个主分区（或 3 个主分区、1 个扩展分区和不限制数量的逻辑驱动器）的 MBR 分区结构相比，GPT（GUID Partition Table）分区结构最大支持 128 个分区，每个分区最大空间为 18 EB（Exabytes），且分区的数量只受到操作系统限制［由于分区表本身需要占用一定空间，在最初规划分区时，留给分区表的空间决定了最多可以存在多少个分区，如 IA-64 版 Windows 系统限制最多存在 128 个分区，这也是可扩展固件接口（Extensible Firmware Interface，EFI）标准规定的分区表的最小尺寸］。与 MBR 分区结构不同，GPT 分区结构的至关重要的平台操作数据位于分区，而不是位于非分区或隐含扇区。另外，GPT 分区存在备份分区表，以用来提高分区数据结构的完整性。在 UEFI（Unified EFI）系统中，通常会通过在 EFI 系统分区中的 EFI 应用程序文件引导 GPT 硬盘上的操作系统，而不会通过活动主分区上的引导程序引导 GPT 分区上的操作系统。

4.1.2 GPT 分区结构分析

Linux 系统的 GPT 分区结构和 Windows 系统的 GPT 分区结构完全一样。GPT 是作为 EFI 的一部分被引入的。

1. EFI 部分

EFI 部分可以分为 4 个区域：EFI 信息区（GPT 头）、分区表、分区区域、备份区域。

（1）EFI 信息区（GPT 头）。GPT 头起始于磁盘的 LBA1[①]扇区，通常只占用这个单一扇区。其作用是定义分区表的位置和大小。GPT 头还包含 GPT 头和分区表的校验和。通过这个校验和可以及时发现错误。

（2）分区表。分区表包含分区表项。这个区域由 GPT 头定义，一般占用磁盘 LBA2～LBA33 扇区。在分区表中，每个分区表项均由起始地址、结束地址、类型值、名字、属性标志、GUID 值组成。当分区表建立后，128 位的 GUID 对系统来说是唯一的。

（3）分区区域。GPT 分区是这部分最大的区域，由分配给分区的扇区组成。这个区域的起始和结束地址由 GPT 分区表定义。

（4）备份区域。备份区域位于磁盘的尾部，包含 GPT 头和分区表的备份。它占用 GPT 结束扇区和 EFI 结束扇区之间的 33 个扇区。其中，最后一个扇区用来备份 LBA1 扇区的 EFI 信息，其余的 32 个扇区用来备份 LBA2～LBA33 扇区的分区表。

2. GPT 分区创建方法

（1）进入"初始化磁盘"对话框，如图 4-1 所示，选择"磁盘 2"选项，选择 GPT 磁盘分区形式，虽然此时磁盘 2 依然显示为基本磁盘，但它的引导区已不再是 MBR 形式的了，而是 GPT 形式的了。

（2）在 Windows 系统桌面"运行"文本框内输入"diskpart"命令，如图 4-2 所示。

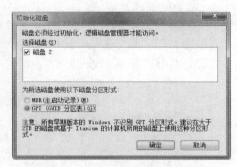

图 4-1 "初始化磁盘"对话框

（3）运行该命令后，首先选择系统下我们创建的 GPT 分区的磁盘 2 以创建 EFI 系统分区，输入命令"select disk 2"后按回车键，选择磁盘 2，输入创建 EFI 系统分区的命令"create partition efi size=n"，如图 4-3 所示。其中，"n"为 EFI 系统分区的大小，单位是 MB，此处将"n"设置为 100，即在磁盘 2 上创建 100 MB 的 EFI 系统分区。

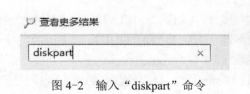

图 4-2 输入"diskpart"命令　　　　图 4-3 创建 EFI 系统分区

---

① LBA 英文全称为 Logical Block Address，含义为逻辑区块地址。

以同样的方法创建其他分区，如图 4-4 所示。

图 4-4　创建其他分区

3. GPT 分区结构的原理

GPT 分区由 6 部分组成，如表 4-1 所示。

表 4-1　GPT 分区结构

保护 MBR 区域	GPT 头	分区表	分区区域	分区表备份	GPT 头备份

（1）保护 MBR 区域：在一个 Linux 系统的 GPT 分区中，将 0 号扇区（LBA0）作为保护 MBR 区域，如图 4-5 所示。

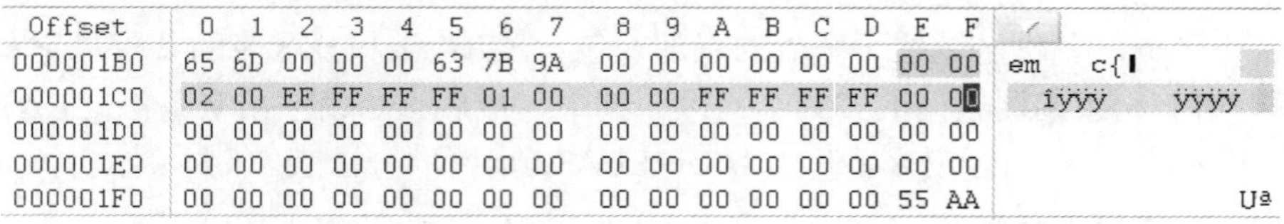

```
Offset      0  1  2  3  4  5  6  7   8  9  A  B  C  D  E  F    ↙
000001B0   65 6D 00 00 00 63 7B 9A  00 00 00 00 00 00 00 00   em  c{|
000001C0   02 00 EE FF FF FF 01 00  00 00 FF FF FF FF 00 00   ïÿÿÿ   ÿÿÿÿ
000001D0   00 00 00 00 00 00 00 00  00 00 00 00 00 00 00 00
000001E0   00 00 00 00 00 00 00 00  00 00 00 00 00 00 00 00
000001F0   00 00 00 00 00 00 00 00  00 00 00 00 00 00 55 AA               Uª
```

图 4-5　保护 MBR 区域

（2）GPT 头：GPT 头位于 GPT 分区的第二个扇区，也就是 1 号扇区（LBA1）。该扇区是在创建 GPT 分区时生成的，GPT 头会定义分区的起始位置、分区表的结束位置、每个分区表项的大小、分区表项的个数及分区表的校验和等信息。GPT 头如图 4-6 所示。

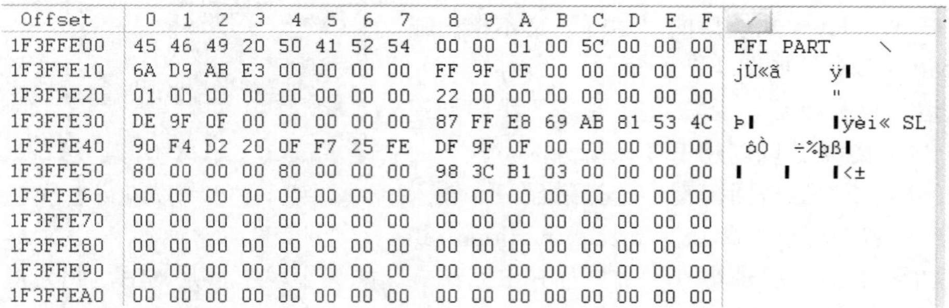

```
Offset      0  1  2  3  4  5  6  7   8  9  A  B  C  D  E  F    ↙
1F3FFE00   45 46 49 20 50 41 52 54  00 00 01 00 5C 00 00 00   EFI PART    \
1F3FFE10   6A D9 AB E3 00 00 00 00  FF 9F 0F 00 00 00 00 00   jÙ«ã   ÿ|
1F3FFE20   01 00 00 00 00 00 00 00  22 00 00 00 00 00 00 00        "
1F3FFE30   DE 9F 0F 00 00 00 00 00  87 FF E8 69 AB 81 53 4C   Þ|     |ÿèi« SL
1F3FFE40   90 F4 D2 20 0F F7 25 FE  DF 9F 0F 00 00 00 00 00   ôÒ  ÷%þß|
1F3FFE50   80 00 00 00 80 00 00 00  98 3C B1 03 00 00 00 00   |   |   |<±
1F3FFE60   00 00 00 00 00 00 00 00  00 00 00 00 00 00 00 00
1F3FFE70   00 00 00 00 00 00 00 00  00 00 00 00 00 00 00 00
1F3FFE80   00 00 00 00 00 00 00 00  00 00 00 00 00 00 00 00
1F3FFE90   00 00 00 00 00 00 00 00  00 00 00 00 00 00 00 00
1F3FFEA0   00 00 00 00 00 00 00 00  00 00 00 00 00 00 00 00
```

图 4-6　GPT 头

（3）分区表：分区表位于 GPT 分区的 2～33 号扇区（LBA2～LBA33），共占用 32 个扇区。每个分区表项用于记录分区表的起始和结束位置、分区类型的 GUID、分区名字、分区属性和分区 GUID。一个 GPT 分区的 4 个分区表项如图 4-7 所示。

（4）分区区域：分区区域通常都是起始于 GPT 分区的 34 号扇区（LBA34），是整个 GPT 分区中最大的区域，由多个分区组成，如 EFI 系统分区、微软保留分区、LDM 元数据分区、LDM 数据头备份分区、OEM 分区、主分区等。分区区域的起始地址和结束地址由 GPT 头定义。

```
00000400  16 E3 C9 E3 5C 0B B8 4D  81 7D F9 2D F0 02 15 AE   ãÉã\ ¸M }ù-ð  ®
00000410  B8 02 9C 07 21 10 AC 4F  9E A5 87 FF 3C 3B 50 1F   ¸   ! ¬O ¥ ÿ<;P
00000420  22 00 00 00 00 00 00 00  21 00 01 00 00 00 00 00   "       !
00000430  00 00 00 00 00 00 00 00  4D 00 69 00 63 00 72 00           M i c r
00000440  6F 00 73 00 6F 00 66 00  74 00 20 00 72 00 65 00   o s o f t   r e
00000450  73 00 65 00 72 00 76 00  65 00 64 00 20 00 70 00   s e r v e d   p
00000460  61 00 72 00 74 00 69 00  74 00 69 00 6F 00 6E 00   a r t i t i o n
00000470  00 00 00 00 00 00 00 00  00 00 00 00 00 00 00 00
00000480  28 73 2A C1 1F F8 D2 11  BA 4B 00 A0 C9 3E C9 3B   (s*Á øÒ ºK É>É;
00000490  C4 FA 71 BC 62 97 15 41  BC 40 08 89 9D 10 D6 DF   Äúq¼b  A¼@    Öß
000004A0  80 00 01 00 00 00 00 00  7F 20 04 00 00 00 00 00
000004B0  00 00 00 00 00 00 00 80  45 00 46 00 49 00 20 00           E F I
000004C0  73 00 79 00 73 00 74 00  65 00 6D 00 20 00 70 00   s y s t e m   p
000004D0  61 00 72 00 74 00 69 00  74 00 69 00 6F 00 6E 00   a r t i t i o n
000004E0  00 00 00 00 00 00 00 00  00 00 00 00 00 00 00 00
000004F0  00 00 00 00 00 00 00 00  00 00 00 00 00 00 00 00
00000500  28 73 2A C1 1F F8 D2 11  BA 4B 00 A0 C9 3E C9 3B   (s*Á øÒ ºK É>É;
00000510  52 DB D9 90 1B AD FF 4E  85 32 EC C3 C4 5E 18 8B   RÛÙ  ÿN 2ìÃÄ^
00000520  80 20 04 00 00 00 00 00  7F 20 08 00 00 00 00 00
00000530  00 00 00 00 00 00 00 80  45 00 46 00 49 00 20 00           E F I
00000540  73 00 79 00 73 00 74 00  65 00 6D 00 20 00 70 00   s y s t e m   p
00000550  61 00 72 00 74 00 69 00  74 00 69 00 6F 00 6E 00   a r t i t i o n
00000560  00 00 00 00 00 00 00 00  00 00 00 00 00 00 00 00
00000570  00 00 00 00 00 00 00 00  00 00 00 00 00 00 00 00
00000580  28 73 2A C1 1F F8 D2 11  BA 4B 00 A0 C9 3E C9 3B   (s*Á øÒ ºK É>É;
00000590  4F 98 6E 36 42 0D 7F 49  8E F3 C6 6E BA 6B 12 D5   O n6B  I óÆnºk Õ
000005A0  80 20 08 00 00 00 00 00  7F 60 0E 00 00 00 00 00
000005B0  00 00 00 00 00 00 00 80  45 00 46 00 49 00 20 00           E F I
000005C0  73 00 79 00 73 00 74 00  65 00 6D 00 20 00 70 00   s y s t e m   p
000005D0  61 00 72 00 74 00 69 00  74 00 69 00 6F 00 6E 00   a r t i t i o n
000005E0  00 00 00 00 00 00 00 00  00 00 00 00 00 00 00 00
000005F0  00 00 00 00 00 00 00 00  00 00 00 00 00 00 00 00
```

分区表项①／②／③／④

图 4-7   一个 GPT 分区的 4 个分区表项

（5）分区表备份：分区区域结束后，紧跟着就是分区表备份，其地址在 GPT 头备份扇区中有描述。分区表备份是对分区表 32 个扇区的完整备份。如果分区表被破坏，则系统就会自动读取分区表备份，以保证正常识别分区。

（6）GPT 头备份：GPT 头有一个备份，在 GPT 分区的最后一个扇区中。这个 GPT 头备份并不是简单的 GPT 头的复制品。GPT 头备份和 GPT 头的结构虽然一样，但有些参数不一样。

4.2　Ext4 文件系统的特点

第四代扩展文件系统简称 Ext4 文件系统，是 Linux 系统下的日志文件系统，是 Ext3 文件系统的后继版本。Ext4 文件系统的原始开发目标是一系列地向下兼容 Ext3 文件系统与提升其性能的延伸包。然而，某些 Linux 系统开发者因追求稳定性等原因拒绝将这些延伸包应用在 Ext3 文件系统上，并要求将这些延伸包作为 Ext3 文件系统的分支，将其改名为 Ext4 文件系统并对其另行开发，以免影响当前的 Ext3 文件系统的使用。该要求被接受以后，Ext3 文件系统维护者曹子德在 2006 年 6 月 28 日公开了 Ext4 文件系统的开发项目。

在 Linux 2.6.19 版本中，首次加入了 Ext4 文件系统的一个早期开发版本。在 2008 年 10 月 11 日，Ext4 文件系统加入 Linux 2.6.29 版本的源代码，从而使 Ext4 文件系统的开发阶段进入尾声。2008 年 12 月 25 日，Linux 2.6.29 版本公开发布，Ext4 文件系统成为 Linux 公司官方建议的默认文件系统。

计算机数据恢复技术

2010 年 1 月 15 日，Google 公司宣布将该公司使用的文件系统由 Ext2 文件系统升级为 Ext4 文件系统。在同年 12 月 14 日，Google 公司宣布，他们将在 Android 2.3 版中使用 Ext4 文件系统来取代之前的 YAFFS（Yet Another Flash File System）。

Ext4 文件系统的特点如下。

1. 大型文件系统

Ext4 文件系统可支持最大 1EB 的分区与最大 16TB 的文件。

2. Extent 存储方式

Ext4 文件系统引进了 Extent 存储方式，从而取代了 Ext2 文件系统与 Ext3 文件系统使用的 block mapping 存储方式。Extent 是指一连串的连续实体 block。这种方式可以增加大型文件的存储效率并减少分裂文件。在单一 block 为 4KB 的系统中，Ext4 文件系统支持的单一 Extent 可达 128 MB。单一 inode 可存储 4 个 Extent。若存储超过 4 个 Extent 时，则会采用 H 树（一种特殊的 B 树）的索引方式。

3. 向下兼容

Ext4 文件系统向下可兼容 Ext3 文件系统与 Ext2 文件系统，因此可以将 Ext3 文件系统和 Ext2 文件系统挂载为 Ext4 文件系统的分区。由于某些 Ext4 文件系统的新功能可以直接运用在 Ext3 文件系统和 Ext2 文件系统上，所以直接挂载即可提升少许性能。

Ext3 文件系统的某些部分可以向上兼容 Ext4 文件系统。也就是说，Ext4 文件系统可以被挂载为 Ext3 文件系统的分区。但使用 Extent 技术的 Ext4 文件系统将无法被挂载为 Ext3 文件系统的分区。

4. 预留磁盘空间

Ext4 文件系统可以为一个文件预留磁盘空间。当前，大多数文件系统为一个文件预留磁盘空间的方式是直接产生一个填满 0 的文件；Ext4 文件系统和 XFS 文件系统可以使用 Linux 内核中的一个新的系统调用函数 fallocate 获取足够的预留磁盘空间。

5. 延迟获取磁盘空间

Ext4 文件系统通过 allocate-on-flush 方式，使数据在被写入磁盘前才开始获取磁盘空间，而大多数文件系统会在此更早时开始获取磁盘空间。这种 allocate-on-flush 方式可以增加系统性能并减少文件分散程度。

6. 突破 32 000 子目录的限制

在 Ext3 文件系统的一个目录下最多只能存在 32 000 个子目录，而 Ext4 文件系统的子目录可达 64 000 个，且使用"dir_nlink"功能后可以达到更高的数量。为了避免系统性能受到大量目录的影响，Ext4 文件系统默认打开 H 树索引方式。该方式已在 Linux 2.6.23 版中使用。

7. 日志校验和

Ext4 文件系统通过使用日志校验和不仅可以提高文件系统可靠性，而且可以安全地避免系统处理日志时磁盘的 I/O 等待，并可提高一些系统性能。

8. 磁盘整理

即使 Ext4 文件系统包含了许多避免磁盘碎片的技术，但是磁盘碎片还是会在使用过的文件系统中长时间存在。目前，绝大多数主流操作系统的内核中都不具有磁盘整理工具，而 Ext4 文件系统则有一个磁盘整理工具。

9. 快速文件系统检查

Ext4 文件系统将未使用的区块标记在 inode 当中，这样可以使诸如 e2fsck 的工具在磁盘检查时完全跳过这些区块，从而节省大量文件系统检查的时间。这个特性在 2.6.24 版本的 Linux 内核中得以实现。

4.3　从 Ext 文件系统中提取数据

从 Ext 文件系统中提取数据的流程如图 4-8 所示。

图 4-8　从 Ext 文件系统中提取数据的流程

Ext 文件系统的 MBR 格式如图 4-9 中的阴影部分所示。

（1）在起始扇区处跳转 2048 个扇区，到达超级块起始扇区，在此基础上再跳转 2 个扇区就可以找到 0 号超级块。也可打开"查找十六进制数值"对话框，按照如图 4-10 所示的参数进行设置，以搜索到 0 号超级块。

```
Offset    0  1  2  3  4  5  6  7    8  9  A  B  C  D  E  F
00000001B0 65 6D 00 00 00 63 7B 9A  5F E5 58 98 00 00 80 20
00000001C0 21 00 83 FE FF FF 00 08  00 00 00 F8 FF 01 00 00
00000001D0 00 00 00 00 00 00 00 00  00 00 00 00 00 00 00 00
00000001E0 00 00 00 00 00 00 00 00  00 00 00 00 00 00 00 00
00000001F0 00 00 00 00 00 00 00 00  00 00 00 00 00 00 55 AA
```

图 4-9　Ext 文件系统的 MBR 格式　　　　　　　　图 4-10　搜索 0 号超级块

0 号超级块如图 4-11 所示。从图 4-11 中也可以看出 0 号超级块的总块数，并可以计算出每块大小。

（2）跳转到 1 号目录 i 节点有两种方式，第一种方式是从超级块起始扇区跳转 8 个扇区到 1 号目录 i 节点；第二种方式是从 0 号超级块跳转 6 个扇区到 1 号目录 i 节点。1 号目录 i

节点如图 4-12 所示。其中，1 号目录 i 节点的第一行 08H 处的数值×每块大小=2 号目录 i 节点的扇区数，即 1057×8=8456。

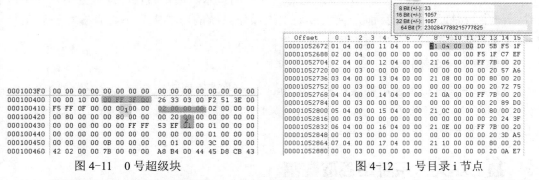

<table>
<tr><td>图 4-11　0 号超级块</td><td>图 4-12　1 号目录 i 节点</td></tr>
</table>

（3）从超级块起始扇区开始跳转 8456 个扇区就到了 2 号目录 i 节点扇区，主要存放目录区，如图 4-13 所示。图 4-13 中的 1 和 2 处的格式是一样的，主要看中间的最后字节。可以通过数据解释器发现其数值为 9249。所用目录区的扇区数= 9249×每块大小，即 9249×8=73 992。

（4）从超级起始扇区跳转 73 992 个扇区，从文件夹 1 向上搜索 lost+found 后的第 3 个字节即为代表 i 节点的号，（此处的大小-1）×256=n，其中 n 为字节数。

（5）跳转到 2 号目录 i 节点，从首字节开始，跳转 n 个字节，找到文件的描述位置，根据文件结尾字节数×8 得到根目录扇区数。从超级块起始扇区出发，跳转根目录扇区数，找到根目录区和文件名，从文件名往上到上一个文件名尾，看一下此处的大小。由式（此处的大小-1）×256=n 得到字节数后，我们跳转到 2 号目录 i 节点。从首字节开始，跳转字节数个字节，看结尾的数值，此处的大小×8=文件占用的总扇区数。至此，我们可以知道这个文件占用的总扇区数。

（6）找到数据，从超级块起始扇区跳转到文件所在的扇区，按"ALT+1"组合键选中首个字节，跳转这个文件占用的总扇区数，按"ALT+2"组合键选中最后的字节，将其复制至新文件，即可获得所需要的数据。

Linux 系统下的 MBR 分区结构和 Window 系统下的 MBR 分区结构完全一样，所以也有可能被破坏。例如，一台装有 Linux 系统的计算机，用 WinHex 打开其硬盘，发现 MBR 分区的分区表丢失，如图 4-14 所示。

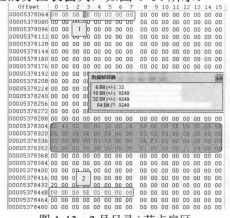

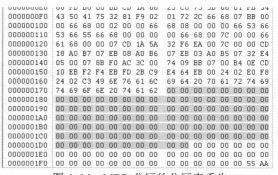

<table>
<tr><td>图 4-13　2 号目录 i 节点扇区</td><td>图 4-14　MBR 分区的分区表丢失</td></tr>
</table>

　　Linux 系统一般采用 Ext 文件系统，而 Ext 文件以超级块作为开头，所以我们第一步要搜索超级块，读取超级块与块组的描述。

思考与练习 4

　　1. 结合前面所学知识点，设置以下故障，思考如何恢复数据。

　　服务器在运行中突然宕机，导致再一次启动时其中一个文件系统无法挂载。为了查找原因并恢复数据，在 Linux 系统下用"dd"命令将该文件系统镜像为一个文件。在 Windows 系统下用 Winhex 分析这个镜像文件，发现超级块所在的 2 号扇区已经损坏且全部被清零。请通过查找备份的方法，用备份超级块修复主超级块。

　　2. 简述 Ext4 文件系统的分区链接关系。

第 5 章

Mac 系统的数据恢复技术

Mac 系统和 Windows 系统有着不同的操作体验。Mac 系统拥有比 Windows 系统更出色的一站式体验。这两个系统在设定及使用方法上存在着不同的地方。

苹果计算机的灵魂不是硬件，而是其操作系统。苹果计算机的操作系统经历了 System 1.0 到 System 6.0 版本，再到 System 7.5.3 版本的巨大变化，也从单调的黑白界面变成 8 色、16 色、真彩色界面，并在系统稳定性、应用程序数量、界面效果等各方面向人们展示着自己日益成熟和长大的"身影"。

Mac 系统是苹果计算机专用系统，是基于 Unix 内核的图形化操作系统。在一般情况下，普通个人计算机无法安装该操作系统。苹果计算机目前的操作系统已经到了 Mac OS X（X 为 10 的罗马数字写法）版本。该系统非常可靠。它的许多特点和服务都体现了苹果公司的经营理念。

另外，现在的计算机病毒几乎都是针对 Windows 系统的，由于 Mac 系统的架构与 Windows 系统的架构不同，所以很少受到计算机病毒的袭击。Mac 系统的界面非常独特，突出了形象的图标和人机对话的功能。苹果公司不仅自己开发系统，也涉及硬件的开发。

5.1 Mac 系统的分区结构

Mac 系统支持以下 3 种分区结构。

1. GPT 分区结构

GPT 是苹果计算机基于英特尔处理器使用的新的分区表，是 EFI 标准的一个部分。使用英特尔处理器的苹果计算机可以使用 GPT 和 APM（Apple Partition Map）分区结构的硬盘来启动。GUID 是苹果公司建议使用的分区表格式。对于使用时间机器备份的硬盘，只能使用 GUID 分区表格式。

2. APM 分区结构

对于使用 PowerPC 处理器的苹果计算机，其硬盘只能使用 APM 分区结构才能作为系统启动盘。如果在分区中安装 Universal Binary 码的 Mac OS X，则使用英特尔处理器的苹果计算机也可以使用 APM 分区结构的硬盘启动。

如果考虑系统兼容性的问题而兼顾 Power PC 和英特尔处理器，则苹果计算机的硬盘应该使用 APM 分区结构。

3. MBR 分区结构

MBR 分区结构存在着诸多限制，如最多支持 4 个主分区等。但由于个人计算机的广泛使用，以及微软操作系统的持续使用，所以这种分区结构依然存在。如果在苹果计算机上给硬盘使用这种分区结构，一般会应用在外接硬盘或 U 盘上，这样可以使个人计算机在转移数据时更方便。Mac OS X 不能从这种分区结构的硬盘上启动系统。

5.2　HFS+的特点

HFS+又称 Mac OS Extended，是目前苹果计算机默认的最常见的文件系统。HFS+来源于 UNIX 系统，但是又不应用于 UNIX 系统。它增加了许多新的特性，同时也有许多不同于 Windows、UNIX 等系统的概念。HFS+是苹果公司为替代分层文件系统（Hierarchical File System，HFS）而开发的一种文件系统，被用在 Macintosh 计算机（或者其他运行 Mac OS 的计算机）上，也是 iPod 上使用的一种文件系统。在开发过程中，苹果公司也把 HFS+命名为"Sequoia"。HFS+是 HFS 的改进版本，能支持更大的文件，并用 Unicode 来命名文件或文件夹，代替了 Mac OS Roman 或一些其他的字符集。HFS+和 HFS 一样也使用 B 树来存储大部分分卷的元数据。

HFS+把硬盘内的空间分为一个个逻辑块。每个逻辑块大小为 512 个字节，称为 1 个扇区。所有扇区均从 0 开始编号，直到磁盘的总扇区数减 1 为止。

在一个文件卷内，文件的分配单元不是扇区，而是 HFS+把所有扇区分成的等大的组。通常将这个组称为分配块。每个分配块大小为 2^n 个扇区，且占用一组连续的扇区。

提示：HFS+中的分配块类似 FAT32、NTFS 中的簇，甚至可以说，它们是相同的，只是工作环境与名称不同。

分配块大小为 2 的正整数次幂，且大于或等于 512 个字节。此值在卷初始化时被设定，并且在卷存在的过程中不能被修改，除非重新对卷进行初始化。

HFS+用 32 个位记录分配块的数量，因此最多可以管理 2^{32} 个分配块。

注意：在一般情况下，分配块大小为 4 KB，这是最优的分配块大小。

所有的文件结构，包括卷头，都包含在一个或几个分配块中（也有例外的情况，如备份卷头），而 HFS 的特殊结构（包括启动块、主目录块和位图）不属于任何分配块。

提示：每个分配块（字节数）除以 512 个字节（每扇区字节数）就可以得到每个分配块扇区数，再用该扇区数乘以分配块号就可以得到分配块第一个扇区所在位置。

为了减少文件碎片的产生，HFS+在为文件分配存储空间时，会尽可能地为其分配一组连续的分配块或块组。块组大小通常为分配块大小的整数倍。块组大小在卷头中进行说明。

注意：域文件在实际存储过程中并不严格遵循这个块组大小的算法，在卷头和目录记录中记录它的块组大小不是必需的，只要有存储这个值的空间就可以了。

对于非连续存储的文件，Mac OS 系统采用"下一可用分配"策略为其分配存储空间，即当 Mac OS 系统接收到文件空间分配请求时，如果找到的空闲空间无法满足请求的空间大小，则继续从下一个找到的空闲块开始继续分配，如果该次找到的连续空闲空间足够大，则 Mac OS 系统根据请求空间的大小分配块组大小的整倍数空间给该文件。

5.3　HFS+的结构

HFS+整体结构如图 5-1 所示。其中，灰色底框为用户数据区。下面对卷头结构进行分析。

图 5-1　HFS+整体结构

HFS+的卷头位于宗卷的 2 号扇区，占用 1 个扇区，其重要性质类似 FAT 文件和 NTFS 的 DBR，如图 5-2 所示。

区域	offset	0	1	2	3	4	5	6	7	8	9	10	11	12	13	14	15	ASCII
主要参数	:3951360	48	2B	00	04	00	00	01	00	31	30	2E	30	00	00	00	00	H+...10.0
		D9	A5	02	E5	D9	A5	02	E6	00	00	00	00	D9	A4	92	65	Ù¥
		00	00	00	14	00	00	00	01	00	00	10	00	07	CE	37	00	
		07	CD	F1	38	00	02	07	C7	00	01	00	00	00	01	00	00	í
		00	00	00	26	00	00	00	3D	00	00	00	00	00	00	00	03	
	:3951440																	
	:3951456	00	00	00	00	00	00	00	00									
分配文件信息		00	00	00	00	00	00	F9	D0	00	00	F9	D0	00	00	0F	9D	
		00	00	00	00	01	00	00	0F	9D	00	00	00	0F	9D			
	:3951536																	
盘区溢出文件信息		00	00	00	00	00	00	90	00	00	00	90	00	00	00	09	00	
		00	00	0F	9E	00	00	09	00	00	00	09	00					
	:3951616																	
	:3951632	00	00	00	02	D0	00	00	02	D0	00	00	00	2D	00			
编录文件信息		00	00	18	9E	00	00	2D	00	00	00	2D	00					
	:3951712																	
属性文件信息		00	00	00	00	00	00	00	00	00	00	00	00	00	00	00	00	
	:3951776																	
	:3951792																	
启动文件信息		00	00	00	00	00	00	00	00	00	00	00	00	00	00	00	00	
	:3951856																	

图 5-2　HFS+的卷头

卷头中主要参数如图 5-3 所示，其中包含了 HFS+的主要标志。

图 5-3　卷头中主要的参数

（1）签名：H+，也就是卷头的标志（H+代表 HFS+格式；HX 代表 HFSX 格式）。

（2）版本：也是对宗卷格式的描述。通常来说，版本"4"表示 HFS+格式；版本"5"表示 HFSX 格式。

（3）属性：描述该宗卷所具备的属性。

（4）最后加载版本：用来识别最后对该宗卷做写操作的系统版本。对于 Mac OS 8.1 到 Mac OS 9.2 系统版本，该参数值为"8.10"；对于 MAC OS X 系统版本，该参数值为"10.0"。

（5）日志信息块：描述日志信息块的地址。

（6）创建时间：记录了该宗卷创建的日期和时间，此处记录的是创建时的本地时间。

（7）修改时间：记录了该宗卷最后一次修改的日期和时间，此处记录的是修改时的本地时间。

（8）备份时间：记录了该宗卷最后一次备份的日期和时间，此处记录的是备份时的本地时间。

（9）检查时间：记录了该宗卷最后一次做一致性检测的日期和时间，此处记录的是检查时的本地时间。磁盘检测工具（包括 Disk First Aid）必须在完成磁盘检测后才能被安装使用。磁盘检测工具有可能周期性地对宗卷进行检测。

（10）文件数目：记录了该宗卷上文件的总数，但不包括元文件。该数目和编录文件里记录的文件数是一致的。

（11）目录数目：记录了该宗卷上文件夹的总数，但不包括根目录。该数目等于编录文件记录的文件夹总数减 1。

（12）每块字节数：块大小，即每个块包含的字节数。

（13）总块数：记录宗卷中块的总数，如果一个宗卷的总大小是分配块大小的整数倍，那么该磁盘上包括卷头和备份卷头在内的所有区域都包括在一个块中。如果一个宗卷的总大小不是分配块大小的整数倍，分配块能够覆盖的就只有该磁盘记录的区域，而该磁盘剩余的部分在磁盘的末尾，且不会被格式化。

（14）空闲块数：记录了该宗卷上没有被使用的块的总数。

（15）下一个分配块号：记录了宗卷上下次分配搜索的起始位置。当需要为一文件分配块时，该值被 Mac OS 系统用来记录和寻找未使用块的起始位置。

（16）资源分支的块组大小：在为文件增加存储空间时，需要以资源分支的块组大小给文件分配空间。不过大部分苹果操作系统都会忽略资源分支的块组大小，只以数据分支的块组大小作为给数据分支和资源分支分配空间的依据。

（17）数据分支的块组大小：记录了默认的数据分支块组的大小，以字节为单位。

（18）下一个目录的 ID：记录了下一个未使用的目录文件的 ID。

（19）写记数：在写记数区域记录的宗卷被加载的次数，且在每次宗卷被加载时都会增加。它允许操作跟踪该宗卷的加载情况，甚至是未被正确加载或意外失去连接的情况。当介质

重新加载接入时，系统会检测此处的值以确定在因意外失去连接时是否对宗卷产生了改变。

5.4 HFS+的元文件

在 HFS+中有 5 种特殊的文件，用来分别保存文件系统结构的数据性数据和属性，我们将这 5 个文件称为"元文件"，这 5 种文件分别是分配文件（Allocation File）、盘区溢出文件（ExtentsOveflow File）、编录文件（Catalog File）、属性文件（Attributes File）和启动文件（Startup File）。

HFS+的元文件只有数据分支，没有资源分支。它们的起始地址和大小都在文件系统的卷头中描述。

1. 分配文件

分配文件用来描述文件系统中块的状态（空闲或已被占用），相当于 NTFS 中的位图文件。

2. 盘区溢出文件

HFS+的盘区是为分支分配的一系列连续的块，并使用起始块号和块数描述盘区的所在地址。对于一个用户文件，每个分支的前 8 个盘区的信息会被保存在宗卷的编录文件中。如果文件的分支大于 8 个盘区，则超出的盘区信息就会被存放在盘区溢出文件中，而文件系统只要通过跟踪分支的盘区就能确定块的具体位置了。

另外，盘区溢出文件也可以为元文件保存自身以外的其他附加盘区信息，但有一个元文件（启动文件）是例外的。若启动文件需要的盘区数量大于在卷头中描述的 8 个，就需要使用盘区溢出文件进行保存，从而使文件系统对它的访问变得比较困难，无法达到快速启动的目的。所以，在实际运行过程中，启动文件将单独保存，这样就不需要在盘区溢出文件中保存它的额外盘区信息了。

3. 编录文件

编录文件用来描述文件系统内的文件和目录的层次结构。该文件存储了文件系统中所有文件和目录的重要信息。

编录文件是用 B-树结构组织目录的。通过 B-树结构能够快速而有效地在层次很多的大目录中寻找目标文件。

4. 属性文件

属性文件用来保存文件及目录的附加信息。它的组织结构与编录文件一样，都是采用 B-树结构。

5. 启动文件

启动文件是为了从 HFS+宗卷上启动非 Mac OS 而设置的元文件。

在 HFS+中有一个特殊的文件，用来管理文件系统中有缺陷的块的地址，该文件称为"坏块文件"。坏块文件既不属于用户文件，也不属于无元文件，在文件系统的卷头中没有对其进行描述。

图 5-4 Mac OS 系统使用 Big-Endian
（大字节序）设置选项

注意：Mac OS 使用 Big-Endian（大字节序），其设置选项如图 5-4 所示。

思考与练习 5

结合前面所学知识点，设置以下故障，思考如何恢复数据。

（1）将一块用于 eSATA 接口的硬盘连接到苹果计算机后，无法挂载文件系统，不能访问数据，而用 Winhex 访问这块硬盘时发现卷头部分数据是空的，如何对卷头进行修复？

（2）对于一块 128 GB 的 2.5 in[①]硬盘，用户将其作为苹果计算机的外置硬盘使用。在某一次使用完该硬盘后，将其从苹果计算机上拔下来，而再次使用该硬盘时发现分区不能识别，如何恢复分区数据？

---

① 1in=0.0254m。

第6章

硬盘开盘

如果硬盘的磁头组件出现故障，则硬盘往往不能被计算机识别，且硬盘的盘腔内部会出现异响。

当硬盘的磁头组件发生故障后，一般不对其进行修理。其解决办法是更换一套无故障的磁头组件，然后用这套磁头组件将硬盘中的数据读取出来。

更换磁头组件需要打开硬盘盘腔，相当于给硬盘做"开膛手术"，这是一项很细致的工作，并且在操作时需要拥有特定的环境和各种专业的工具，下面对比进行介绍。

6.1 开盘环境

当硬盘在工作时，盘腔内的盘片在电动机的带动下高速旋转，且速度可达 5400～15 000 r/min，而磁头则悬浮在盘片之上，与盘片只有不到 1μm 的距离。这就要求硬盘的盘腔内不能有灰尘颗粒，以避免盘片被磁头划伤。如果在盘腔中有灰尘颗粒，那么高速旋转的盘片在与灰尘颗粒撞击时就会形成较大的冲击力，很容易形成坏扇区。在进行开盘工作时就必须保证周围的环境足够干净，操作者需要在洁净间或洁净台内进行操作。对于封闭空间内的洁净度，国家以单位体积所含的尘粒数作为评判标准，制定了严格的各种级别标准，如表 6-1 所示。

表 6-1 洁净度等级

洁净度等级	在每立方米空气中大于或等于 0.5 μm 的尘粒数	在每立方米空气中大于或等于 0.5 μm 的尘粒数
100 级	不大于 35×100	0
1000 级	不大于 35×1000	不大于 250
10 000 级	不大于 35×1 0000	不大于 2500
100 000 级	不大于 35×10 0000	不大于 25 000

硬盘的开盘操作环境的洁净度等级达到 100 级，且洁净间一般要求有两道门。洁净间的第一道门如图 6-1 所示。

　　为了将开盘工程师身上的尘埃吹掉，以提升净化的效果，一般会在洁净间的第一道门和第二道门之间设置风淋室。风淋室如图 6-2 所示。

图 6-1　洁净间的第一道门　　　　　　　　　图 6-2　风淋室

　　风淋室的两侧墙壁拥有很多出风口。开盘工程师进入风淋室并关上洁净间的第一道门后按下出风口的开关，出风口就会吹出强烈的气流，吹掉开盘工程师身上的尘埃。

　　只有在风淋过程结束后，洁净间的第二道门才能被打开，开盘工程师此时便可进入洁净间。洁净间内有能将有尘埃的空气抽出去的洁净设备，如图 6-3 所示。

　　经过滤装置过滤的洁净空气会使洁净间保持一个相对无尘的环境。洁净间内的过滤装置如图 6-4 所示。

图 6-3　洁净间内的洁净设备　　　　　　　　图 6-4　洁净间内的过滤装置

　　硬盘盘腔内的洁净度等级可以达到 10 级，但普通的大体积空间在一般情况下很难达到这一级别。因为硬盘开盘操作不需要很长时间，所以 100 级洁净度等级的环境就基本满足硬盘开盘操作的要求了。如果有降低成本的需求，使用 1000 级洁净度等级的洁净间也可以进行硬盘开盘操作，但可能会损坏硬盘与其中数据，具有一定的风险。

　　进入洁净间之前，开盘工程师必须穿戴专用的连体式洁净服。连体式洁净服可以将全身包裹，以防人体皮屑污染环境。如果开盘工程师不穿戴连体式洁净服就进入洁净间，将会破坏辛苦建立的净化环境。

6.2　开盘工具

　　常用的开盘工具主要有一字螺钉旋具、十字螺钉旋具、尖嘴钳和镊子等。

　　螺钉旋具套装用来拆除硬盘上各种螺钉，如图 6-5 所示。

　　尖嘴钳和强磁铁用来拆除硬盘内的永磁铁，如图 6-6、图 6-7 所示。

图 6-5　螺钉旋具套装

图 6-6　尖嘴钳

镊子用来取下硬盘内的小零件和盘片，如图 6-8 所示。

注：用镊子取盘片对工程师的技术要求较高。

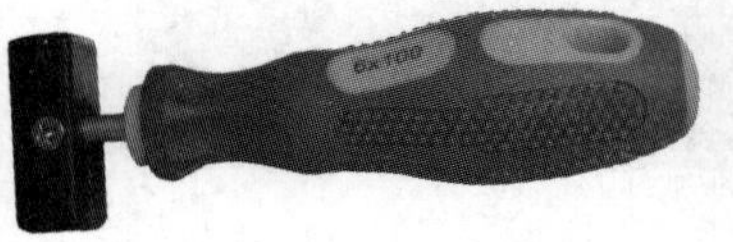

图 6-7　强磁铁

图 6-8　镊子

取盘器用来取下盘片，如图 6-9 所示。

将取下的盘片放置在盘片放置器上，如图 6-10 所示。

图 6-9　取盘器

图 6-10　盘片放置器

在进行硬盘开盘操作时，要细心谨慎，并有以下几点注意事项。

（1）硬盘开盘操作需要在洁净间中进行，不能在普通环境下将硬盘打开，否则可能导致硬盘数据彻底丢失。

（2）进入洁净间前要清理备件盘和故障盘表面的灰尘。在洁净间中工作时，要穿专用洁净服、戴专用手套。

（3）一旦硬盘的盘腔被打开，盘片就会暴露在我们面前，这时我们做任何操作都要非常小心，千万不能使工具或手接触盘片、划伤盘片，否则容易使其中的数据无法读取。

6.3　希捷 3.5 in 硬盘开盘

6.3.1　备件盘的兼容性判断

希捷硬盘磁头组件的兼容性比较好，所以在寻找其备件盘时，只要关注硬盘正面盘标上的硬盘型号、硬盘属系和代号、硬盘产地这 3 个信息即可。

如图 6-11 所示，①是硬盘型号；②是硬盘属系和代号，该硬盘属于希捷酷鱼 12 代；③是硬盘产地。

如果要保证硬盘磁头组件的兼容性，备件盘和故障盘的①和②这两个参数必须完全一样，且硬盘产地最好相同。

图 6-11　希捷 3.5in 硬盘磁头组件兼容信息

6.3.2　开盘操作的具体步骤

找到相匹配的备件盘后，清理故障盘和备件盘表面的尘土，然后进入洁净间进行操作，步骤如下。

1. 打开盘盖

如果要对硬盘盘腔内部的磁头组件进行操作，则必须首先打开盘盖。在盘盖的外部有很多内六角形的固定螺钉，需要用 T8 型号的螺钉旋具进行拆卸。盘盖外部螺钉的位置如图 6-12 所示。

图 6-12　盘盖外部螺钉的位置

如图 6-12 所示的希捷硬盘的盘盖上除四周的 7 颗螺钉外，在盘标下还有一颗螺钉，因此需要将盘标揭开，才能看到这颗螺钉。

当拧下盘盖上的 8 颗螺钉之后，就可以取下盘盖了。但在盘盖和盘体之间有一圈密封条，所以盘盖可能不太容易被取下来。我们可以用平口螺钉旋具，在盘盖四周的缝隙中稍

微撬动一下，就可以取掉盘盖了。

打开盘盖后，盘腔内部结构如图 6-13 所示。

2. 取下音圈电动机上部的永磁铁

在磁头组件中，磁头臂的后端是磁头组件的音圈电动机。音圈电动机的上下各有一块永磁铁，磁头臂的限位器就连接在上部的永磁铁上，如图 6-14 所示。我们若想取下上部的永磁铁就必须首先移动磁头臂。上部的永磁铁的磁性较强，取下时需首先将上部的永磁铁上的螺钉拧下来，再用尖嘴钳夹住上部的永磁铁的后端，小心将其取出。拆下的永磁铁如图 6-15 所示。

图 6-13　盘腔内部结构　　　　　　　　　图 6-14　音圈电动机上部的永磁铁

3. 拆除前置信号处理器

在磁头臂侧面的磁头芯片旁边有一根电缆，而电缆末端与一块小电路板相连。此电路板就是磁头组件的前置信号处理器，如图 6-16 所示。

图 6-15　拆下的永磁铁　　　　　　　　　图 6-6　前置信号处理器

将前置信号处理器的小电路板上的 2 颗螺钉拧掉，用镊子轻轻撬一下前置信号处理器的小电板，再将其移到旁边，如图 6-17 所示。

图 6-17　把前置信号处理器小电路板移到旁边

4. 将磁头移出盘片

为将磁头组件取出，首先要把磁头移出盘片。其方法是用一只手转动主轴电动机，使盘片按照正常的方向慢慢转动，另一只手在磁头臂的末端轻轻用力，使磁头臂向盘片的外圈移动，如图 6-18 所示。

5. 拆出磁头组件

将磁头移出盘片后，就可以开始拆磁头组件了。在磁头臂的中间有一颗中轴螺钉，它将磁头臂固定在盘腔内，并且磁头臂在摆动时以这颗螺钉为轴。

这颗螺钉是一字口的，使用平口螺钉旋具可以轻松地把它拧下来，如图 6-19 所示。

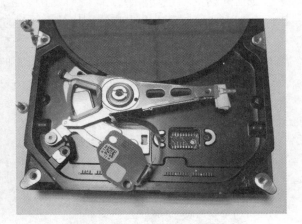

图 6-18　移动磁头臂　　　　　　　　　　图 6-19　磁头臂的中轴螺钉

把磁头臂的中轴螺钉拧下来后，磁头组件就完全离开盘片了。拆下来的磁头组件如图 6-20 所示。

在本硬盘中有 2 个盘片，在磁头臂上有 4 个磁头。当磁头组件被完全拆除之后，在盘腔内还有一片磁头组件音圈电动机下部的永磁铁，这个永磁铁不用拆。音圈电动机下部的永磁铁如图 6-21 所示。

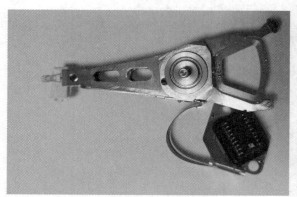

图 6-20　拆下来的磁头组件

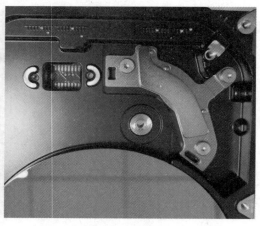

图 6-21　音圈电动机下部的永磁铁

6. 拆卸盘片

拆卸盘片这个步骤比较关键。如果盘片的数目超过一张，为了避免拆卸盘片后各盘片间的相对位置混乱，应在盘片边缘画线以做出标记，否则极易因盘片错位而使磁头无法读取盘片上的数据，导致硬盘不能被计算机识别。

做好标记后，我们就能拆卸盘片了。盘片是被固定在主轴电动机轴上的。把主轴电动机轴中央的 3 颗螺钉拧掉后，就能拿下盘片，如图 6-22 所示。

如果主轴电动机完全锁死，主轴电动机轴将无法转动。在这种情况下，可以直接使用螺钉旋具拧动主轴电动机轴上的螺钉。如果主轴电动机轴没有完全锁死，则不能直接使用螺钉旋具拧动主轴电动机轴上的螺钉。因为主轴电动机轴会转动，所以螺钉无法被拧动。其解决办法是用一只手拿尖嘴钳固定住主轴电动机轴，用另一只手拿螺钉旋具拧螺钉。

拧下主轴电动机轴上的 3 颗螺钉以后，还要用镊子或尖嘴钳把螺钉下面的一个小垫片拿下来。在操作过程中注意手一定要稳，不要把垫片掉落到盘片上。

取下垫片后，用取盘器取下盘片，如图 6-23 所示。将取下的盘片小心地放到盘片放置器上，如图 6-24 所示。

图 6-22　电动机轴上的 3 颗螺钉

图 6-23　用取盘器取下盘片

将盘片都取出后，盘腔内就只剩主轴电动机轴了，该轴无须拆卸。主轴电动机轴如图 6-25 所示。

图 6-24　取下的盘片

图 6-25　主轴电动机轴

7. 拆除备件盘的磁头组件和盘片

按上述步骤把备件盘的磁头组件和盘片拆下来。

把故障盘的盘片装入备件盘后，需要把从故障盘内取出的盘片安装到备件盘中，步骤如下。

（1）用镊子夹住在架子上放置的盘片，把它放入盘腔的主轴电动机轴上。

（2）用镊子夹住垫圈并放在盘片上。

（3）用改装的镊子夹住架子上放置的盘片，把它放入盘腔的主轴电动机轴的垫圈上，找到在这两张盘片边缘事先画好的线，将它们对齐放置。

（4）把主轴电动机螺钉下面的垫片放到主轴电动机轴上，将 3 颗螺钉拧回原位。在拧螺钉时注意查看在这两张盘片边缘的画线，不能让它们偏离。

（5）把备件盘的磁头组件装入备件盘。

（6）将盘片安装好之后，再安装备件盘的磁头组件。

（7）盖好盘盖，拧上螺钉。

6.4　希捷 2.5 in 硬盘开盘

6.4.1　备件盘的兼容性判断

希捷 2.5 in 硬盘磁头组件的兼容性比较好，所以在寻找其备件盘时，只要关注硬盘正面盘标上的硬盘型号、硬盘属系和代号、硬盘的产地 3 个信息即可。

如图 6-26 所示，①是硬盘的型号；②是硬盘属系和代号；该硬盘属于 Momentus4 代；③是硬盘产地。

图 6-26　希捷 2.5 in 硬盘磁头组件
兼容信息

6.4.2 开盘操作的具体步骤

找到相匹配的备件盘后，就可以开盘更换磁头组件了，步骤如下。

1. 打开盘盖

希捷 2.5 in 硬盘盘盖外部的螺钉位置与希捷 3.5 in 硬盘的一样，其区别在于希捷 2.5 in 硬盘上的螺钉稍小一些，需要用 T6 型号的螺钉旋具拆卸。

打开盘盖后，希捷 2.5 in 硬盘的内部结构如图 6-27 所示。

与希捷 3.5 in 硬盘不同的是，希捷 2.5 in 硬盘的磁头没有停靠在盘片上，而是停靠在盘片外的起落架上。起落架内设有轨道，磁头前端突出的金属片刚好可以停入轨道。这样设计可以更好地提高硬盘的防震性能。

2. 拿下音圈电动机上部的永磁铁

在希捷 2.5 in 硬盘的磁头组件中，磁头臂的后端也有音圈电动机。音圈电动机的上下各有一块永磁铁，不过这个永磁铁的磁性不如希捷 3.5 in 硬盘的那么强，只要用尖嘴钳或镊子就可以较容易地将其卸下。另外，这块上部的永磁铁上也有一颗螺钉。在拆卸上部的永磁铁前，应首先将螺钉拧下来。音圈电动机上部的永磁铁如图 6-28 所示。

图 6-27　希捷 2.5 in 硬盘的内部结构

图 6-28　音圈电动机上部的永磁铁

3. 拆除前置信号处理器

硬盘磁头组件的前置信号处理器如图 6-29 所示。将前置信号处理器的小电路板上的 2 颗螺钉拧掉，然后把前置信号处理器的小电路板拿出并放到旁边。

4. 将磁头移出起落架

把磁头移出起落架方法为用一只手在磁头臂的末端轻轻用力，将磁头从起落架中取出，如图 6-30 所示。

5. 拆出磁头组件

将磁头移出起落架后，就可以开始拆磁头组件了。在磁头臂的中间有一颗中轴螺钉。该螺钉用于将磁头臂固定在盘腔内，并且磁头臂在摆动时以这颗螺钉为轴。

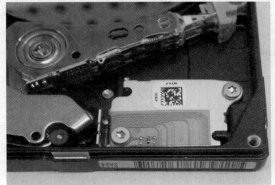

图 6-29　硬盘磁头组件的前置信号处理器

图 6-30　将磁头从落架取出

这颗螺钉是内六边形的，所以用六边形头的螺钉旋具可以轻松地把它拧下来，如图 6-31 所示。

把磁头臂的中轴螺钉拧下来后，磁头组件就完全脱离盘片了。拆下来的磁头组件如图 6-32 所示。

图 6-31　拆除磁头臂的中轴螺钉

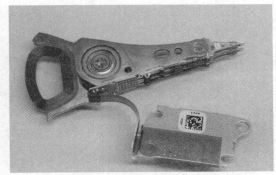

图 6-32　拆下来的磁头组件

在硬盘中有 1 个盘片，在磁头臂上有 2 个磁头。

当磁头组件被完全拆除之后，在盘腔内还有一个磁头组件在音圈电动机下部的永磁铁处。这个磁头组件无须拆除。音圈电动机下部的永磁铁如图 6-33 所示。

6. 拆出备件盘的磁头组件

把从故障盘中拆下来的磁头组件放在一边，再把备件盘的磁头组件拆下来。接下来，把备件盘的磁头组件装入故障盘。安装磁头组件的过程跟拆卸磁头组件的过程相反，下面简单介绍一下。

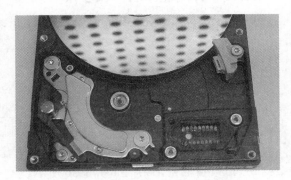

图 6-33　音圈电动机下部的永磁铁

首先，将备件盘的磁头组件放进故障盘腔中，将磁头臂轴的螺钉孔对齐，然后用平口螺钉旋具将螺钉拧回去。

把磁头臂固定好后，将磁头推入起落架。接着，将磁头前端的金属片贴近起落架，用镊子轻轻地上下拨动金属片，金属片就会滑入轨道，把前置信号处理器的小电路板放到正确位置上并拧上螺钉。把磁铁放到盘腔中，放置的时候一定要小心，以防磁头和盘片被破坏。最后，盖上盘盖，拧上螺钉。

6.5 西部数据 3.5 in 硬盘开盘

6.5.1 备件盘的兼容性判断

在寻找西部数据磁头组件的备件盘时，只要关注硬盘正面盘标上的硬盘型号、硬盘出厂日期、硬盘的组件配置参数、硬盘产地、硬盘序列号 5 个信息即可。

如图 6-34 所示，①是硬盘型号，要求备件盘的硬盘型号与故障盘的完全一致；②是硬盘出厂日期，不要求备件盘的硬盘出厂日期与故障盘的完全一致，但越接近越好；③是硬盘的组件配置参数，这组参数由 9 个字母组成；④是硬盘产地，备件盘的产地最好与故障盘的一致；⑤是硬盘序列号，备件盘和故障盘的序列号越接近，说明它们的批次越近。

硬盘的组件配置参数中 9 个字母的具体含义如下。

（1）第 1 个字母代表电动机。

（2）第 2 个字母代表基座。

（3）第 3 个字母代表磁头锁定器。

（4）第 4 个字母代表音圈电动机下部的永磁铁。

（5）第 7 个字母代表前置放大器。

（6）第 8 个字母代表音圈电动机上部的永磁铁。

（7）第 9 个字母代表磁头分离器。

在这 9 个字母中，第 5、6、7 个字母所代表的参数与磁头组件有直接关系，所以备件盘的这 3 个字母必须与故障盘的相同。

6.5.2 开盘操作的具体步骤

找到相匹配的备件盘后，清理故障盘和备件盘表面的尘土，然后进入洁净间进行操作，步骤如下。

1. 打开盘盖

对于西部数据 3.5 in 硬盘，盘盖外部螺钉的位置如图 6-35 所示。

如图 6-35 所示，西部数据 3.5 in 硬盘的盘盖上除四周的 6 颗螺钉外，在盘标下还有一颗螺钉。这里需要将盘标揭开，才能看到这颗螺钉。

拧下盘盖上的 7 颗螺钉后，就可以拿下盘盖了。打开盘盖后，我们可以看到这块西部数据 3.5 in 硬盘的内部结构如图 6-36 所示。

2. 拆除前置信号处理器

在磁头臂侧面的磁头芯片旁边有一根电缆，电缆末端与一块小电路板相连，此电路板就是该硬盘磁头组件的前置信号处理器。将前置信号处理器的小电路板上的 2 颗螺钉拧掉，用镊子轻轻撬一下前置信号处理器的小电路板，再将其移到旁边就可以了，如图 6-37 所示。

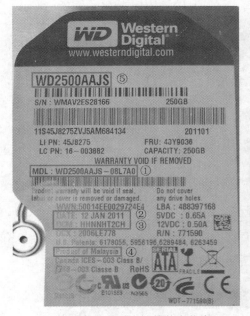

图 6-34　硬盘磁头组件兼容信息

图 6-35　盘盖外部螺钉的位置

图 6-36　西部数据 3.5 in 硬盘的内部结构

图 6-37　拆除前置信号处理器

3. 取下音圈电动机上部的永磁铁

在磁头组件中，磁头臂的后端是磁头组件的音圈电动机。音圈电动机的上下各有一块永磁铁，同时磁头臂的限位器也连接在上部的永磁铁上。我们必须取掉上部的永磁铁才能移动磁头臂。

这块上部的永磁铁的磁性很强，我们可以用尖嘴钳夹住上部的永磁铁的后端，小心地将其拿出。另外，这块上部的永磁铁上有 2 颗螺钉，在取下上部的永磁铁前先将螺钉拧下来。拆下的上部的永磁铁如图 6-38 所示。

4. 拆除磁头臂限位器

若要移出磁头，应首先拆除磁头臂限位器。磁头臂限位器如图 6-39 所示。

图 6-38　拆下的上部的永磁铁

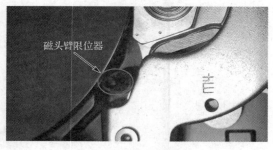

图 6-39　磁头臂限位器

5. 将磁头移出起落架并取出磁头组件

为了将磁头组件顺利取出，应首先将磁头移出起落架，如图 6-40 所示。

将磁头移出起落架后，就可以直接取出磁头组件了。因为这块硬盘磁头臂的中轴没有螺钉，所以用镊子夹住磁头臂轻轻往上提就可以把磁头组件取出来，如图 6-41 所示。

图 6-40　将磁头移出起落架

图 6-41　取出磁头组件

将磁头组件完全拆除之后，便可以看到在盘腔内的音圈电动机的永磁铁，如图 6-42 所示。

6. 拆卸盘片

如果主轴电动机已经完全锁死，则主轴将无法转动。在这种情况下，可以直接使用螺钉旋具拧主轴电动机轴上的螺钉。如果主轴电动机轴没有完全锁死，则不能直接使用螺钉旋具拧主轴电动机轴上的螺钉，因为主轴电动机轴会转动，螺钉无法被拧动。其解决办法是用一只手拿尖嘴钳固定住主轴电动机轴，另一只手拿螺钉旋具拧螺钉。主轴电动机轴上的 6 颗螺钉如图 6-43 所示。

拧下主轴电动机轴上的 6 颗螺钉以后，用取盘器把螺钉下面的一个小垫片取下来。在操作过程中注意手一定要稳，不要把垫片落到盘片上。取下的垫片如图 6-44 所示。

取下垫片后，用取盘器取下盘片，如图 6-45 所示。

图 6-42　音圈电动机的永磁铁

图 6-43　主轴电动机轴上的 6 颗螺钉

图 6-44　取下的垫片

图 6-45　用取盘器取下盘片

将取下的盘片小心地放到盘片放置器上，如图 6-46 所示。

将盘片全部取出后，盘腔内就只剩主轴电动机轴了，主轴电动机轴无须拆卸。主轴电动机轴如图 6-47 所示。

图 6-46　把取下的盘片放到盘片放置器上

图 6-47　主轴电动机轴

7. 拆除备件盘的磁头组件和盘片

按上述步骤把备件盘的磁头组件和盘片拆下来。

8. 把故障盘的盘片装入备件盘

下面我们需要把从故障盘内取出的盘片安装到备件盘里，步骤如下。

（1）用镊子夹住在架子上放置的盘片，把它放入盘腔的主轴电动机轴上。用镊子夹住垫圈放在盘片上。

（2）用镊子夹住在架子上放置的盘片，把它放入盘腔的主轴电动机轴的垫圈上，找到在这两张盘片边缘事先画好的线，将它们对齐放置。

（3）把主轴电动机螺钉下面的垫片放到主轴电动机轴上，将6颗螺钉拧回原位。

9. 把备件盘的磁头组件再次装入备件盘

当盘片安装好之后，组装备件盘的磁头组件。盖好盘盖，拧上螺钉。

思考与练习6

1. 某硬盘磁头组件兼容信息如图 6-48 所示，请指出硬盘的品牌、型号、容量。

图 6-48　某硬盘磁头组件兼容信息

2. 某硬盘内部结构如图 6-49 所示，请写出各部分的名称。

图 6-49　某硬盘内部结构